普通高等教育"十三五"规划教材

煤矿顶板事故防治及案例分析

张嘉勇 巩学敏 许 慎 主编

北 京
冶金工业出版社
2017

内 容 提 要

本书系统阐述了我国目前煤矿顶板支护相关法律法规、矿山压力基本理论与基本规律、采煤工作面顶板事故的致因与防治、巷道矿压显现的特点与事故防治、冲击地压的机理及防治、各类型顶板事故经过及案例分析等内容。本书通过多角度论述各类顶板事故的防治措施，对于提高煤炭企业安全技术素质和管理水平，减少和杜绝顶板灾害事故的发生，具有重要意义。

本书内容简明扼要，浅显易懂，不仅可供高校煤矿安全专业师生参阅学习，而且也是从事煤矿安全生产技术管理人员重要的参考书。

图书在版编目 (CIP) 数据

煤矿顶板事故防治及案例分析／张嘉勇，巩学敏，许慎主编 . —北京：冶金工业出版社，2017.1
普通高等教育 "十三五" 规划教材
ISBN 978-7-5024-7429-4

Ⅰ. ①煤… Ⅱ. ①张… ②巩… ③许… Ⅲ. ①煤矿—顶板事故—防治—高等学校—教材 Ⅳ. ①TD77

中国版本图书馆 CIP 数据核字 (2017) 第 029037 号

出 版 人 谭学余
地 址 北京市东城区嵩祝院北巷 39 号 邮编 100009 电话 (010) 64027926
网 址 www. cnmip. com. cn 电子信箱 yjcbs@ cnmip. com. cn
责任编辑 赵亚敏 杨 敏 美术编辑 吕欣童 版式设计 彭子赫
责任校对 卿文春 责任印制 牛晓波
ISBN 978-7-5024-7429-4
冶金工业出版社出版发行；各地新华书店经销；固安华明印业有限公司印刷
2017 年 1 月第 1 版，2017 年 1 月第 1 次印刷
787mm×1092mm 1/16；15.25 印张；368 千字；237 页
36.00 元
冶金工业出版社 投稿电话 (010) 64027932 投稿信箱 tougao@ cnmip. com. cn
冶金工业出版社营销中心 电话 (010) 64044283 传真 (010) 64027893
冶金书店 地址 北京市东四西大街 46 号 (100010) 电话 (010) 65289081 (兼传真)
冶金工业出版社天猫旗舰店 yjgycbs. tmall. com
(本书如有印装质量问题，本社营销中心负责退换)

前　言

受生产力发展水平的制约和从业人员素质的影响，目前我国煤炭企业安全生产形势依然相当严峻，重特大事故时有发生。从 2001～2015 年我国煤矿事故类型分布统计来看，顶板事故的数量最多，超过了瓦斯事故的数量，在所有煤矿事故中占有绝对比重，而由顶板事故造成的死亡人数也占有很大比重。因此，编制本书对于高校培养煤矿安全专业本科生实践操作能力，提高煤炭企业干部、职工整体安全技术素质和管理水平，减少和杜绝顶板灾害事故的发生，扭转煤炭企业安全生产被动局面，实现煤炭工业的可持续发展具有重要意义。

在本书的编写过程中，编者吸收了多年来我国煤炭行业顶板事故管理和防治的新成果和新经验，并在有关企业专家和工程技术人员的共同帮助或参与下完成的，特别得到了开滦老科技工作者协会各位专家的精心指导。编写过程中重点对采煤工作面顶板的控制及事故的致因与防治、巷道矿压显现的特点与事故防治、冲击地压的机理及防治等内容进行了详细阐述。同时，借助大量不同类型顶板事故案例，剖析了各类顶板事故的形成原因，从多角度论述了避免各类顶板事故应注意的问题和防治措施，以期提高广大从业者消除隐患、预防顶板事故发生和抗灾的能力。同时，希望从惨重的事故教训中引起煤炭企业及相关人员对安全生产的重视，珍惜生命。

本书共分为八章，第一章至第五章由张嘉勇编写，第六章至第八章由巩学敏、许慎编写。本书编写过程中得到了开滦老科技工作者协会和煤炭科学研究总院唐山研究院的大力支持，在此表示衷心的感谢！借此机会向为本书的编写、出版和指导付出辛勤劳动的领导、专家、学者、同志们表示最诚挚的感谢！

由于编者水平有限，书中不妥之处，敬请读者批评指正。

作　者

2016 年 10 月

目　　录

第一章 煤矿顶板事故概况

第一节 综 述

近 20 年来,我国煤矿事故总体趋势随着煤炭经济形势而发生变化。我国煤炭产量以 2000 年为拐点,经历了 1996~2000 年的产量减少和 2000~2013 年的煤炭产量剧增,后来由于经济结构的调整,2014~2015 年煤炭产量略有下降(见图 1-1)。在煤矿灾害方面,我国煤矿灾害事故发生次数、死亡人数同样经历了 2000~2002 年的递增、2002~2015 年的递减(见图 1-2)。据煤矿事故完全数据,我国煤炭产量变化主要原因为 2000~2002 年煤炭经济形势低迷减产造成的;2002 年前,煤炭产量没有太大波动,使得众多小煤窑关停;在 2002 年以后,随着我国经济的高速发展,对煤炭资源的需求迅猛增长。自 2003 年以来,伴随着我国煤炭安全形势持续好转、煤矿生产技术的提高,煤矿事故的发生次数及死亡人数大幅降低。

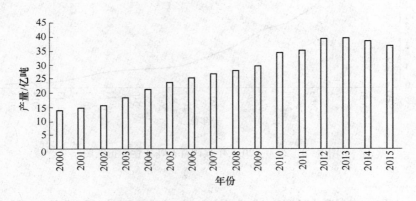

图 1-1 2000~2015 年煤炭产量柱状图

煤炭资源保证了经济和社会发展的需要,是国民经济发展和国力保障的重要基础。但是,我国煤炭工业快速发展的同时存在的问题也随之尖锐化,例如煤炭安全供应保障能力低,超能力生产现象严重。一些煤矿不顾矿井设计能力,盲目扩能改造。资源管理滞后,精查储量不足。煤炭资源勘查滞后,据测算,到 2020 年,煤炭精查储量缺口 1250 亿吨,详查储量缺口 2100 亿吨,普查储量缺口 6600 亿吨,需要投资 400 亿元以上。资源管理滞后,资源供应紧张局面加剧。行业总体生产力水平低。

实现煤矿的安全开采,根据不同的地质条件和生产技术条件,不仅要有针对性的安全措施和制度,而且还要有较强的工作责任心和科学态度。科学而严格的管理是安全生产的关键,马虎侥幸的行为即人为因素是事故多发的重要原因。从大量的事故统计中可知,由

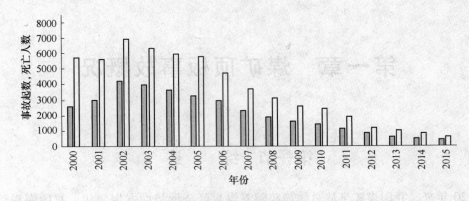

图 1 - 2　2000 ~ 2015 年全国煤矿事故起数，死亡人数柱状图
■ 事故起数；□ 死亡人数

于管理不善而造成的顶板事故所占比例是相当大的。因此，加强管理，加强瓦斯煤尘爆炸、顶板和水灾事故的防治是降低煤矿百万吨死亡率的重点（见图 1 - 3）。

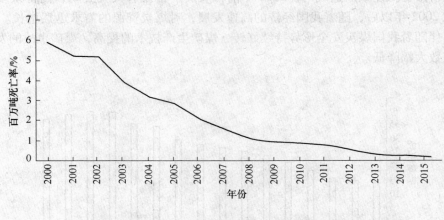

图 1 - 3　2000 ~ 2015 年煤矿百万吨死亡率折线图

第二节　顶板事故防治在煤矿安全管理中的地位及趋势

　　根据国家煤矿安全监察局煤矿事故查询系统，进行煤矿事故统计分析（见表 1 - 1），虽然数据有一定的局限性，但也能反映出相应的情况。在煤矿安全事故起因统计中，顶板、瓦斯、水害在事故总次数所占比例分别为 46.7%、20.9%、6.6%，在事故总死亡人数所占的相应比例分别为 16.9%、30.2%、23.1%。煤矿顶板事故主要包括局部冒顶、片帮、冲击地压、巷道塌方、底板滑落及陷落等。根据数据统计，顶板事故具有以下特点：

　　（1）工作面回采及巷道掘进过程中的冒顶占据了顶板事故发生的 95% 以上，且事故多发生于工作面切眼、掘进迎头部位；随着煤炭资源开采深度的加大，冲击地压发生次数及死亡人数逐渐增大。

表1-1　2001~2015年煤矿事故起因分类统计

年份	事故次数	死亡人数	顶板		瓦斯		水害		运输		火灾		机电		放炮		违章		其他	
			次数	人数	次数	人数	次数	人数	次数	人数	次数	人数	次数	人数	次数	人数	次数	人数	次数	人数
2015	28	189	5	20	8	56	5	40	0	0	1	22	2	6	0	0	0	0	7	45
2014	46	252	13	53	17	115	5	41	2	5	1	4	0	0	2	7	0	0	6	27
2013	54	406	9	21	24	277	11	61	2	5	0	0	2	13	0	0	1	4	5	25
2012	63	425	13	58	26	208	9	56	8	66	2	10	0	0	1	3	0	0	4	24
2011	77	497	15	64	34	278	13	73	6	27	2	32	0	0	1	3	0	0	6	20
2010	104	689	16	57	49	309	15	129	3	10	8	128	0	0	1	5	0	0	12	51
2009	94	585	14	43	41	308	21	125	5	22	3	38	0	0	0	0	0	0	10	49
2008	114	757	19	85	51	351	19	106	3	10	8	113	0	0	2	23	1	5	11	64
2007	168	10525	36	144	74	554	29	356	10	38	7	58	0	0	0	0	1	4	12	79
2006	326	1566	103	218	105	723	39	306	34	50	8	79	1	1	3	3	2	10	31	176
2005	1433	3016	749	913	192	1093	69	409	215	243	12	79	22	27	38	41	6	6	130	205
2004	1463	2792	787	988	242	1081	61	248	204	225	14	56	14	17	37	52	6	13	98	12
2003	1878	3736	1036	1239	339	1483	95	447	217	280	10	58	8	8	47	52	22	23	104	146
2002	1569	3391	771	913	273	1331	99	4478	181	193	14	157	10	10	34	48	49	75	138	216
2001	667	1968	267	380	213	1130	41	243	65	79	2	11	0	0	11	12	33	43	35	70
合计	8084	30794	3853	5196	1688	9297	531	7118	955	1253	92	845	59	82	177	249	121	183	609	1209
总体占比			46.7	16.9	20.9	30.2	6.6	23.1	11.8	4.1	1.1	2.7	0.7	0.3	2.2	0.8	1.5	0.6	7.5	3.9

（2）综合原因导致的顶板事故一次性死亡人数最多（17人），包括煤层自燃后引起局部冒顶、火灾造成顶板冒落、自然发火区巷道垮塌等。2003年以来顶板事故发生次数呈逐年减少趋势。数据表明，在煤矿发生的各类事故中，顶板事故起数及死亡人数所占比例较大，是煤矿事故中的重点防治对象。顶板事故可分为三类：采场顶板事故、巷道顶板事故和冲击地压引起的顶板事故。

一、加强顶板管理的重要性

顶板事故是煤矿不容忽视的重要灾害事故之一，它发生的主要特点不同于瓦斯煤尘爆炸，群死群伤的重特大恶性事故通常比较少见，而零散事故却频繁发生，而且凡是有人工作的地点，都有可能发生这类事故，分布范围特别广泛。也正因为一次死亡人数难以构成群死群伤的恶果，人们往往重视不够，管理不细，忽视其累计的恶果，这尤为要引起煤矿管理干部和广大职工的警觉。通过对煤矿顶板事故的统计分析可知，人为因素导致事故发生的比例约占91.57%。这足以说明加强顶板管理的重要性，特别是中小型煤矿，由于井型小，勘探资料不详，地质条件复杂，规划、设计及施工措施简陋，技术力量薄弱，机械化程度偏低，安全投入不足，有的甚至管理不规范等原因，顶板事故屡屡发生。要充分认识到，要想降低煤矿百万吨死亡率，必须提高认识，加强顶板管理，这是安全生产的最基本要求。煤炭开采需有工作面，煤炭运输要通过巷道，完好的顶板支护应是系统畅通、安全生产的前提。为此，支持形式和材料，支架的刚度、强度、柔度和密度，采掘设备和工艺，采高、控顶距、煤柱尺寸，释放压力的方法和手段，采掘工程设计的合理性和科学性，作业规程的编制和审批的严密性，贯彻执行规程的严肃性，安全措施的针对性，日常监察、勘测的责任性等，都是顶板管理应注意的问题。对于煤矿开采来说，地质因素是产生事故的自然因素，人为地改变其自然因素（如采保、构造等）是不现实的，但提高管理水平、减少事故的发生是完全可以做到的。因此，按照"安全第一、预防为主、综合治理"的生产方针，树立牢固的安全意识，强化管理，堵塞漏洞是搞好安全生产的首要任务。

二、顶板事故控制的发展趋势

（一）煤矿安全监察工作存在的主要问题

1. 事故预测和控制决策理论不完善

（1）没有抓住事故发生的"动力本质"——开采覆岩运动和应力分布发展的规律；

（2）没有提供相应的动力信息基础；

（3）事故控制方法彼此孤立，照章办事，效果不好，盲目性很大。

2. 事故监察管理方法和模式不科学

（1）依靠经验统计决策；

（2）不讲具体条件的统一条例管理。

（二）现代煤矿安全监察工作发展的方向

1. 建设目标（发展方向）

建立事故预测决策信息化体系，实现决策和实施管理的信息化、智能化和可视化。

（1）信息化——在可靠的采动信息基础上决策；

（2）智能化——在决策理论指导下，输入采动信息多目标、多方案计算机优化决策；

（3）可视化——形象化输出决策结果。

2. 必要性（重要性）

（1）针对事故监察客体的复杂性；

（2）监察执行者工作空间、时间的局限性；

（3）事故控制管理主体素质和水平差异的客观性；

（4）我国煤矿众多的特点及管理现代化的要求。

（三）顶板事故控制的重点和技术路线

1. 理论研究重点

（1）深入研究不同开采方案（不同采动条件）岩层运动和应力场应力大小、分布发展变化的规律；

（2）深入地揭示重大事故发生的岩层运动和应力趋动条件；

（3）通过控制事故发生的动力条件，实现事故预测和控制的理论、方法和信息基础体系的建设。

2. 技术路线

采用现代信息技术手段，实现事故预测、控制理论与现代信息技术的结合。

习　题

1-1　我国煤矿事故的特点及规律是什么？

1-2　煤矿顶板事故有什么特点？

1-3　顶板事故控制的重点和技术路线是什么？

第二章　顶板支护法律法规

　　在顶板控制方面应该严格遵守国家相关法律法规。本章主要讲述（解读）国家安全生产监督管理总局 2016 颁布的《煤矿安全规程》中的有关规定及一些案例。

第一节　井巷支护

　　第四十三条　立井永久或者临时支护到井筒工作面的距离及防止片帮的措施必须根据岩性、水文地质条件和施工工艺在作业规程中明确。

　　【名词解释】 永久支护、临时支护

　　永久支护——在井巷服务年限内，为维护围岩的稳定而进行的支护。

　　临时支护——在永久支护前，为暂时维护围岩的稳定和保护工作面的安全而进行的支护。

　　【条文解释】 本条是对立井凿井时的空帮距离及防止片帮措施的规定。

　　立井凿井时，从井底工作面到临时支护之间是空帮。空帮段的围岩是不加任何支护的裸露围岩，与空气、水接触而风化剥落，或受爆破震动而破碎，容易发生片帮伤人事故。临时支护段之上是永久支护。临时支护段无论是采用槽钢井圈、背板或是锚喷支护，在地压、风化与爆破震动的影响下，或临时支护质量不好，或距离过长，都会使岩石松动而发生片帮事故。因此，立井的永久或临时支护到井筒工作面的距离及防止片帮的措施，必须根据岩性、水文地质条件和施工工艺，在作业规程中明确规定。

　　第四十四条　立井井筒穿过冲积层、松软岩层或者煤层时，必须有专项措施。采用井圈或者其他临时支护时，临时支护必须安全可靠、紧靠工作面，并及时进行永久支护。建立永久支护前，每班应当派专人观测地面沉降和井帮变化情况；发现危险预兆时，必须立即停止作业，撤出人员，进行处理。

　　【条文解释】 本条是当立井井筒穿过冲积层、松软岩层或煤层时，必须编制专门措施的规定。

　　当立井井筒穿过冲积层、松软岩层或煤层时，由于冲积层含水、风化破碎，砂层遇水易散甚至变成流砂，松软岩层强度低，煤层可能赋存瓦斯等情况，施工难度较大，安全隐患多。必须根据岩层赋存情况、岩石性质、水文地质条件等，制定专项措施，选用合理的施工方法（如冻结法、钻井法、注浆法、沉井法、混凝土帷幕法等）和施工工艺，采用合适的临时支护、永久支护形式，采取保证安全和质量的措施等，以确保井筒安全穿过。

　　本条特别强调，采用井圈或其他临时支护时，临时支护要紧靠工作面，不留空帮，并及时进行永久支护，以减少围岩暴露的时间和面积，防止片帮事故的发生。

　　在穿过这些岩层时，有可能出现地面沉降及临时支护后面的井帮发生位移、松动等情况，导致井筒坍塌。所以，在建立永久支护前，每班应派专人进行观测。发现危险预兆

时，必须立即停止作业，撤出人员，妥善处理，以确保安全。

第四十六条 采用竖孔冻结法开凿斜井井筒时，应当遵守下列规定：

（一）沿斜长方向冻结终端位置应当保证斜井井筒顶板位于相对稳定的隔水地层 50m 以上，每段竖孔冻结深度应当穿过斜井冻结段井筒底板 5m 以上。

（二）沿斜井井筒方向掘进的工作面，距离每段冻结终端不得小于 5m。

（三）冻结段初次支护及永久支护距掘进工作面的最大距离、掘进到永久支护完成的间隔时间必须在施工组织设计中明确，并制定处理冻结管和解冻后防治水的专项措施。永久支护完成后，方可停止该段井筒冻结。

【条文解释】 本条是新增条款，是对竖孔冻结法开凿斜井井筒的规定。

地质条件的复杂性一直以来都是煤矿矿井开凿的难题，为解决此难题目前我国主要依赖冻结技术完成深表土层的凿井施工。不仅立井井筒开凿是这样，斜井井筒更是如此。随着我国煤炭开发的发展，年产量千万吨的现代化矿井逐年增加，因立井井筒提升能力的限制，符合自然条件的矿井均采用了斜井开拓。斜井冻结技术尚处于摸索研究阶段，国内尚无统一的施工规范。

为了使采用竖孔冻结法开凿斜井井筒顺利安全地施工，冻结段初次支护及永久支护距掘进工作面的最大距离、掘进到永久支护完成的间隔时间必须在施工组织设计中明确，并制定处理冻结管和解冻后防治水的专项措施。

1. 沿斜长方向冻结终端位置应保证斜井井筒顶板位于相对稳定的隔水地层 5m 以上，每段竖孔冻结深度应穿过斜井冻结段井筒底板 5m 以上。

2. 沿斜井井筒方向掘进工作面位置，距离每段冻结终端不得小于 5m。

3. 永久支护完成后，方可停止该段井筒冻结。

【典型事例】 国网能源宁夏煤电有限公司李家坝煤矿主斜井倾角 20°，斜长 1440m，采用局部冻结方案施工，冻结起始位置距井口水平距离为 250.4m，冻结斜长 163.2m，冻结段水平长度 153.4m，共分 4 段冻结。沿井筒长度方向布置了 6 排冻结孔，共 455 个，冻结孔施工质量均达到设计要求。冻结管采取了局部保温措施，减少了无效冻结段冷量损失，节约了冷量。冻结过程中，根据测温数据，对冻土扩展速度、冻结壁厚度及冻结壁平均温度等进行了分析计算，均满足设计要求。井筒开挖后，对井帮温度进行了实测。从开挖揭露的情况看，冻结效果良好，验证了冻结分析数据的准确性，保证了井筒冻结和掘砌施工安全。

第五十四条 延深立井井筒时，必须用坚固的保险盘或者留保护岩柱与上部生产水平隔开。只有在井筒装备完毕、井筒与井底车场连接处的开凿和支护完成，制定安全措施后，方可拆除保险盘或者掘凿保护岩柱。

【名词解释】 保险盘、保护岩柱

保险盘——在原生产井筒的井窝内人工构筑的临时盘状结构物。保险盘的结构类型有水平式、楔形式、单斜式、偏滑式和带钢丝绳缓冲网式 5 种。保险盘自上向下一般由缓冲层、隔水层及盘梁三部分组成。缓冲层的作用是吸收坠落物的部分冲击能量，缓冲材料有柴束、竹捆、锯末袋、沙袋、木垛等。隔水层的作用是防止水及淤泥等流入延深工作面，盘梁的作用是承受保护盘的自重和坠落物的冲击力。

保护岩柱——在岩石比较坚硬致密的条件下，在井筒延深段的顶部暂留一段长 6 ～

10m 的岩柱。紧贴岩柱之下设置护顶盘，以防止岩柱松动冒落，保持岩柱的稳定，但不支撑岩柱的全部重量。护顶盘是在紧贴岩柱底面设钢梁，用背板将岩柱底面背紧。

【条文解释】本条是延深立井井筒对保险盘或保护岩柱的规定。

1. 延深立井的方法

延深立井是在原生产井筒正常进行生产提升的情况下，将井筒加深到新生产水平的工程。延深立井的方法有下向延深法和上向延深法两大类。无论采取哪种延深方法，都必须用安全保护设施把原生产井筒与延深井筒隔开，防止原生产井筒的提升容器、物料等重物坠下，砸坏延深段的施工设备和伤害人员。这种安全保护设施通常采用坚固的保险盘或留设保护岩柱。

2. 拆除保险盘或掘凿保护岩柱

拆除保险盘或掘凿保护岩柱的工作，是在延深段井筒装备结束，井筒与井底车场连接处掘砌完成，制定安全措施之后进行。

（1）拆除时，应停止上段井筒的生产提升。

（2）拆除前，应先清理井底水窝的积水、淤泥、碎煤等，防止坠落伤人。

（3）在生产水平以下 1 ~ 1.5m 处搭设临时保险盘，防止生产水平以上坠物伤及拆除人员。

（4）在辅助水平井口处设置封口盘，加固保护岩柱的护顶盘。

（5）井口及各水平马头门进行清扫，车场入口处设栅栏，井口设专人守护。

（6）作业人员必须佩戴保险带。

（7）采用先掘小断面反井后刷砌的方法拆除保护岩柱时，在小反井贯通井底水窝前要用钎子打探眼。准确掌握剩余厚度，最后剩 2m 左右时，再一次崩透。刷大时自上向下进行，矸石从小断面反井溜出，从辅助水平装岩出车，但要严格控制矸石块度，防止堵塞反井。刷大时反井上口必须设防坠箅子，并严禁站在箅子上作业，防止发生坠人事故。每次爆破前必须通知在生产水平马头门及井筒内工作的人员停止工作，撤到安全地点躲避。

（8）拆除保险盘自上向下进行，逐层拆除，边拆边运，并修补井壁。最后拆除封口盘与工作盘，接通上下水平的罐道。在拆除期间，井底不得有人，要有明确清晰的信号。运送材料要由专职人员指挥，钢梁要捆牢，绳子要结实，挂手动葫芦处要牢固可靠。

第五十八条　施工岩（煤）平巷（硐）时，应当遵守下列规定：

（一）掘进工作面严禁空顶作业。临时和永久支护距掘进工作面的距离，必须根据地质、水文地质条件和施工工艺在作业规程中明确，并制定防止冒顶、片帮的安全措施。

（二）距掘进工作面 10m 内的架棚支护，在爆破前必须加固。对爆破崩倒、崩坏的支架必须先行修复，之后方可进入工作面作业。修复支架时必须先检查顶、帮，并由外向里逐架进行。

（三）在松软的煤（岩）层、流砂性地层或者破碎带中掘进巷道时，必须采取超前支护或者其他措施。

【名词解释】空顶作业

空顶作业——在井下巷道或采场顶板未采取任何支护或支护失效范围内进行的作业。

【条文解释】本条是对施工岩（煤）平巷（硐）顶板管理的规定。

1. 支护的作用

支护的作用在于加强巷道附近周围岩石的强度，防止破坏岩石的脱落。支护的阻力越大、强度越大，越及时，越能加强巷道围岩的强度，限制破碎区的扩展。为了保证安全，防止岩石冒落，必须及时对悬空顶板进行支护，严禁空顶作业。临时和永久支护到掘进工作面的距离，必须根据地质、水文地质条件和施工工艺在作业规程中明确规定，并制定防止冒顶、片帮的安全措施。

2. 空顶标准

架棚巷道未按规程（或措施）要求使用前探梁等临时支护或冒顶高度超过 0.5m 不接实继续作业的；锚（网）喷支护巷道未按规程（或措施）要求在前探梁、临时棚或点柱掩护下作业的；在最大控顶距内未按措施规定完成顶部永久支护，继续向前施工作业的。

3. 严禁空顶作业的管理方法

（1）在作业规程和施工措施中必须明确如何维护顶板，严禁在空顶下作业。

（2）锚喷工作面掘进过程中必须打超前锚杆控制顶板。

（3）炮掘架棚巷必须使用前探梁进行超前支护，爆破前要有防崩倒装置。

（4）综掘巷道要使用托梁器托钢梁进行临时支护，掘锚一体化巷道采用机组自身支撑顶梁临时支护。

（5）在开口或贯通前，架棚巷道要先在主巷架设抬棚，抬棚必须有三保险。锚网支护巷道应当补打锚杆锚索维护顶板。

（6）要加强对空顶违章作业的监督检查，一经发现追究其事故责任。

4. 支架修复方法

为了防止崩倒、崩坏支架，在钻爆方面从炮眼角度、装药量、爆破顺序上采取措施外，对靠近掘进工作面 10m 内的支护，在爆破前必须加固。爆破崩倒、崩坏的支架必须先行释复之后方可进入工作面作业。为了防止修复支架时发生冒顶堵人事故，修复支架时必须先检查顶、帮，并由外向里逐架进行，严禁由里向外进行。

5. 在松软的煤、岩层或流砂性地层中及地质破碎带掘进巷道时，必须采取前探支护或其他措施。

【典型事例】2012 年 7 月 27 日，贵州省六盘水市某煤矿在维修巷道时，将原 U 形棚改为大断面梯形棚，扩帮后巷道宽度过大，未按措施要求加固支护，致使局部空帮空顶，支架失稳，应力集中显现导致推垮型冒顶，造成 4 人死亡，直接经济损失约 350 万元。

第二节 顶板控制

第九十七条 采煤工作面必须保持至少 2 个畅通的安全出口，一个通到进风巷道，另一个通到回风巷道。

采煤工作面所有安全出口与巷道连接处超前压力影响范围内必须加强支护，且加强支护的巷道长度不得小于 20m；综合机械化采煤工作面，此范围内的巷道高度不得低于 1.8m，其他采煤工作面，此范围内的巷道高度不得低于 1.6m。安全出口和与之相连接的巷道必须设专人维护，发生支架断梁折柱、巷道底鼓变形时，必须及时更换、清挖。

采煤工作面必须正规开采，严禁采用国家明令禁止的采煤方法。

高瓦斯、突出、有容易自燃或者自燃煤层的矿井，不得采用前进式采煤方法。

【名词解释】正规开采、前进式采煤方法

正规开采——煤矿矿井、采区、采掘工作面布置，符合煤矿相关法律法规、行业规范的要求；采掘工作面独立通风，风量稳定可靠；采、掘、支护工艺符合《煤矿安全规程》的要求。

前进式采煤方法——自井筒或主平硐附近向井田边界方向依次开采各采区的开采顺序；采煤工作面背向采区运煤上山（运输大巷）方向推进的开采顺序。

【条文解释】本条是对采煤工作面安全出口和采煤方法的规定。

1. 采煤工作面安全出口的地位和作用

（1）采煤工作面安全出口是该采煤工作面通风、行人和运输的咽喉。

1）采煤工作面作业人员要经过安全出口进、出工作面进行作业和操作。

2）采煤作业所需要的设备、材料要经过安全出口运进工作面作业场所；采出的煤炭要经过安全出口运出工作面至运输巷输送机。

3）采煤工作面所需要的新鲜风流经过进风巷处安全出口输送给作业人员，作业人员呼吸后的污浊风流、粉尘及有害气体经过回风巷处安全出口排到回风巷。

【典型事例】某日，山西省吕梁地区某村办煤矿发生一起冒顶事故，工作面只有1个安全出口，造成10人死亡、1人受伤，直接经济损失约88万元。

（2）采煤工作面安全出口是矿山压力叠加的地带。采煤工作面安全出口受到巷道掘进期间支承压力的影响，又受到采煤工作面采动时超前支撑压力的作用，它们产生叠加，造成安全出口处压力剧增，成为采煤工作面加强支护的重点。

（3）采煤工作面安全出口是采煤工作面冒顶常发生部位。在煤矿五大灾害中，全国煤矿顶板事故起数和死亡人数，分别占各类事故总数的30%左右。顶板事故发生的地点主要在采煤工作面。

在采煤工作面最容易发生冒顶事故的部位是"两线两口"，即煤壁线、切顶线和上、下安全出口。从以上分析可知，搞好安全出口的顶板管理是减少矿井顶板事故乃至矿井安全管理的重点内容。

2. 采煤工作面安全出口的标准要求

（1）出口个数。采煤工作面安全出口必须保持至少2个，一旦其中一个安全出口发生冒顶，另一个安全出口能起到临时应急作用，提高采煤工作面安全程度。

（2）畅通无阻。采煤工作面安全出口不能堆积大量设备、器材和材料，以免堵塞出口断面，影响行人、运料和通风。特别是如果通风断面太小，将影响采煤工作面瓦斯和有害气体有效排除和冲淡，甚至引起瓦斯积聚，当遇有引爆火源时，可能发生瓦斯爆炸事故。

（3）通达巷道。采煤工作面安全出口必须一个通到进风巷道，另一个通到回风巷道。这样既能保障采煤工作面的正常通风，又能保证2个安全出口间的安全距离，不致2个安全出口同时遭到破坏，当一个安全出口遭到破坏时，另一个安全出口仍能使用。

3. 保证采煤工作面安全出口的措施

（1）科学确定超前加强支护范围。一般来说，采煤工作面超前支承压力峰值位置距煤壁4~8m，相当于2~3.5倍回采高度，影响范围40~60m，少数可达60~80m，应力增高系数2.5~3。

由于受到巷道围岩岩性、地质构造、煤层赋存条件、巷道掘进方法和采煤工艺等因素影响，采煤工作面上、下出口的两巷支承压力大小不尽相同，所以，在进行加强安全出口支护以前，必须对巷道受采动影响而出现的顶板下沉量、顶底板移近量和顶底板移近速度进行现场实测，以确定采煤工作面超前压力影响范围，在此范围内加强支护。

（2）合理选择超前加强支护形式。

1）端头支护形式。悬臂梁与单体液压支柱配套使用的采煤工作面或滑移顶梁支护的采煤工作面，上、下端头使用四对八根长钢梁或双楔调角定位顶梁（不少于6架）支护，并保证足够的初撑力。

综采工作面应使用端头支架、普通液压支架或Ⅱ型钢梁支护。

2）超前支护形式。在一般情况下，采煤工作面上、下两巷超前加强支护形式为铁梁（或木板梁）和单体液压支柱配套使用。布置方式有垂直巷道走向布置和沿巷道走向上、下帮各一排布置2种。一梁三柱或四柱，柱距0.8～1.0m，排距1.0～1.2m。

如果上、下两巷顶板破碎压力大，超前加强支护应采用十字铰接顶梁与单体液压支柱配套形式。

（3）加强对安全出口和与之相连接的巷道的日常维护。因为与安全出口相连接的巷道若不能保持支架完好和足够断面，即使安全出口畅通无阻，也不能真正起到安全出口行人、运输和通风的作用，同样不能保证采煤工作面正常生产和人员安全。

安全出口和与之相连接的巷道日常维护应该做到以下3点：

1）必须设专人维护。只有设专人维护，才能从劳动组织方面给予保证，没有人，一切无从谈起。有的单位不重视这一点，出勤人员多时安排人维护，出勤人员少时就不安排维护，甚至有的即使出勤人员多，宁可放在工作面多出煤，也不进行出口维护，造成出口爬行。

2）保证足够的巷道断面。加强支护的巷道长度不得小于20m，综合机械化采煤工作面安全出口巷道高度不得低于1.8m，其他采煤工作面巷道高度不得低于1.6m。如果巷道底鼓变形，必须清挖。

3）保持完好的支架，发生支架断梁折柱必须及时更换。

4. 保证采煤工作面正规开采

采煤工作面必须正规开采，严禁采用国家明令禁止的采煤方法，如高落式采煤、巷道式采煤和仓储（房）式采煤等。

高落式采煤（不包括放顶煤采煤）主要开采厚煤层，是一种人工回收顶煤的方式，一般采用非机械化落煤和人工装煤，并与其他采煤方法相组合。存在的主要安全隐患是空顶作业，容易造成顶板事故。

巷道式采煤主要特征为：一是无序开采，多头同掘，系统通风不稳定、不可靠，极易造成瓦斯积聚；二是在顶板来压时，不便于采取卸压措施，支护难度较大；三是无2个以上安全出口，发生灾变时避险路线少，抗灾能力差；四是煤炭回收率低，资源浪费极大。

仓储（房）式采煤俗称掏洞子采煤法，多用来开采缓倾斜厚煤层。采用非机械化落煤，工作面运输设备一般为扒斗式装煤机。煤房的采煤顺序一般为：扩帮、挑顶（卧底）。存在的主要安全隐患是空顶作业，煤房通风量难以控制；另外，煤炭资源回收率很低。

因此，高落式采煤、巷道式采煤和仓储（房）式采煤无安全保障，是已被国家明令禁止的落后采煤方法。

【典型事例】 2012 年 3 月 29 日，四川省攀枝花市某煤矿，违法违规组织生产。该矿恢复生产时核定允许生产的区域为 +277m（主平硐）水平以上，而该矿擅自在 +1277m（主平硐）水平以下非法组织生产；采用非正规的巷道采煤方法，多层、多头、多面以掘代采，乱采滥挖，在未经批准开采区域的几个煤层中共布置 41 个非法采掘作业点；4 个采煤队在该区域内采用非正规采煤方法，以掘代采、乱采滥挖；有 9 个煤层不在采矿许可证批准的煤层范围内，非法违法开采，在平面范围内巷道越界 257m，非法产煤 21.14 万吨。由于非法违法开采区域内的采掘作业点无风、微风作业，瓦斯积聚达到爆炸浓度，提升绞车信号装置失爆，产生电火花引爆瓦斯，造成 48 人死亡、54 人受伤的特别重大瓦斯爆炸事故。

5. 禁止采用前进式采煤方法

高瓦斯矿井、突出矿井，以及开采容易自燃或者自燃煤层的矿井的采煤工作面，不得采用前进式采煤方法。

前进式采煤方法会给通风安全带来隐患，给瓦斯和防火管理带来困难而造成事故。所以，高瓦斯矿井、突出矿井以及开采容易自燃或者自燃煤层的矿井的采煤工作面，不得采用前进式采煤方法。

对于前进式 U 形通风系统，其进风平巷一侧为煤体，一侧为采空区，回风平巷可能两侧都为采空区，它只能用于薄及中厚煤层。巷旁支护的方法和材料对巷道漏风影响极大；矸石带或密集支柱（或木垛）护巷时，漏风甚大；用硬石膏充填带时漏风最小，有利于减少自然发火危险和改善工作面通风，减少采空区瓦斯涌出；用预制钢筋混凝土块支护时，混凝土块间断布置的漏风甚大，连续布置的漏风较少。

对于前进式 Z 型通风系统，其回风平巷预先在煤体内掘出（或沿空留巷），进风平巷随工作面推进形成。采空区漏风携带的瓦斯流向工作面及其上隅角，可能出现局部积聚超限。瓦斯涌出量大的工作面不宜采用这种通风系统。

第一百条　采煤工作面必须存有一定数量的备用支护材料。严禁使用折损的坑木、损坏的金属顶梁、失效的单体液压支柱。

在同一采煤工作面中，不得使用不同类型和不同性能的支柱。在地质条件复杂的采煤工作面中使用不同类型的支柱时，必须制定安全措施。

单体液压支柱入井前必须逐根进行压力试验。

对金属顶梁和单体液压支柱，在采煤工作面回采结束后或者使用时间超过 8 个月后，必须进行检修。检修好的支柱，还必须进行压力试验，合格后方可使用。

采煤工作面严禁使用木支柱（极薄煤层除外）和金属摩擦支柱支护。

【条文解释】 本条是对采煤工作面支护材料的规定。

由于地质条件、煤层赋存状况等因素的变化，采煤工作面条件发生改变，进而要求支护形式必须适应其变化，以便有效地控制顶板，保证采煤工作面的安全。

（1）冒顶是煤矿中最常见的事故，采煤工作面发生冒顶的机会更大。处理这类事故需要大量坑木。

采煤工作面一般都要经历工作面初次放顶、收尾、过断层、过破碎带、过旧巷等情况，此时都需要架设不同类型的特殊支架，额外增加了一定数量的支护材料。

在使用单体液压支柱的工作面，也必须按作业规程规定备数量充足、规格齐全的坑木。其存放地点和管理方法，也应有利于顶板管理和对顶板事故的处理。

（2）采煤工作面使用折损的坑木、损坏的金属顶梁和失效的单体液压支柱，可使支架的支护强度降低，在未达到支架的设计工作阻力时便可能破坏，极易发生顶板事故。

（3）支护材料按材质分为木支护和金属支护，按工作特性又分为急增阻式、微增阻式和恒阻式。由于支柱的类型和性能不同，其工作原理、初撑力、初工作阻力、额定工作阻力及支柱极限压缩量都有很大差异，如果在同一工作面使用不同类型和不同性能支柱时，不同时支柱组成的支架对顶板的控制作用则表现出极大的差别。一般木支柱最大允许下沉量为200mm，若顶板下沉量大于200mm时，木支柱将大部折损破坏；如果木支柱与单体液压支柱混合使用时，顶板压力将单独作用在单体液压支柱上，从而使得采煤工作面顶板呈现不均匀下沉，这样由于支护强度不足，支柱被分别破坏，造成工作面局部冒顶和摧垮工作面的重大事故。因此，在同一工作面不得使用不同类型和不同性能的支柱。

（4）支柱使用一段时间后，如不认真维护、保养，就会折损失效，折损失效支柱应进行检修，检修后还必须进行压力试验，否则因达不到工作特性而使支柱支护强度不够，就有可能被折损而造成事故。因此，《煤矿安全规程》规定，对失效支柱检修后还必须进行压力实验。

（5）因为木支柱和金属摩擦支柱属于增阻性支护材料，支护性能差，不利于顶板管理，是已被国家明令淘汰的落后设备，采煤工作面严禁使用木支柱支护（极薄煤层除外）和金属摩擦支柱支护。

【典型事例】2012年8月31日，安徽省某矿业有限公司某煤矿6104工作面单体液压支柱初撑力不足，设置的木垛间距超过规定，直接顶出现大面积离层、冒落下滑推垮支架，将现场冒险作业的3人埋压致死。

第一百零一条　采煤工作面必须及时支护，严禁空顶作业。所有支架必须架设牢固，并有防倒措施。严禁在浮煤或者浮矸上架设支架。单体液压支柱的初撑力，柱径为100mm的不得小于90kN，柱径为80mm的不得小于60kN。对于软岩条件下初撑力确实达不到要求的，在制定措施、满足安全的条件下，必须经矿总工程师审批。严禁在控顶区域内提前摘柱。碰倒或者损坏、失效的支柱，必须立即恢复或者更换。移动输送机机头、机尾需要拆除附近的支架时，必须先架好临时支架。

采煤工作面遇顶底板松软或者破碎、过断层、过老空区、过煤柱或者冒顶区，以及托伪顶开采时，必须制定安全措施。

【名词解释】空顶作业

空顶作业——煤矿井下采场或巷道在没有支护的条件进行操作和作业。

【条文解释】本条是对采煤工作面支护的规定。

采煤工作面支护是控制矿山压力及顶板下沉、防止冒顶事故的一项根本措施。支护不及时或支护质量不好，就可能发生工作面冒顶事故。

【典型事例】2011年11月18日，内蒙古自治区锡林郭勒盟某煤矿101高档普采采煤工作面基本顶坚硬，强制放顶基本顶冒落未严，未按规定打木垛和戗柱。工作面初次来压前已有预兆，但调整支架施工顺序违反采煤作业规程规定。工作面支架密度不足、强度不够。工作面推进至此中段出现断层，基本顶初次来压，造成采煤工作面顶板大面积跨落，将在该工作面作业的 13 名工人压埋，导致 5 人死亡、8 人受伤。

（1）支护要及时。空顶作业是采煤工作面安全管理的重大隐患，在井下因空顶作业造成的冒顶事故和人身伤害事故屡见不鲜。采煤工作面必须按作业规程的规定及时支护，严禁空顶作业。采煤工作面空顶作业经常发生在爆破后和采煤机割煤后，未进行挂梁支护（或综采工作面未移顶梁），作业人员进入煤壁处攉煤，非常危险。

（2）支架架设要牢固。所有支架必须架设牢固，并有防倒柱措施，如用铁丝拴在顶梁上或用麻绳（钢丝绳）将上下柱连在一起。严禁支柱架设在浮煤或浮矸上。

（3）初撑力要足够。足够的初撑力，使支柱适应顶板下沉的需要，增加支柱稳定性，加大支架对顶板的摩擦力，提高支架系统的支护刚度。使用摩擦式金属支柱时，必须使用 5 t 液压升柱器架设，初撑力不小于 50kN。使用液压支柱时，初撑力必须保证：ϕ80mm，不小于 60kN；ϕ100mm，不小于 90kN。使用单体液压支架时，初撑力不小于 80% 规定值。

另外，顶底板为软岩的煤层，支柱初撑力很难达到要求，即使达到了，维持时间也比较短；初撑力过大又会破坏顶底板的完整性。鉴于这些实际情况，要在制定措施、满足安全的条件下，必须经企业技术负责人审批。为此，当底板松软时，支柱要穿木（铁）鞋，保证钻底量小于 100mm。

（4）保持工作面支架完整性。采煤工作面支架密度，即柱距和排距，是经过测算和实践经验证明取得的。支架密度过密，造成支架占用率高，操作人员劳动强度大；支架密度过稀，支架将不能很好地支护顶板，可能导致冒顶事故。所以，不能在控顶区域内提前摘柱。碰倒损坏、失效的支柱，必须立即恢复或更换。移设输送机机头、机尾或绞车时需要拆除附近支架，必须先架好临时支架，待移过后，正式架设支架；否则，将破坏支护系统的力学平衡条件，使顶板下沉量增加，产生裂隙，顶板离层下沉甚至冒落。

（5）特殊地质条件下开采。采煤工作面遇到特殊地质条件时，如顶底板松软或破碎、过断层、过老空、过煤柱或冒顶区以及托伪顶，这些条件下顶板大多数非常破碎；有的处于构造应力和应力集中区，顶板压力非常大，是顶板管理的重点，必须制定相应的安全措施。

第一百零二条　采用锚杆、锚索、锚喷、锚网喷等支护形式时，应遵守下列规定：

（一）锚杆（索）的形式、规格、安设角度，混凝土强度等级、喷体厚度、挂网规格、搭接方式，以及围岩涌水的处理等，必须在施工组织设计或者作业规程中明确。

（二）采用钻爆法掘进的岩石巷道，应当采用光面爆破。打锚杆眼前，必须采取敲帮问顶等措施。

（三）锚杆拉拔力、锚索预紧力必须符合设计。煤巷、半煤岩巷支护还必须进行顶板离层监测，并将监测结果记录在牌板上。对喷体必须做厚度和强度检查，并形成检查和试验记录。在主井下做锚固力试验时，必须有安全措施。

（四）遇顶板破碎、过断层、过老空、高应力区等情况时，应加强支护。

【名词解释】锚喷支护

锚喷支护——联合使用锚杆和喷混凝土或喷浆的支护。

【条文解释】本条是关于采用锚杆、锚索、锚喷、锚网喷等支护形式的规定。

锚喷技术是井巷支护技术的重大改革。传统支护如棚子、砌碹等是被动承压结构，而锚喷支护能起到加固围岩、提高围岩自承能力并与围岩结成一体共同承压，使围岩由荷载变成承载结构，从而达到永久支护的目的。

（1）为了指导施工，保证工程质量和安全，根据井巷所处的围岩性质、稳定性及断面大小和涌水等情况，在编制的施工组织设计或作业规程中，对锚杆、锚喷支护的端头与掘进工作面的距离，锚杆的形式、规格、安装角度，混凝土标号、喷体厚度，挂网所采用金属网的规格以及围岩涌水的处理等，都要加以规定。

（2）光面爆破技术是随着锚喷支护技术的推广与应用而发展起来的。其特点是：爆破后巷道断面成型好，减轻围岩因炮震产生的裂隙并保持围岩基本稳定，有利于提高围岩自身的承载能力。打锚杆眼前，必须首先敲帮问顶，将活矸处理掉。遇到大块活石一时处理不掉时，可采取先打顶子或架棚，后打锚杆或先喷后锚，或打浅眼、放小炮的办法除掉大块活石，确保在安全的条件下进行作业。

（3）锚喷支护完成后，必须按质量标准检验其质量，锚杆要做拉拔力试验，煤巷要做顶板离层监测，喷体要做厚度和强度检测。在井下做锚固力试验时，必须有安全措施，防止落石砸人事故的发生。

【典型事例】2012年5月21日，云南省某煤井与另一煤井采矿范围在垂直方向上重叠，形成"楼上楼"现象。该矿K7煤层回风巷采用木支护，支护强度不够，且巷道底部存在老空区；由于疏于日常管理和维护，巷道垮塌、通风阻力大，在矿长带领有关人员下井进入该巷道检查时，巷道底板陷落、顶板冒落，导致事故发生，造成7人被困。

第一百零三条 巷道架棚时，支架腿应当落在实底上；支架与顶、帮之间的空隙必须塞紧、背实。支架间应当设牢固的撑杆或者拉杆，可缩性金属支架应当采用金属支拉杆，并用机械或力矩扳手拧紧卡缆。倾斜井巷支架应设迎山角；可缩性金属支架可待受压变形稳定后喷射混凝土覆盖。巷道砌碹时，碹体与顶帮之间必须用不燃物充满填实；巷道冒顶空顶部分，可用支护材料接顶，但在碹拱上部必须充填不燃物垫层，其厚度不得小于0.5m。

【名词解释】巷道架棚

巷道架棚——巷道掘出以后，为了防止顶底板和两帮发生过大的变形和垮落、保持有效的安全使用空间的支护。

【条文解释】本条是新增条款，是对巷道架棚的规定。

（1）为了预防矿山压力加大后，发生支架下沉到底板，使巷道断面变小，影响使用和安全，巷道架棚时支架腿应落在实底上。

（2）支架与顶、帮之间的空隙必须塞紧、背实。其作用是阻止顶帮围岩变形、破坏、挡住空隙中碎矸防其下掉，同时使支架均匀受力。

（3）支架间应设牢固的撑杆或拉杆；可缩性金属支架应采用金属支拉杆，并用机械或力矩扳手拧紧卡缆。其作用是传递支架间的压力和保持支架的稳定性，使支架由单体受力变为整体支架受力，能抵抗局部来压、斜向来压和爆破冲击波的破坏。

（4）倾斜井巷支架应设迎山角，以保证支架受力后的稳定性。迎山角过大或过小都可能造成支架失稳、倾倒，引发冒顶事故。

（5）可缩性金属支架可待受压变形稳定后喷射混凝土覆盖，更好地发挥双重支护的作用，阻止可缩性金属支架继续下缩。

（6）巷道砌碹时，碹体与顶帮之间必须用不燃物充满填实，以防引发外因火灾。

（7）为了使支架均匀受力，阻止高冒处顶板变形和碎矸下落，巷道冒顶空顶部分可用支护材料接顶，但在碹拱上部必须充填不燃物垫层，其厚度不得小于 0.5m。

第一百零四条　严格执行敲帮问顶及围岩观测制度。

开工前，班组长必须对工作面安全情况进行全面检查，确认无危险后，方准人员进入工作面。

【名词解释】敲帮问顶

敲帮问顶——利用钢钎等工具去敲击工作面帮顶已暴露的而未加管理的煤体或岩石，利用发出的回音来探明周围煤体是否松动、断裂或离层。

【条文解释】本条是对敲帮问顶及围岩观测的规定。

敲帮问顶时，声音清脆说明所敲击部位的煤（岩）体没有脱离母体，顶板不会冒落，煤壁不会片帮；发出空空声说明所敲击部位的煤（岩）体已脱离母体，很可能发生冒顶和片帮。这种方法简单，容易操作，对预防回采工作面和掘进工作面冒顶事故的发生很有效。

在工作面回采当中，围岩时刻都在变化、移动，新暴露的顶板、煤壁、两帮都要经历应力重新分布的过程，工作面周围的煤岩就有可能逐渐脱离母体。爆破产生的震动冲击效应，加之钻眼技术的不过硬，很可能产生危石、活石。另外，在煤层中存在着硫黄包（俗称硫黄蛋）也是一种危险因素，尤其在采煤工作面遇有层理、裂隙和断裂构造时，更增加了冒顶、片帮的机会，如果层理裂隙交错就更易发生事故。开工前、爆破后，班组长必须对工作面安全情况进行全面检查，严格执行敲帮问顶制度，确认无危险后，方准人员进入工作面。每个作业人员也必须随时对自己工作地点的顶板和煤壁进行检查，将危石、活石处理掉，才能杜绝和减少采煤工作面顶板事故的发生。

除了坚持敲帮问顶制度以外，还应严格执行围岩观测制度，应用矿山压力观测仪器仪表，对矿山压力和顶底板、两帮移近量进行观测和预报。

第一百零五条　采煤工作面用垮落法管理顶板时，必须及时放顶。顶板不垮落、悬顶距离超过作业规程规定的，必须停止采煤，采取人工强制放顶或者其他措施进行处理。

放顶的方法和安全措施，放顶与爆破、机械落煤等工序平行作业的安全距离，放顶区内支架、支柱等的回收方法，必须在作业规程中明确规定。

放顶人员必须站在支架完整，无崩绳、崩柱、甩钩、断绳抽人等危险的安全地点工作。

回柱放顶前，必须对放顶的安全工作进行全面检查，清理好退路。回柱放顶时，必须指定有经验的人员观察顶板。

采煤工作面初次放顶及收尾时，必须制定安全措施。

【名词解释】放顶、初次放顶

放顶——通过移架或回柱缩小工作空间宽度使采空区悬露顶板及时垮落的工序。

初次放顶——采煤工作面从开切眼开始向前推进一定距离后，通过人为措施使直接顶第一次垮落的工序。

【条文解释】本条是对采煤工作面垮落法管理顶板的规定。

1. 采空区处理方法

目前采空区处理方法大致分为4种：垮落法、煤柱支撑法、缓慢下沉法和充填法。

（1）垮落法是利用自然和人工的方法，令其直接顶垮落，来减缓对工作面的压力，同时支撑来自基本顶的部分压力，保护采煤工作面的安全。

（2）煤柱支撑法是在采空区按规定留设煤柱支撑顶板。

（3）缓慢下沉法是利用顶板的韧性特征，能够弯曲而不断裂，随着工作面的推进采空区一侧顶底板闭合，来实现采空区的处理，但此法煤层厚度不宜超过1.8m。

（4）充填法是利用河砂、粉煤灰、破碎的页岩等材料，经由管路输送到采空区，对采空区进行充填来实现对采空区的处理。

以上采空区处理方法的选择，要根据煤层厚度、顶底板岩性、矿山压力及开采方法综合考虑。一般在单一煤层中利用垮落法最为普遍，因为它简便易行，不浪费资源，相对充填法节省投资，简化生产环节。

采煤工作面采用垮落法管理顶板时，支架所承受的压力主要是控顶区冒落带岩层及悬顶的重量，在基本顶来压时，还要承受基本顶失稳而附加的力。

在作业规程中，对工作面支护参数的设计是有科学依据的，其中，规定了最大、最小控顶距和一次放顶步距。若不按此距离及时回柱放顶，使支架、冒落矸石对工作面控顶区的上覆岩层处于共同作用的力超过支架的允许值，支架无法承受重压时，就会使工作面支架折损，支护系统遭到破坏，引起顶板事故。所以，依照作业规程要求，必须及时回柱放顶，使其直接顶垮落，缩小控顶距，使矿压分布达到新的平衡。

如果回柱后直接顶仍不垮落，超过作业规程规定的，必须停止采煤，采取人工强制放顶或其他措施进行处理。一般可在密集支柱里侧按不同角度和深度钻孔爆破，破坏大悬顶的完整，达到使直接顶垮落的目的。

2. 用垮落法管理顶板时放顶的方法

放顶时一般采用的是由下而上、由里往外的三角回柱法，对拉工作面及有中间巷的工作面，如煤层倾角较小，可由两头向中间放顶。此项工序操作中最具危险性，因此，放顶工作应制定相应安全措施：

（1）放顶与支柱距离应不小于15m；

（2）分段放顶距离应大于15m，端头处应打上隔离柱；

（3）放顶地点以上5m、以下8m处与回柱无关人员禁止滞留；

（4）放顶人员必须站在支架完整，无崩绳、崩柱、甩钩、断绳抽人等危险的安全地点工作；

（5）放顶前，必须对放顶的安全工作进行全面检查，清理好退路；

（6）放顶时，必须指定有经验的人员观察顶板。

3. 直接顶初次垮落安全措施

【典型事例】2012年8月31日，安徽省淮北矿业某煤矿6104工作面正值初放期间，单体液压支柱初撑力不足，设置的木垛间距超过规定，直接顶出现大面积离层、冒落下滑推垮支架，将现场冒险作业的3人埋压致死。

采煤工作面至开切眼推进一段距离后，直接顶悬露面积不断增大，在其自重和上覆岩层作用下，直接顶开始离层、下沉、断裂直至垮落，这就是直接顶初次垮落。垮落前直接顶承受很高的压力，当压力超过岩体强度时直接顶开始断裂、垮落。此时，顶板下沉速度急增，使支架受力猛增，顶板破碎，并出现平行煤壁的裂隙，甚至出现工作面顶板台阶下沉，煤壁压碎，出现片帮。因此，要求初次放顶必须制定安全措施：

（1）进行矿压观测，掌握矿压活动规律；

（2）按工作面部位合理确定支护形式；

（3）加强支护，提高支护质量，使支架具有"整体性"、"稳定性"、"坚固性"；

（4）采取小进度多循环作业方式，加快工作面推进度，以保持煤壁的完整性，使之具有良好的支撑作用。

第一百零六条　采煤工作面采用密集支柱切顶时，两段密集支柱之间必须留有宽0.5m以上的出口，出口间的距离和新密集支柱超前的距离必须在作业规程中明确规定。采煤工作面无密集支柱切顶时，必须有防止工作面冒顶和矸石窜入工作面的措施。

【条文解释】本条是对采煤工作面采用密集支柱切顶的有关规定。

在采煤工作面，为使顶板在工作面后方断裂同时不使冒落后的矸石进入工作面，须增设密集支柱。密集支柱的作用是切顶、挡矸。在采煤工艺中，放顶工作最具危险性，因为人员有时要进入采空区进行放顶操作，此时，如若密集支柱不按规定预留出口，一旦发生险情，人员将没有安全退路，无法迅速撤至工作面。两段密集支柱之间必须留有宽0.5m以上的出口。由于工作面较大，出口需要预留若干个，方能保证回柱人员的安全，因此，在作业规程中应明确规定出口间的距离。新密集支柱的超前距离，关系到对顶板的有效控制、劳动生产率的提高和材料消耗的降低，必须经过周密的测算，以便在作业规程中明确规定。当工作面采用无密集支柱切顶时，或密集支柱的支撑掩护作用得不到发挥，应制定防止工作面冒顶和矸石窜入工作面的措施。

第一百零八条　采煤工作面用充填法控制顶板时，必须及时充填。控顶距离超过作业规程规定时禁止采煤，严禁人员在充填区空顶作业；且应当根据地表保护级别，编制专项设计并制定安全技术措施。

采用综合机械化充填采煤时，待充填区域的风速应当满足工作面最低风速要求；有人进行充填作业时，严禁操作作业区域的液压支架。

【名词解释】充填法

充填法——用充填材料对煤层采出后在地下形成的空洞实行充填，以控制上覆岩层移动和地表沉陷的一种采空区处理方法。

【条文解释】本条是新增条款，是对采煤工作面充填法控制顶板的规定。

煤炭被采出后，采出空间上覆的岩层失去支撑而向采空区内逐渐移动、弯曲和破坏，从而引发土地沉陷灾害，地表沉陷带来的破坏已涉及工业、农业、交通运输、环境保护、生态平衡等各方面。在建筑物下、铁路下、水体下、承压水体上（简称"三下一上"）进行煤炭资源开采时引发的问题最直接也最为突出，如何有效地进行"三下"压煤开采对充分利用地下资源，延长资源枯竭矿井寿命，促进煤炭工业的健康发展都具有重要意义。采空区充填开采逐渐成为解放"三下"压煤的主要方法之一。目前我国煤矿采煤工作面应用充填法控制顶板的越来越多，但是充填开采引起采煤成本的提高和工序的复杂。

采煤工作面用充填法控制顶板时，必须及时充填。由于采煤工作面条件差、充填管路漏水、充填管路角度不合适等因素，造成采空区充不满，达不到规定要求。尤其是三角点更不易充满，这样就使控顶距离增大，顶板得不到有效控制，极易出现冒顶事故，使三角点增加了自然发火的条件,所以控顶距离超过作业规程规定时,禁止采煤;同时应根据地表保护级别,编制专项设计并制定安全技术措施。

第一百零九条 用水砂充填法控制顶板时,采空区和三角点必须充填满。充填地点的下方,严禁人员通行或者停留。注砂井和充填地点之间,应当保持电话联络,联络中断时,必须立即停止注砂。

清理因跑砂堵塞的倾斜井巷前,必须制定安全措施。

【名词解释】水砂充填法

水砂充填法——又称水力充填法,是利用水力通过管道将充填材料,如砂子、碎石或炉渣等材料输送到采空区的充填方法。

【条文解释】本条是新增条款,是对水砂充填的有关规定。

水砂充填法是厚煤层分层开采时管理顶板的一种方法。如抚顺矿区在采用炮采工艺时,就是利用水砂充填法管理顶板,即倾斜分层上行 V 型水砂充填采煤法。充填材料利用顶板油母页岩,经破碎、加工后,由充填管路注入采空区,在采空区内由秫秸、尼龙网构筑注砂门子,使充填材料沿规定路线运行,同时渗水、阻挡充填材料外溢。由于采煤工作面条件差、充填管路漏水、充填管路角度不合适等因素,采空区充不满,达不到规定要求。尤其三角点更易充不满,这样就使控顶距增大,顶板得不到有效的管理,极易出现冒顶事故。另外,由于三角点充不满也增加了自然发火的条件。

水砂充填法是利用位差由上方向下方充填,充填地点的下方是水流汇聚的地方。当充填倍线(充填注砂井至出水口的距离与高差之比)大时,水流压力很大且有一定冲击力,在充填地点下方通行或停留很容易被水冲倒,造成淹溺事故。另外,在水流经区域的巷道倾角较大时,再加上支护质量差,底板门子未按规定标准铺设或底板门子破损时,很容易冲倒支架引起冒顶事故。此类事故在水砂充填矿井时有发生。

注砂井和充填地点之间,应保持电话联络,以保证信息的准确、及时,严禁采用预约方式。采用预约方式容易出现下列问题:

(1)工作面不具备充填条件(浮煤未清扫、支架未架设完毕、运输机未拆移及各种门子未设立和未达到标准等)便进行注砂,使充填物料未注入采空区而注入其他部位,这样增加了不必要的清扫工作,严重时可能造成事故。

(2)工作面未充满就停止注砂,工作面充不满带来的隐患前面已叙述过。在注砂过程中,充填地点应不间断地(一般 2~3min 一次)向注砂井发出正常注砂的信号指令,当信号中段注砂井应立即停止注砂,因为注砂井无法了解充填地点的具体情况,继续注砂极易造成事故。

因跑砂导致倾斜井巷被堵塞后,在其井巷内,支护状况很可能遭到破坏,又可能积存大量的积水和各种有害气体,在处理时存在很大的危险性,因此,在处理倾斜井巷跑砂时,必须事先制定安全措施。

第一百一十二条 采用柔性掩护支架开采急倾斜煤层时,地沟的尺寸,工作面循环进度,支架架的角度、结构,支架垫层数和厚度,以及点柱的支设角度、排列方式和密度,钢丝绳的规格和数量,必须在作业规程中规定。

生产中遇断梁、支架悬空、窜矸等情况时,必须及时处理。支架沿走向弯曲、歪斜及角度超过作业规程规定时,必须在下一次放架过程中进行调整。应经常检查支架上的螺栓和附件，如有松动，必须及时拧紧。

正倾斜柔性掩护支架的每个回采带的两端，必须设置人行眼，并用木板与溜煤眼相隔。对伪倾斜柔性掩护支架工作面上、下两个出口的要求和工作面的伪倾角，超前溜煤眼的规格、间距和施工方式，必须在作业规程中加以规定。

掩护支架接近平巷时，应缩短每次下放支架的距离，并减少同时爆破的炮眼数目和装药量。掩护支架过平巷时，应加强溜煤眼与平巷连接处的支护或架设木垛。

【条文解释】 本条是对采用柔性掩护支架开采急倾斜煤层时的规定。

柔性掩护支架开采是急倾斜煤层开采的方法之一。其优点是：工人在掩护支架下工作比较安全；回采工序简单；材料消耗少，所需的设备材料比较简单；采煤工作面产量大劳动生产率高，成本低。

存在的问题是：支架结构和材料不能在回采过程中调节支架宽度以适应煤层地质条件的变化，所以这种方法要求煤层赋存条件比较稳定，使用范围有一定局限性。而且由于支架宽度不能调节，煤层变厚时，容易丢煤，降低回采率；煤层变薄时，支架又不易下放、甚至放不下来，往往要局部挑顶、卧底，使含矸量增加，影响煤质。

由于柔性掩护支架开采的特殊性，地沟的尺寸，工作面循环进度，支架的角度、结构，支架垫层数和厚度，以及点柱的支设角度、排列方式和密度，钢丝绳的规格和数量，这些因素在开采前应作深入调查，以便在作业规程编制时更适应开采条件。

在急倾斜煤层开采中，顶板压力相对减弱，煤壁已成为支护主要对象，生产中的断梁、支架悬空若不及时处理很容易造成冒顶事故。支架沿走向的弯曲、歪斜达到一定程度时，将使支架失去稳定性，起不到掩护作用。因此，要求在下一次放架过程中，必须进行调整。支架上的螺栓和附件松动，影响支架的完整性、整体性，所以当螺栓、附件松动时，必须及时拧紧。

在急倾斜煤层中的煤炭运输，是依靠自重沿底板下滑，因煤层倾角大，煤流有较大冲击力，因此要求人行眼与溜煤眼必须用木板隔开。

伪倾斜掩护支架开采的工作面是按煤层倾角伪倾斜布置，这样有利于支架的移设，减小工作面倾斜角度。但上、下出口与工作面伪倾角存在一定特殊性，尤其是下出口是锐角分布，又留有溜煤眼，加之上、下出口部位应力集中，顶板压力较大，不利于顶板控制。因此，要求伪倾斜掩护支架工作面上、下两个出口和工作面伪倾角，超前溜煤眼的规格、间距和施工方式必须在作业规程中明确规定。

掩护支架接近平巷时，应缩短每次下放支架的距离，并减少同时爆破的炮眼数目和装药量。掩护支架过平巷时，应加强溜煤眼与平巷连接处的支护或架设木垛。

第一百一十六条 采用连续采煤机机械化开采，必须根据工作面地质条件、瓦斯涌出量、自然发火倾向、回采速度、矿山压力，以及煤层顶底板岩性、厚度、倾角等因素，编制开采设计和回采作业规程，并符合下列要求：

（一）工作面必须形成全风压通风后方可回采。

（二）严禁采煤机司机等人员在空顶区作业。

（三）运输巷与短壁工作面或者回采支巷连接处（出口），必须加强支护。

（四）回收煤柱时，连续采煤机的最大进刀深度应当根据顶板状况、设备配套工艺等因素合理确定。

（五）采用垮落法控制顶板，对于特殊地质条件下顶板不能及时冒落时，必须采取强制放顶或者其他处理措施。

（六）采用煤柱支承采空区顶板及上覆岩层的部分回采方式时，应当有防止采空区顶板大面积垮塌的措施。

（七）应当及时安设和调整风帘（窗）等控风设施。

（八）容易自燃煤层应分块段回采，且每个采煤块段必须在自然发火期内回采结束并封闭。

有下列情形之一的，严禁采用连续采煤机开采：

（一）突出矿井或者掘进工作面瓦斯涌出量超过 3m/min 的高瓦斯矿井。

（二）倾角大于 8°的煤层。

（三）直接顶不稳定的煤层。

【名词解释】连续采煤机

连续采煤机——一种为了满足房柱式采煤、回收边角煤以及煤巷快速掘进，可以连续采掘煤炭的机械设备。它既可以用来开掘以煤为基岩的巷道，又可作为单独的采煤机使用。

【条文解释】本条是新增条款，是对采用连续采煤机机械化开采的规定。

在以连续采煤机为龙头的短壁开采工艺中，破煤、落煤和装煤都由连续采煤机来完成，连续采煤机掘进过程可分为"切槽"和"采垛"两个工序。装煤是利用连续采煤机的装载机构、运输机构将破落下来的煤完成装煤工序。连续采煤机上设有装载机构（装煤铲板和圆盘耙杆装载机构）和中部输送机。连续采煤机割煤时，煤炭落在装煤铲板上，同时圆盘耙杆连续运转，将煤炭装入中部运输机，运输机再将煤装入后面等待的梭车或连续运输系统上。目前，国内外这种采煤方法已取得了显著的经济效益。

采用连续采煤机机械化开采，必须编制开采设计和回采作业规程。开采设计和回采作业规程应根据工作面地质条件、瓦斯涌出量、自然发火倾向、回采速度、矿山压力以及煤层底板岩性、厚度、倾角等因素，综合分析各因素对连续采煤机机械化开采的影响，寻找最佳方案。

1. 连续采煤机机械化开采应满足的要求

（1）工作面必须形成全风压通风后，方可回采；

（2）严禁采煤机司机等人员在空顶区作业；

（3）运输巷与短壁工作面或回采支巷连接处（出口），必须加强支护；

（4）回收煤柱时，采硐的最大进刀深度应根据顶板状况、设备配套、采煤工艺等因素合理确定；

（5）采用垮落法控制顶板，对于特殊地质条件下顶板不能及时冒落时，必须采取强制放顶或其他处理措施；

（6）采用煤柱支承采空区顶板及上覆岩层的部分回采方式时，应有防止采空区顶板大面积垮塌的措施；

（7）应及时安设和调整风帘（窗）等控风设施，区段回采完毕后及时封闭；

（8）容易自燃煤层应分块段回采，且每个采煤块段必须在自然发火期内回采结束并封闭，以免发火危及其他块段。

2. 采用连续采煤机开采适用条件

（1）采用连续采煤机开采存在着"采空区窜风"现象，风阻大、窜风量有限、风量不稳定、采空区的有害气体易造成隐患，所以突出矿井以及掘进工作面瓦斯涌出量大于 3m/min 的高瓦斯矿井严禁采用连续采煤机开采。

（2）由于连续采煤机及其后配套设备大多为自移式设备，适应于倾角较小的煤层，因而，短壁机械化开采适宜布置在倾角 8°以下的近水平煤层，特别是适宜于布置在倾角 1°~3°的近水平煤层中。倾角大于 8°的煤层，严禁采用连续采煤机开采。

当顶板岩石强度较低时，对工作面平巷的长期维护和巷道宽度都有一定的影响；顶板岩石强度太高、非常坚硬时，则不利于采空区顶板的自然冒落。煤层直接底岩石为软岩遇水软化时，将影响采煤机进刀、无轨胶轮车运行和人员工作，降低工作面生产效率；因此，连续采煤机开采适宜于顶底板中等稳定的煤层，直接顶为 I 类的煤层严禁采用连续采煤机开采。

【**典型事例**】2000 年神东公司首先在大海则、上湾及康家滩煤矿推广"单翼短壁机械化采煤法"。该采煤法的回采工艺是：回采支巷煤柱时采用单翼斜切进刀方式，进刀宽度为 3.3m，角度为 60°，进刀深度一般以割透支巷煤柱为准，深度约为 11m，并在每刀之间留有 0.5~0.9m 的小煤柱。这种采煤方法回收率可达 65%。如图 2-1 所示。

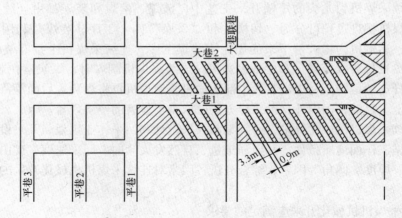

图 2-1　单翼短壁机械化采煤法

2-1　简述永久支护的概念。

2-2　简述临时支护的概念。

2-3　施工岩（煤）平巷（硐）时，应当遵守哪些规定？

2-4　简述空顶作业的概念。

2-5　简述控顶距的概念。

2-6　煤矿空顶作业的情况有哪些？

第三章 采场顶板事故及预防

第一节 顶板事故分类

人们在地下开采煤层，如果处理不当，顶板就会冒落下来，轻则影响生产，重则造成人员伤亡，这就是顶板事故。

为了彻底消灭采场顶板事故，就必须研究采场顶板事故的机理及其预防措施。而科学的采场顶板事故分类，则是首先必须解决的问题。

关于采场顶板事故分类，有关专家和学者根据个人的实践与研究，提出了不同的看法。我们则认为：应该按冒顶的力学原因来进行分类，才能使采取的预防措施更加可靠有效。

采场顶板事故按力学原因可分为压垮型、漏冒型与推垮型三大类。压垮型冒顶是由垂直于层面方向的顶板力压坏采场支架而导致的冒顶；漏冒型冒顶是因已破碎顶板没有得到有效防护受重力作用冒落而导致的冒顶；推垮型冒顶则是由平行于层面方向的顶板力推倒采场支架而导致的冒顶。

此外，还可能出现综合类型的冒顶，有两种情况：第一，在一次冒顶事故中出现压、漏、推的综合，但必有一个为主，按为主的预防即可，亦即按为主的归类即可；第二，在一种条件下可能发生这类或另一类冒顶。可见，综合类型冒顶考虑的应是第二种情况。

按力学原因划分的采场顶板事故分类方案如下：

（1）压垮型冒顶（主要发生在老顶来压时）：

1）垮落带老顶岩块压坏采场支架导致的冒顶；

2）垮落带老顶岩块冲击压坏采场支架导致的冒顶；

3）垮落带或裂隙带老顶旋转下沉时压坏采场支架导致的冒顶。

（2）漏冒型冒顶：

1）大面积漏垮型冒顶；

2）靠煤壁附近局部冒顶；

3）采场两端（即机头、机尾处）局部冒顶；

4）放顶线附近局部冒顶。

（3）推垮型冒顶：

1）金属网下推垮型冒顶；

2）采空区冒矸冲入采场的推垮型冒顶。

（4）综合类型冒顶：

1）厚层难冒顶板导致的冒顶（在这种顶板下主要是大面积的来压，但不排除一定条件下采空区冒矸冲入采场的推垮型冒顶）。

2）地质破坏带附近的局部冒顶（主要在断层附近，这时压、漏、推都可能发生）。

3）大块游离顶板导致的冒顶（包括复合顶板推垮型冒顶、冲击推垮型冒顶、大块游离顶板旋转推垮型冒顶）下面各节中，按压垮型、漏冒型、推垮型以及综合类型冒顶的顺序，分别阐述其机理及预防措施。

第二节　压垮型冒顶的机理及预防措施

压垮型冒顶主要是在老顶来压时发生，因此在介绍压垮型冒顶的机理及预防措施之前，应先介绍老顶来压问题。

一、采动后顶板活动的一般规律

通常煤层之上既有直接顶，又有老顶。采煤工作面从开切眼开始采煤后采到一定距离，首先要经历直接顶的初次垮落过程。如果直接顶厚度不大，随着采煤工作的进行，除了直接顶初次垮落外，工作面还要经历老顶初次来压和老顶周期来压等顶板来压过程。

1. 直接顶初次垮落

一个长壁工作面从开切眼开始采煤后，直接顶的跨度不断增加，其弯曲下沉也不断地增加。一般在直接顶跨距达 6～20m 后，直接顶开始垮落。流行的说法是：当直接顶垮落厚度达 1m 以上、垮落长度达采煤工作面长度一半以上时，就称为直接顶初次垮落，如图 3－1 所示，直接顶初次垮落时的跨距叫做初次垮落步距。

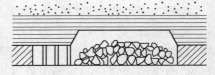

实践表明，直接顶是按分层由下而上逐个发生"初次"垮落的，而对每一个直接顶分层的初次垮落均应进行控制。因此，上述直接顶初次垮落的概念有待进一步探讨。

图 3－1　直接顶初次垮落

2. 老顶初次来压

直接顶初次垮落后，采煤工作面继续向前推进，随着每次回柱放顶，采空区上方的直接顶也就随着垮落下来。

直接顶岩石破碎后体积增大，刚破碎时其碎胀系数达 1.4～1.5。如果直接顶的厚度等于或大于采高的 2～2.5 倍，直接顶垮落后就能把采空空间填满，如图 3－2 所示。在这种情况下，随着破碎的直接顶岩石被压实，老顶岩层还是会弯曲、下沉与断裂的，但是这对采煤工作面影响很小，采煤工作面不存在老顶活动的威胁。

如果直接顶厚度不到采高的 2～2.5 倍，则直接顶垮落后填不满采空空间。开始时，老顶在采空区上方呈双支点梁状态，如图 3－3 所示。老顶岩梁把自身及其上部岩层的重量都加到采煤工作面周围的煤体之上，工作面还感受不到老顶的压力。

随着采煤工作面的推进，梁的跨度愈来愈大，老顶就逐渐弯曲、下沉；当老顶双支点梁达到极限跨距时，它就断裂、下沉。这时，采煤工作面内顶板下沉加快，煤壁片帮严重，支架受力增大，甚至发生顶板台阶下沉等老顶来压现象。

工作面回采以来老顶第一次大规模来压，叫做老顶的初次来压。由开切眼到初次来压时工作面推进的距离叫做老顶的初次来压步距，一般为 20～35m。

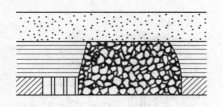

图 3 – 2　直接顶垮落后把采空区填满

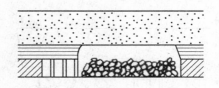

图 3 – 3　老顶呈双支点梁

3. 老顶周期来压

老顶初次来压后，随着采煤工作面的继续推进，老顶岩梁周期性断裂、下沉，工作面内周期性地出现顶板下沉加快、煤壁严重片帮、支架受载增大以及顶板台阶下沉等老顶来压现象，叫做老顶的周期来压。

老顶岩梁周期断裂的距离叫做老顶周期来压步距，约为老顶初次来压步距的 1/2。

4. 有关老顶来压的两个问题

（1）当支架或支柱的初撑力较低时，老顶往往断裂在煤壁之内。这个事实可以用如图 3 – 4 所示的力学模型来说明。

图 3 – 4 的力图中，q 表示老顶的均布载荷，P_1、P_2、P_3 表示扣除直接顶岩层影响后的支柱对老顶的支撑力，q_1 表示扣除直接顶岩层影响后的煤体对老顶的支撑力分布。

如果支柱的初撑力很低，当老顶未断裂时，支柱工作阻力就很小，不足以平衡煤壁后方老顶岩层的重量，必须与煤体一起来支撑老顶岩层，这就导致老顶岩梁剪应力为零的点在煤壁以内，如图 3 – 4 所示的 Q 图。因而与剪应力为零点相对应的老顶岩梁弯矩最大点也在煤壁之内，如图 3 – 4 所示的 M 图。随着采煤工作面的推进，老顶岩梁悬露越长，弯矩值就越大。当由弯矩最大值所决定的拉应力超过老顶岩石的抗拉强度时，老顶就折断。可见，老顶岩层是在剪应力为零点即弯矩最大点处断裂的。上面已经分析过，当支架或支柱初撑力较小时，这

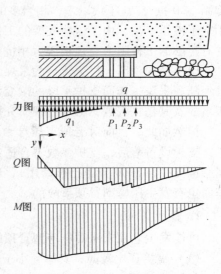

图 3 – 4　老顶断裂位置的力学模型

个点在煤壁之内。目前，采煤工作面所用支架或支柱的初撑力一般都不大，因此多数工作面的老顶是断裂在煤壁里面。

如果老顶岩层在采空区侧还受有剪力（见图 3 – 5），或老顶上位岩层对老顶还施加压力（见图 3 – 6），则老顶在煤壁内断裂的性质不会变，只是断裂位置可能更深入煤体而已。

实践表明，随着老顶及其支撑条件的不同，老顶在煤壁内的断裂点距煤壁的距离由一两米至十几米不等。

（2）这里所指的老顶，可能是垮落带中的岩层，也可能是裂隙带中的岩层。如果是垮

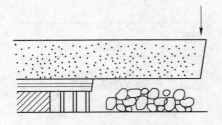
图 3 - 5 老顶受后面岩块施加的剪力

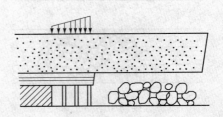
图 3 - 6 老顶受上位岩层施加的分布力

落带的岩层，在初次来压后会在采空区以悬臂梁状态出现；如果是裂隙带的岩层，则会在回采过程中以砌体梁结构出现。

二、压垮型冒顶的机理及预防措施

20 世纪 50 年代，我国采煤工作面中主要使用木支架，由于它的可缩量小，当时支护密度也小，在老顶来压时往往被折断，导致出现压垮型冒顶事故。20 世纪 50 年代末期，采煤工作面中开始使用金属摩擦支柱，随后得到普遍推广，使压垮型冒顶事故得到一定的抑制。20 世纪 70 年代以来，相当多的采煤工作面已经使用单体液压支柱，不少工作面还用上了液压支架。由于这些支架的工作阻力较大，可缩量也较大，能够适应老顶的下沉，并有足够的工作阻力与顶板压力相抗衡，因而大大降低了老顶来压时压垮型冒顶的威胁。

以上情况说明，过去流行的采煤工作面重大冒顶事故主要是由老顶来压导致的结论，已经随着采煤工作面支护手段的改变而不适用了。当前，为了大大降低采煤工作面重大顶板事故及其伤亡人数，必须重视研究推垮型冒顶事故的机理及其预防措施。

虽然如此，目前对老顶来压导致的压垮型冒顶，还是有研究的必要。因为在一些小矿，支护设备落后，支护参数不合适，不能满足支护要求（木支护在 2008 年已禁用，金属摩擦支柱在 2009 年也已被禁用），还有可能发生压垮型冒顶；此外，应用液压支架的工作面也有发生压垮型冒顶事故的。

1. 顶板条件

可能发生老顶来压时压垮型冒顶的煤层顶板是：

（1）直接顶比较薄，其厚度小于煤层采高的 2 ~ 2.5 倍；

（2）直接顶上面老顶分层基础岩层厚度小于 4m。

2. 冒顶的机理

在下列三种情况下，老顶来压时可能导致发生压垮型冒顶事故。

（1）垮落带老顶岩块压坏采场支架导致冒顶。老顶来压时，断裂、下沉的老顶岩块要挤压采场支架，如果采场支架的支撑力不足，就会被压坏而导致冒顶。最不利的情况如图 3 - 7 所示，垮落带老顶岩块前端已露出工作面煤壁，后端又未触矸，这时老顶岩块的全部重量均由采场支架承受，发生压垮型冒顶的可能性最大。

（2）垮落带老顶岩块冲击压坏采场支架导致冒顶。如图 3 - 8 所示，由于采场支架的初撑力不足，在老顶岩块未明显运动之前，直接顶与老顶已发生离层（见图 3 - 8（a）），当老顶岩块向下运动时，采场支架要承受冲击载荷，支架容易被损坏，从而导致冒顶

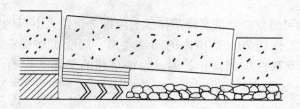

图 3 - 7　垮落带老顶岩块压坏采场支架

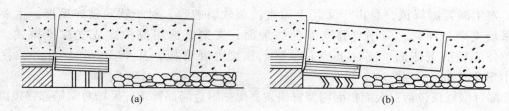

(a)　　　　　　　　　　　　　　　　　(b)

图 3 - 8　垮落带老顶岩块冲击压坏采场支架
(a) 离层；(b) 冲击压坏支架

（见图 3 - 8 （b））。

　　综采工作面如遇老顶冲击来压，可能将支架压死、压坏（立柱油缸炸裂、平衡千斤顶拉坏等）或压入底板，从而导致顶板事故。

　　（3）垮落带或裂隙带老顶旋转下沉时，压坏采场支架导致冒顶，当垮落带或裂隙带老顶断裂、旋转、下沉、触矸时，如果采场支架的可缩量不足，就可能被压坏从而导致冒顶。如图 3 - 9 所示为垮落带或裂隙带老顶岩块后端已触矸，这时采场顶板下沉量最大，所需支架可缩量也最大。

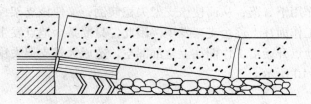

图 3 - 9　裂隙带老顶压坏采场支架

　　如果支架可缩量较小，当垮落带或裂隙带老顶岩块后端未触矸时，支架就可能已被压坏。此外，如果旋转下沉的是裂隙带老顶，由于裂隙带老顶本身不会冒落，采场支架被压坏后，冒下的只是垮落带岩层。

　　3. 预防冒顶的措施

　　为预防发生老顶来压时的压垮型冒顶事故，应采取下列措施：

　　（1）采场支架的支撑力应能平衡最不利情况下垮落带直接顶及老顶岩层。

　　（2）采场支架的初撑力应能保证直接顶与老顶之间不离层（专门试验表明，当支架初撑力足够大时，可令直接顶沿放顶线切断而不在煤壁处断裂，从而可保持直接顶与老顶之间不离层）。

（3）采场支架的可缩量应能满足垮落带或裂隙带老顶最大下沉的要求。

附带说明，超前工作面 20m 范围内的两端巷道，因受工作面前方支承压力的作用，受压较大，为防压坏支架应加强支护。通常做法是超前采煤工作面 10m 内用双中心柱，超前 10～20m 用单中心柱。

第三节　漏冒型冒顶的机理及预防措施

发生漏冒型冒顶，是由于采场上面直接顶软弱破碎。对于软弱破碎顶板，主要是用采场支架护好它。应用自移支架的综采面，支架宜选用掩护式或支撑掩护式。应用单体支柱的工作面，支柱上应有顶梁，顶梁上要背板，甚至要背严。此外，柱距宜小于 0.7m。

漏冒型冒顶包括：大面积漏垮型冒顶、靠煤壁附近局部冒顶、采场两端局部冒顶以及放顶线附近局部冒顶。

一、大面积漏垮型冒顶

过去，本溪、淮北等矿务局的单体支柱工作面内都发生过大面积漏垮型冒顶事故。

1. 冒顶的条件

（1）直接顶异常破碎；

（2）煤层倾角较大。

2. 冒顶机理

大面积漏垮型冒顶的机理如下：由于煤层倾角较大，直接顶又异常破碎，采场支护系统中如果某个地点失效发生局部漏冒，则紧邻局部漏冒地点支架上方的碎顶在自然安息角以上部分会在重力作用下冒落，从而使该支架失稳倾倒，又使该支架控制的其余碎顶也冒落。这种现象会沿工作面往上逐个支架发生。因此，只要某个地点发生局部漏冒，破碎顶板就有可能从这个地点开始沿工作面往上全部漏空，造成大量支架失稳倾倒，从而导致漏垮工作面，如图 3-10 所示。

3. 预防措施

预防大面积漏垮型冒顶的措施主要有三条：

（1）选用合适的支柱，使工作面支护系统有足够的支撑力与可缩量；

（2）顶板必须背严背实，梁头顶紧煤壁，采煤后及时支护，甚至要掏梁窝；

（3）严防爆破移输送机等工序弄倒支架引发局部漏冒。

二、靠煤壁附近局部冒顶

1. 冒顶机理

由于原生、构造以及采动等原因，在一些煤层的直接顶中，存在"人字劈"、"升斗劈"（见图 3-11）或其他形状的游离岩块。在采煤机采煤或爆破落煤后，如果支护不及时，端面距（第一排支架顶梁前端至煤壁的距离）过大，这类游离岩块可能突然冒落砸人，

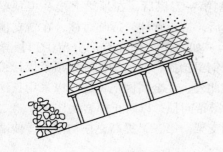

游离岩块

图 3-10　工作面漏垮示意图　　　　　图 3-11　顶板中的游离岩块

造成局部冒顶事故。

当采用爆破法采煤时，如果炮眼布置不恰当或装药量过多，也可能在爆破时崩倒第一排支架，扩大了无支护空间，从而导致局部冒顶。

2. 预防措施

综采工作面靠煤壁附近局部冒顶的预防措施主要是：提高支架的初撑力使端面冒高不超过 300mm，采用及时支护的移架方式（采煤机割煤后先移架再推输送机），并令端面距不超过 340mm。当采高大于 2.5~3.0m 时，支架应带护帮装置，以免煤壁片帮扩大无支护空间。如果碎顶范围比较大（如过断层破碎带等），则应对破碎直接顶注入树脂类黏结剂使其固化，以防止冒顶。

单体支柱工作面预防靠煤壁附近局部冒顶的措施是：第一，采用能及时支护悬露顶板的支架，并使端面距不大于 200mm。当采煤机截深很小时，可用正悬臂交错顶梁支架（见图 3-12）或正倒悬臂错梁直线柱支架（见图 3-13）。当顶板很破碎、采煤机截深为 0.5m 时，可用 HLD-500 型短梁（见图 3-14）与 1m 长铰接顶梁配合使用；在机道宽度为 1.15m 而又未接短梁时，若柱前后梁长各为 0.6m 和 0.4m，则端面距为 0.55m，接一节

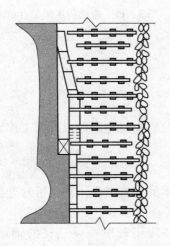

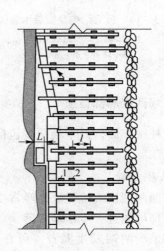

图 3-12　正悬臂交错顶梁支架　　　　图 3-13　错梁直线柱支架布置

1—临时柱；2—基本柱；

L—采煤机截深；l—支柱排距

0.5m 的短梁后，端面距就只有 0.05m；采煤机割第一刀煤后，在顶梁上接一根顶梁，支临时柱，端面距还是 0.05m，采煤机割第二刀煤后，支正常柱，拆临时柱，在新支顶梁上固定短梁，端面距又是 0.05m，如图 3 – 15 所示。如果沿工作面有部分范围顶板异常破碎，可在金属支柱铰接顶梁基础上，增设一些长钢梁抬棚，并让抬棚顶梁顶紧煤帮；必要时可在煤帮上挖梁窝，抬棚顶梁伸入梁窝架设。此外，在金属网下，还可以采用长钢梁对棚迈步支架（见图 3 – 16）在架设支架前还必须敲帮问顶，以防止掉岩块伤人。第二，炮采时，炮眼布置及装药量应合理，尽量避免崩倒支架。第三，提高支柱初撑力，使端面冒高不超过 200mm。

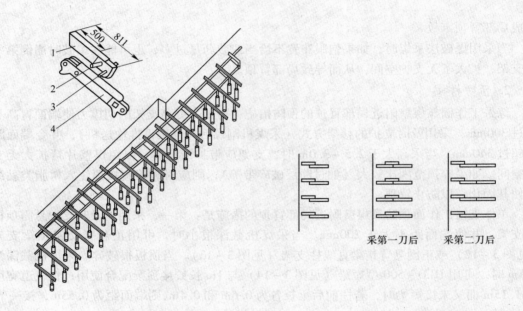

图 3 – 14　短梁结构及安装示意图　　　　图 3 – 15　短梁与顶梁配合情况
1—短梁；2—连接圆销；
3—楔件；4—顶梁

三、采场两端局部冒顶

单体支柱工作面，其采场两端包括工作面两端的机头机尾附近以及与工作面相连的一段巷道。

1. 机头机尾处

在工作面两端机头机尾处，经常要进行机头机尾的移置工作，就在拆除老抬棚支设新抬棚时，碎顶可能进一步松动冒落。

为预防采场两端发生漏冒，可在机头机尾处各应用四对一梁三柱的钢梁抬棚支护（即四对八梁支护，见图 3 – 17），每对抬棚随机头机尾的推移迈步前移；或在机头机尾处采用双楔铰接顶梁支护（一般铰接顶梁，加上楔子后，不能向下弯，但能向上弯，双楔铰接顶梁则向下向上均不能弯）。

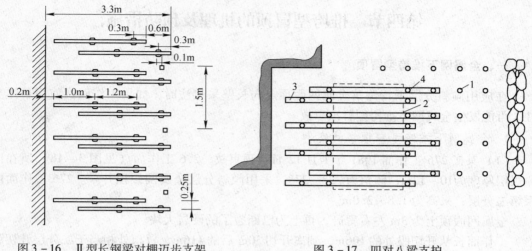

图 3－16 Ⅱ型长钢梁对棚迈步支架   图 3－17 四对八梁支护
1—支柱；2—机头位置；3—固定梁（下次
移机头时）；4—移动梁（下次移机时）

2. 工作面与巷道交接处

在掘进与工作面相连的巷道时，由于巷道支架的初撑力一般都很小，很难控制直接顶的下沉、松动甚至破碎，当直接顶是薄弱软岩层时则更是这样。随着采煤工作面的推进，交接处需去掉原巷道支架靠工作面的一条腿，并换用抬棚支撑巷道支架的顶梁，这时如果支护操作不当，可导致碎顶冒落。

为保证安全，在工作面与巷道交接处，宜用一对抬棚迈步前移，托住原巷道支架的顶梁。

顺便说明两点：第一，有的采场利用"四对八梁"中的一对作为工作面与巷道交接处的迈步抬棚；第二，综采时，如果工作面两端没有应用端头支架，则在工作面与巷道交接处也需用一对迈步抬棚。

四、放顶线附近的局部冒顶

放顶线上每根支柱承担的压力是不均匀的。当人工回撤受力大的支柱时，往往支柱一倒下大块顶板就会冒落，这种情况在分段回柱回撤到最后一根支柱时容易发生。当顶板存在由断层、裂隙、层理等切割而成的大块游离岩块时，回柱后游离岩块就会冒落，推倒支架，形成局部冒顶。

如果在金属网下回柱放顶，也会因大块游离岩块滚滑而推垮支架造成局部冒顶。

预防放顶线上局部冒顶的措施有：

（1）加强对放顶线附近顶板的支护，采取戗柱、戗棚、全承载支护等，以提高支架的稳定性和承载能力。

（2）应采用机械回柱的方法，对难回的支柱使用绞车远距离回柱。

（3）在放顶线的压力集中区回柱时，应在回柱前及时增设特殊支架。

第四节　推垮型冒顶的机理及预防措施

一、金属网下推垮型冒顶

在应用倾斜分层下行垮落金属网假顶走向长壁采煤法时，如果工作面内使用单体支柱，可能发生金属网下推垮型冒顶事故。

1. 金属网下推垮型冒顶事故案例

（1）某矿276工作面1981年1月12日冒顶事故。276工作面（见图3－18）所在区段煤层厚度为10～12m，倾角为22°～27°，采用倾斜分层金属网假顶开采。276工作面回采第二分层，采高为1.8～2.0m。

金属网假顶上为3m左右冒矸，再上为已断裂了的硬岩大块。

工作面长从开切眼处的106m，到离开切30m后的116m，冒顶处相当于二分层开切眼内错布置。

普采，80型采煤机采煤，40型可弯曲刮板输送机运煤，单体液压支柱与金属铰接顶梁支护。冒顶事故发生在采煤工作面推进35m处时，工作面下端11m控顶距宽7.6m，尚未初次放顶，并且支柱密度不够。正当准备采煤时，工作面下端11m整个7.6m宽突然全部推垮，造成事故。

（2）某矿262工作面1982年3月3日冒顶事故。262工作面回采区段煤层厚6.5m，倾角25°，采用倾斜分层金属网假顶开采。262工作面回采第三分层，采高1.8m。金属网假顶上为6m左右冒矸，再上为已断裂了的硬岩大块。

工作面长平均73m，冒顶处为57m。三分层开切眼内错二分层开切眼7m布置。炮采，40型刮板输送机运煤，单体液压支架支护。

工作面开两次帮后第一次放顶，控顶距1.9m，放顶距为1.6m，没有放下来。工作面又开了一次帮，又进了0.6m，在进行回柱放顶过程中，发现工作面上部顶板掉矸、支柱向下歪斜。稳定后继续工作，突然从风巷往下10m处开始。

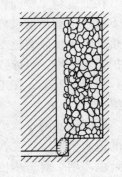

图3－18　276工作面
冒顶位置

（3）某矿231工作面1982年3月7日冒顶事故。231工作面回采区段煤层厚6m，倾角25°，采用倾斜分层金属网假顶开采。231工作面回采第二分层，采高1.8～2.0m。

金属网假顶上为2m左右冒矸，再上为已断裂了的硬岩大块。

工作面长60～180m，冒顶处为60m。二分层开切眼与一分层开切眼垂直布置。

炮采，金属摩擦支柱及木梁支护。

冒顶发生在工作面上部推进四次帮（每次推进0.7m），下部推进5次帮时，当时工作面支柱密度不够。爆破后发现工作面中上部支柱向下歪斜，约半小时后，自风巷往下长45m、宽5.1m全部推垮。

处理事故现场时发现冒矸上有一块自上部硬岩中掉下的大块，长5.6m、宽3.4m、厚0.58m。但工作面支柱只是被向下推倒，没有被砸坏的支柱。

2. 发生冒顶的条件

（1）据事故案例统计，煤层倾角在20°以上。

（2）金属网上的碎矸石与上部断裂了的硬岩大块之间存在空隙，从而形成悬浮顶板。

当上、下分层开切眼垂直布置时，在下分层开切眼附近，金属网上的冒矸与上部断裂了的硬岩大块之间存在空隙，如图3－19所示，即下分层开切眼附近存在悬浮顶板。

当下分层开切眼内错布置或垂直布置，但工作面已推过三角形空隙区时，虽然金属网上的碎矸与上部断裂了的硬岩大块之间不存在空隙，但是一般也难以胶结在一起，如图3－20所示，松散顶板因支柱初撑力小，与上部硬岩没顶紧，转化为悬浮顶板。

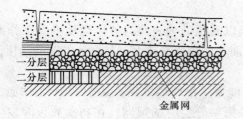

图3－19　上下分层开切眼垂直
布置时的顶板情况

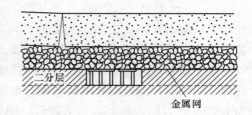

图3－20　下分层开切眼内错
布置时的顶板情况

（3）使用单体支柱的工作面。

3. 金属网下推垮型冒顶的特点

经归纳分析，金属网下推垮型冒顶有如下一些特点：

（1）冒顶多数在初次放顶前后发生；

（2）多数是无征兆的突然推垮，少数工作面推垮前发生柱子向下斜，也就是有前兆；

（3）推垮前支柱受力一般不大；

（4）推垮后支柱没有折损，多数是沿倾斜方向被推倒，也有向采空区方向推倒的；

（5）推垮后上位断裂了的硬岩大块大面积悬露，少数工作面则从上位岩层掉下几个大块；

（6）发生推垮时大多数是速度很快，人力无法抗拒；

（7）推垮特别容易在回柱时发生；

（8）多数工作面采用金属摩擦支柱。

4. 金属网下推垮型冒顶的机理

专门的试验研究表明，金属网下推垮型冒顶的全过程分为两个阶段，而且各有其原因：第一是形成网兜阶段。这是由工作面内某位置支护失效导致的，如图3－21（a）所示。这时如果周围支架的稳定性好，一般不会发展到第二阶段，即还不至于发生冒顶事故；第二是推垮工作面阶段。如前所述，在开切眼附近金属网上面碎矸之上有空隙，或者由于支架初撑力小，而使网上碎矸石与上位断裂了的硬岩大块离层，这就造成网下单体支架不稳定，在网兜沿倾斜拉力的作用下，依次使网兜上方的支柱由迎山变成反山，最终造成推垮型冒顶，如图3－21（b）所示。当然这两个阶段有可能间隔很短的时间。

金属网下大型冒顶的情况是很复杂的。除上述推垮型冒顶外，当发生局部破网漏顶，

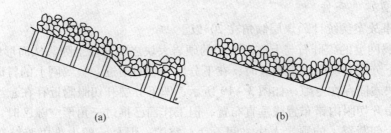

图 3 – 21　金属网假顶下推垮型冒顶的过程
（a）形成网兜；（b）推垮工作面

漏顶处以上一定斜长内，金属网兜着碎矸可能以漏顶处为去路，整体运动推倒工作面支架，造成推垮型冒顶。如果网上是散体碎矸，而煤层倾角又较大。某个地点破网漏顶，漏顶处以上工作面则可能发生大面积漏垮型冒顶。

此外，回采第一分层时如果铺顶网，也可能发生推垮型冒顶。某矿 1121 工作面，直接顶为 1.65m 碎岩层，再上为铝土砂岩，回采第一分层时铺顶网，在初次放顶时发生推垮型冒顶，沿工作面推垮 28m，就是一个实例。

5．预防金属网下推垮型冒顶的措施

分析金属网下推垮型冒顶的原因可以得出，防止这类冒顶事故的主要措施 应该是提高支柱初撑力及增加支架的稳定性，当然还可以附加其他一些措施，归纳如下：

（1）回采第二分层及以下分层时用内错式布置开切眼，避免金属网上碎矸之上存在空隙。

（2）用提高支柱初撑力的方法，让网上碎矸顶紧上位硬岩块，以增加支架稳定性。

（3）用"整体支架"增加支架的稳定性。可以用金属支柱铰接顶梁加拉钩式连接器（一种连接固定一排支柱中上下两棵柱子的构件）的整体支架，或用金属支柱铰接顶梁加倾斜木梁对接棚子的整体支架。

（4）采用伪倾斜工作面。这个措施的目的在于增加抵抗下推的阻力。

（5）初次放顶时要千方百计保证把金属网下放到底板。例如，对开切眼内错布置的分层工作面，初次放顶前应把开切眼靠采空区一侧的金属网剪断。

二、采空区冒矸冲入采场的推垮型冒顶

若煤层上直接是石灰岩等较坚硬岩层，当其呈大块在采空区垮落时，可能顺着已垮落的矸石堆冲入采场，推倒采场单体支柱（从根部推倒采场支柱而不是从顶部），从而导致推垮型冒顶，如图 3 –22 所示。

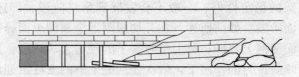

图 3 – 22　大块冒矸冲入采场推倒支架

预防推垮型冒顶事故的主要措施有如下两条：

（1）用挑顶等办法使采空区小块冒矸超过采高，从而使大块冒矸无法冲入采场。

（2）用切顶墩柱或特种支柱切断顶板，减小冒矸面积和阻挡冒矸使其不得冲入采场。

急斜煤层工作面，如果密集支柱初撑力不足或稳定性不好，采空区冒矸也可能冲倒支柱，冲入采场，造成冒顶事故。

第五节　综合类型冒顶的机理及预防措施

一、厚层难冒顶板导致的冒顶

当煤层顶板是厚层难冒顶板时，它们要悬露数千平方米，甚至数万平方米才冒落。这样大面积的顶板在极短时间内冒落下来，不仅会产生严重的冲击破坏力，而且会把已采空间的空气瞬时挤出，形成巨大的暴风，破坏力极强。

顶板大面积冒落现象，在大同、北京及新疆的一些矿区都曾发生过，而以大同矿区最为严重。

1. 厚层难冒顶板大面积冒顶的机理

厚层难冒顶板初次破断时，瞬间所有断块全部垮落。只有老顶呈正"O—X"型破断、老顶周边断裂线离采空区煤壁较近、老顶下面自由空间高度较大时，才可能瞬间全部断块都冒落。

2. 厚层难冒顶板大面积冒顶的预防措施

（1）增大工作面长度，令厚层难冒顶板初次破断时呈竖"O—X"型。

（2）让厚层难冒顶板下面自由空间高度不大于其基础岩层厚度的一半。

（3）对单体支柱工作面，考虑到采空区冒矸块度较大，放顶线上的支柱应有足够的支撑力与稳定性，以免被冒矸推倒，条件允许时应尽量使用墩柱。

（4）在开采煤层群时，当下煤层的顶板较软，上煤层的顶板是厚层难冒顶板时，可先开采下煤层，使上煤层及其顶板位于下煤层采后顶板的裂隙带内，产生松动和断裂，但又保持一定的完整性。这样一来，当开采上煤层时，也可避免厚层难冒顶板所造成的威胁。

二、地质破坏带附近的局部冒顶

地质破坏带主要是煤层和顶板岩层中的断层。

1. 单体支柱工作面

断层附近顶板压力大、破碎，支护不好时易发生压垮型或漏冒型冒顶。当碎顶沿倾斜断层面移动时，易推倒支架导致推垮型冒顶。因而在断层附近应增大支护密度，提高支护初撑力，甚至用木垛以加强支护，护好碎顶，并用戗棚、戗柱增加支架稳定性。

2. 综采工作面

综采工作面遇到长度大于5m的平行工作面的断层时易发生冒顶事故。此时，支架若有较大的富余阻力，工作面可照常推进；若无，应让工作面与断层斜交。

三、大块游离顶板导致的冒顶

由于地质构造（如断层、裂隙、层理、尖灭等）、旧巷（沿煤层走向或倾斜开掘的巷道，其上直接顶板往往已经破碎）以及采动（如采场支架初撑力小，导致直接顶板沿工作面煤壁断裂）等原因，造成煤层直接顶板中存在大块游离顶板。它们上面与再上岩层黏结力很小或不黏结甚至离层、四周与原岩层断开、下面为采空空间。大块游离顶板尺寸有大有小，岩性有硬有软，在一定条件下会导致或大或小的冒顶事故。

大块游离顶板导致的冒顶事故包括：复合顶板推垮型冒顶、冲击推垮型冒顶、大块游离顶板旋转推垮型冒顶。

1. 复合顶板推垮型冒顶复合顶板的概念

在大型冒顶事故中，复合顶板推垮型冒顶事故占有相当大的比重。因此，有必要弄清楚复合顶板的概念。

通常概念认为，复合顶板就是离层型顶板。

从本质上讲，复合顶板是指采煤后特别容易离层的顶板第一个分层（因为它与第二个分层间或夹有煤线或夹有薄层软弱岩层或没有黏结性），其厚度通常在 0.5～3.0m 之间。从命名上看，把复合顶板称为特别容易离层的顶板可能更合适。

应用留煤皮方法采煤时，如果煤皮厚度在 0.5～3.0m 之间，而煤皮与顶板又易分离或煤层有伪顶，这时采煤工作面也处在复合顶板之下。

厚煤层应用倾斜分层下行垮落开采时，第二分层及以下分层可能处在再生顶板之下。如果再生顶板下部的厚度为 0.5～3.0m，其上为较硬岩层或咬合住的断裂岩块，再生顶板下部与它又没有多大的黏结力，则在回采第二分层及以下分层时，该分层也处在再生的复合顶板之下。

2. 复合顶板推垮型冒顶的案例

（1）某矿 232 采煤工作面 1982 年 1 月 13 日冒顶事故。该工作面开采六号煤、厚 1.8～2.4m，倾角 13°30′。复合顶板为灰色粉砂岩，厚 0.6～0.8m，与上面岩层间夹有 0.04m 乳白色含水凝灰质泥岩。复合顶板下面是 0.25m 厚的劣质煤，也作为复合顶板的一部分。直接底为灰白色细砂岩。工作面长度平均为 150m，开切眼附近的长度为 184m。

采用单一长壁采煤法，DY-100 采煤机采煤，80 型可弯曲刮板输送机运煤，HZWA 摩擦支柱与木梁支护工作空间，排距 0.7m，柱距为 1m 一对连锁棚子，最大控顶距 5 排 4m，最小控顶距 4 排 3.3m，靠煤帮点柱 2m 一棵。靠采空区每 6m 架设一个木垛，木垛间沿放顶线支戗棚两架。

工作面 1982 年元旦投产，由于投入的工人少，到 1 月 13 日，工作面上部与下部只进四刀，中部进了六刀。工作面呈 5°伪仰斜，支护质量不好，木垛没有按规定的规格架设。

1 月 10 日 14 时 50 分，翻架木垛时冒顶 9m，如图 3-23 所示（冒顶地点在工作面自下往上 56～65m 处）。1 月 12 日 6 时 30 分，翻架木垛时又冒顶 8m（冒顶地点在工作面自下往上 99～107m 处）。1 月 13 日新一班开工后，采煤机自下往上割煤，到 95m 处，发现机组附近顶板沿煤帮裂开，于是停机架设支柱。在 2 时 50 分，自 95m 处开始，往下共 16m，复合顶板及劣质煤突然自煤帮推向采空区侧，推垮工作面，造成伤亡事故。

（2）某矿 7103 采煤工作面，1984 年 2 月 28 日及 3 月 26 日冒顶事故。该工作面开采山西组七层煤，厚 1.2~2.8m，平均 2.1m，倾角 21°~22°。采煤工作面长 120~130m。

工作面顶板情况下部 50m 与上部不同。上部直接顶第一分层为厚 0~1m 的泥页岩，其上有 0.1~0.2m 碳质页岩或煤线，再上为 0.8~1.6m 的砂页岩，砂页岩上面是砂岩。泥页岩是复合顶板。下部 50m 泥页岩尖灭，煤线也尖灭，直接顶就是砂页岩。

工作面采用单一长壁采煤法。炮采，可弯曲刮板输送机运煤；微增阻式金属摩擦支柱及 1m 铰接顶梁支护顶板，排距 1m，柱距 0.5~0.6m，四、六排控顶；靠采空区木垛中对中 10m 一架，垛间还架设有抬棚。

1984 年 1 月 10 日开始回采，到 1984 年 2 月 28 日工作面离开切眼 73m，正好到旧巷中间上山，如图 3-24 所示。两天前已发现靠采空区的棚子往下斜，前一天在旧巷老硐处已发现泥页岩离层。28 日上午 11 时，回柱过程中发现顶板向下移动，靠采空区及煤帮处均掉砟。班长下令撤人。半小时后，材料巷往下 14m 处开始，至刮板输送机巷往上 77m 处发生推垮型冒顶，共推垮工作面 32m。

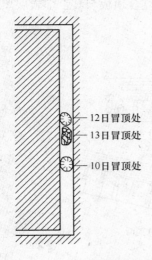

图 3-23 232 工作面冒顶位置

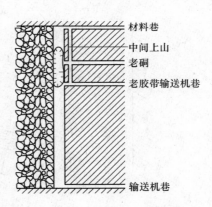

图 3-24 7103 工作面第一次冒顶位置

工作面停产 11d，3 月 10 日恢复生产。恢复生产后把工作面上端降至旧巷老胶带输送机巷，这时采煤工作面长度只有 77m，如图 3-25 所示。到 3 月 24 日，发现工作面上部靠采空区棚子往下斜，从老胶带输送机巷能看到直接顶泥页岩离 300~400mm。26 日早班回柱时，发现煤帮及靠采空区处掉砟，上午 9 时班长下令撤人。9 时 15 分发生推垮型冒顶，老胶带输送机巷往下 2m 至 29m 共推垮工作面 27m。

从掌握的案例来看，复合顶板推垮型冒顶都是发生在应用单体支柱的工作面中，因此下面对冒顶特点、机理及预防措施等的论述，也是针对使用单体支柱的采场。

（1）复合顶板推垮型冒顶的特点。通过对一系列有关案例的研究，得到复合顶板推垮型冒顶的特点如下：

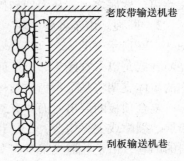

图 3-25 7103 工作面
第二次冒顶位置

1）冒顶前采场顶板压力不大，支架没有变形、损坏，金属支柱没有明显的下缩。

2）多数情况下，冒顶前复合顶板已沿煤帮断裂。

3）冒顶后支柱没有折损只是倾倒，多数是沿煤层倾斜方向向下倾倒，也有向采空区倾倒的。

4）冒顶后上部岩层大面积悬露不冒，个别情况是冒落几个大块。

5）冒顶在任何工序都有可能发生，但多数是发生在回柱放顶过程。

6）冒顶多发生在开切眼附近。

7）多数情况是冒顶前没有明显征兆，推垮发生时速度快来势猛，人力无法 抗拒；有时推垮前有征兆，能发现靠采空区支柱向下倾斜，沿煤帮及采空区边顶板掉砟，因而来得及撤人。

（2）复合顶板推垮型冒顶的机理。

1）离层。由于支柱的初撑力小，在复合顶板的自重作用下，复合顶板与支柱同时下沉下缩，而顶板上位岩层未下沉或下沉较慢，从而导致复合顶板与其上部岩层离层，如图3-26所示。

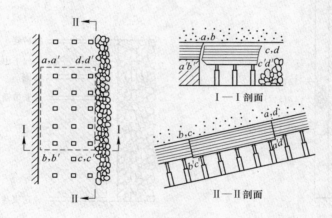

图3-26　复合顶板离层断裂

支柱初撑力小有三方面原因：一是支柱初撑力本身就很小；二是支柱性能失效，达不到设计的初撑力；三是支设时没有按要求施工，没有达到应有的初撑力，或是把支柱支设在浮煤、软底之上，从而使初撑力达不到设计的要求。

2）断裂。由于各种原因，在复合顶板中断裂出一个六面体（即大块游离顶板），如图3-26所示中的aa'、bb'、cc'、dd'。此六面体上面不挨上位岩层，四周或是已与原岩层断开或是以采空区为邻，下面由单体支架支撑，如果周围没有约束，此六面体连同支撑它的单体支架将是个不稳定结构。

复合顶板断裂出六面体有三方面原因：一是地质构造原因，即复合顶取中存在原生的断层、裂隙或尖灭构造；二是巷道布置原因，即在工作面开采范围内存在在沿走向或沿倾斜的旧巷，由于巷道支架没有多大初撑力，抑制不住巷道上方复合顶板的下沉、断裂；三是支柱初撑力低的原因，由于支柱初撑力低，导致复合顶板沿煤帮断裂。

3）去路和倾角。当六面体周围（一般是沿倾斜下侧或采空区侧）出现一个自由空间，使六面体有了去路，而且六面体向去路方向又有一定的倾角时，在自重作用下，六面体就具有向去路方向的推力。

如果沿工作面自上而下至某点处，复合顶板尖灭，这就等于六面体在其倾斜下方有一个天然的去路，再加上煤层有一定的倾角，那就非常危险了。

4）推力大于阻力。如图 3－26 所示，假设 bb'、cc' 下侧有自由空间，则六面体 aa'、bb'、cc'、dd' 就具有沿倾斜向下的推力。当六面体有向下推的趋势时，左侧岩层断裂面将产生阻止六面体下推的摩擦阻力；采空区碎矸（如果其高度超过煤层采高）将对 cc'、dd' 面产生阻止下推的摩擦阻力。此外，支柱的迎山角也会对六面体的下推有个阻力。只有当总阻力小于六面体向下的推力时，才会发生推垮型冒顶。

应当指出，阻止六面体下推的阻力是变化的，因为上述摩擦阻力是由岩层及碎矸紧夹六面体而产生的，而且是夹得越紧摩擦阻力越大。在这种状态下如果发生震动，则夹紧力将减小，从而使摩擦阻力也将变小，可能导致六面体下推力超过总阻力。采场中爆破、采煤机割煤、调节支架，回柱放顶煤等工序，以及岩层自身的运动，都会或大或小地引起周围岩层产生震动，都会逐次减小阻止六面体下推的附力。

以上就是复合顶板推垮型冒顶的机理。当采用伪仰斜工作面时，六面体可能推向采空区，多数情况下六面体可能推向工作面下方，其机理都是相同的。

如果形成离层六面体的时候，已经存在去路与倾角，而且下推力与总阻力已处于临界平衡状态，则只要工作面有点动静，就会发生无征兆的、突然的推垮型冒顶。很多工作面的推垮型冒顶都属于这种类型。如果离层六面体的下推力暂时还小于总阻力，随着采煤工作的进行，阻力将越来越小，六面体开始运动，阻力变得更小，六面体运动速度越来越快，导致支柱下斜，靠煤帮及采空区处掉矸（由岩石间摩擦而产生的）等征兆，接着就发生推垮型冒顶。有些工作面发生过这种类型的有征兆的推垮型冒顶。

从支护观点考察复合顶板推垮型冒顶问题可以看出，问题不在于支护的支作力不够，而在于支护的失稳，六面体是因为支护失稳才发生推垮的。换句话说，如果六面体下是稳定性好的能抵抗来自层面方向推力的支架，则也能阻止六面体下推。

（3）采场中容易发生推垮型冒顶的地点。在具有复合顶板的采煤工作面中，下列地点容易发生推垮型冒顶：

1）开切眼附近。在这个区域复合顶板上面岩层两侧都有煤柱支撑不容易下沉，这就给复合顶板的下沉离层创造了有利的条件。

2）地质破坏带（断层、裂隙等）附近。在这些地点，复合顶板容易形成六面体。

3）尖灭构造附近。复合顶板存在尖灭构造，既容易形成六面体，又可能给六面体以去路。

4）旧巷（走向的或倾斜的）附近。由于旧巷顶板已破坏，增加了在顶板岩层中形成六面体的可能性。

5）掘进上、下平巷时破坏了复合顶板的地点。破坏了下平巷的复合顶板，可能给六面体开创一个去路；而破坏了上平巷的复合顶板，则可增加产生六面体的可能性。

6）局部冒顶区附近。这些地点也存在"去路"、增加产生六面体的可能性等问题。

7）倾角大的地段。在这些地段，由于重力作用而令六面体沿倾斜下推的力增大。

8）顶板岩层含水的地段。这些地段因摩擦因数降低，总阻力将大为减小。

总之，在上述地点发生推垮型冒顶的可能性比其他地点要大，生产中切不可掉以轻心。

（4）复合顶板推垮型冒顶的预防措施。如前所述，在复合顶板条件下发生推垮型冒顶具有随机性，虽然如此，只要针对发生的原因采取相应对策，还是能够防止冒顶事故的发生。

某个矿区的一些煤层，曾多次发生复合顶板推垮型冒顶。用掩护式液压支架代替单体支架支撑顶板后，由于解决了支护的稳定性问题，已杜绝了推垮型冒顶事故。另一个矿区的某个矿，对具有复合顶板的煤层改变其采煤方法，将原来的走向长壁采煤改为俯斜长壁采煤，由于不让六面体有去路，因而也有效地防止了推垮型冒顶事故。但是目前有相当多的采煤工作面具有复合顶板，其中只有少数工作面可能采用综采或俯斜长壁开采。因此，有必要针对大量的使用单体支架的走向长壁采煤工作面，提出预防复合顶板推垮型冒顶的措施。

从破坏形成推垮型冒顶的条件出发，总结各矿区行之有效的经验，以下几条措施基本上可以普遍采用。

1）应用伪俯斜工作面并使垂直工作面方向的向下倾角达 4°～6°。这个措施的目的是限定六面体要推移时只能沿工作面下侧推移，而阻止推移的摩擦阻力则较大。一些矿区曾应用这个措施比较有效地防止了推垮型冒顶。应当指出，当煤层沿走向起伏不平时，会影响这个措施的效果。

2）掘进上下平巷时不破坏复合顶板。

3）工作面初采时不要反推。如图 3-27 所示，工作面应向左边推进，但由于煤柱留得过宽，故在初采时反推几排。如果工作面的顶板是复合顶板，开切眼处顶板已经离层断裂，当在反推范围初次放顶时，极容易在原开切眼处诱发推垮型冒顶。

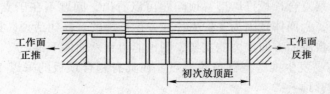

图 3-27　工作面初采时反推

4）控制采高，使直接顶冒落后能超过采高。这个措施的目的在于：堵住六面体向采空区的去路；在六面体要向工作面下方推移时，增加阻止六面体下推的摩擦阻力。

5）灵活地应用戗柱、戗棚，使它们迎着六面体可能推移的方向支设。

除上述五条措施外，还有两条更有效的更应该采用的、从解决采场支架稳定性出发的措施：

1）采用"整体支架"。在使用单体液压支柱和金属铰接顶梁的采煤工作面中，用拉钩式连接器把每排支柱从工作面上端至工作面下端都连接起来，如图 3-28 所示。由于在走向上支架已由铰接顶梁连成一体，再加上沿倾斜用拉钩式连接器也连成一体，这就在采场中组成了一个稳定的可以阻止六面体下推的"整体支架"。

某矿 1975 年开始回采具有复合顶板的煤层，几乎每个工作面都发生过推垮型冒顶。

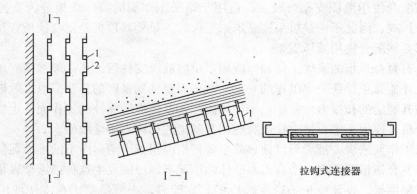

图 3 – 28　拉钩式连接器
1—单体液压支柱；2—拉钩式连接器

1982 年下半年开始应用上述的整体支架，基本上防止了复合顶板的推垮型冒顶事故的发生。由于整体支架的复杂性，既增加工序又费工时，因此该矿并不是在一个工作面回采的全过程都使用它，而只是在开切眼附近使用，工作面初次来压以后就不用了。正因为如此，在远离开切眼地段，由于没有整体支架的防护，也曾发生过推垮型冒顶。

如果在金属支柱铰接顶梁支架下，加两排木梁金属柱的倾斜对接抬棚或戗棚，由于金属顶梁可能嵌入木梁一些，木梁棚子又一个挨一个对接着，也会形成整体支架。

2）提高单体支柱的初撑力。前面已经讲明，由于支柱的初撑力小导致复合顶板离层，反过来又使工作面支架不稳定。为解决这个问题，必须提高单体支柱的初撑力，使初撑力不仅能支承住复合顶板，而且能把复合顶板贴紧上面岩层，让其间的摩擦力足够阻止复合顶板下滑，从而支架本身也能稳定。为达到这个目标，一些矿区提出了计算支柱应具有初撑力的公式如下：

$$P_0 \geq \frac{\gamma h_0}{n}\left(\cos\alpha + \frac{1}{f}\sin\alpha\right)$$

式中　P_0——每根支柱的初撑力，kN/根；

　　　n——支柱密度，根/平方米；

　　　γ——复合顶板体积力，kN/m³；

　　　h_0——复合顶板厚度，m；

　　　α——煤层和岩层的倾角，(°)；

　　　f——复合顶板与上面岩层间的滑动摩擦因数。

应该指出，这个计算公式只是概念式。设计时应用的公式将在以后介绍。

目前，采场中使用的单体支柱主要是单体液压支柱。外注式单体液压支柱每根初撑力可达 78~114kN，如果具有复合顶板的工作面采用它作为支护，基本上可以防止推垮型冒顶事故。

应当指出，用提高支柱本身的初撑力来解决单体支架的稳定性问题，不仅能防止推垮型冒顶，而且又不增加工序，不仅比整体支架更容易被生产单位所接受，而且在开采一个工作面的全过程中都能起作用。考虑到单体液压支柱也有其局限性，因此对具有复合顶板的煤层应该配合使用液压支架。现在，适用于炮采工作面的液压支架分为支撑式、掩护式、支撑掩护式，因此不论是机采还是炮采工作面，只要其顶板是复合顶板，从安全的角度出发，都必须配合使用液压支架。

一个具有复合顶板的采煤工作面，应用了单体液压支柱后，还必须加强对单体液压支柱的管理，才能真正保证采煤工作的安全。这里需要特别强调的是要采取有效措施，保证支柱能达到其额定的初撑力。某矿一个使用内注式单体液压支柱的工作面，也发生过推垮型冒顶，分析其原因，主要是支柱没有达到其额定的初撑力所导致的。

对综采工作面来讲，推垮型冒顶事故主要是指由顶板沿倾斜向下的推力促使支架倒架的事故。在复合顶板断裂出一个自由六面体的情况下，可能发生这种推垮型冒顶事故。为预防液压支架倒架，设计掩护式或支撑掩护式支架时，一般是要求在支架使用倾角范围内，通过支架重心的垂线不会落在底座与底板接触线以外，而没有考虑顶板沿倾斜方向可能施加给支架的推力。因此，必须用支架的初撑力预防复合顶板推倒支架，即令支架初撑力不仅能平衡复合顶板的重量，而且令复合顶板与上位岩层间正压力所产生的摩擦阻力能够平衡复合顶板向下的推力。满足这种要求的支架初撑力可以通过计算而获得。

3. 冲击推垮型冒顶

当煤层顶板的下位分层容易离层而且工作面又使用单体支柱时，在下列两种情况下，可能发生冲击推垮型冒顶。

（1）下位分层先离层、断裂成大块游离顶板，然后上位岩层中掉下大块矸石砸在下位游离顶板上，导致推垮型冒顶，如图3-29所示。

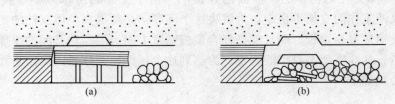

图3-29　冲击推垮型冒顶
（a）离层断裂成大块游离顶板；（b）下砸推垮

（2）下位分层先离层，上位岩层中掉下大块矸石冲击已离层了的下位分层，使其产生大块游离顶板并导致推垮型冒顶。

预防冲击推垮型冒顶的措施有：提高支柱的初撑力，避免下位分层离层；提高支护系统的稳定性，避免被推垮。

老顶来压时，如果直接顶已离层，也可能产生冲击推垮型冒顶。但是，在这种条件下，主要是产生冲击压垮型冒顶，而且预防产生冲击压垮型冒顶的主要措施是不让直接顶与老顶之间离层，这一条也预防了冲击推垮型冒顶。

4. 大块游离顶板旋转推垮型冒顶

当煤层顶板存在由断层、裂隙、层理或薄弱岩层切割成的大块游离顶板时，这个游离顶板可能旋转而下，把工作面单体支柱向煤壁推倒，造成推垮型冒顶事故，如图3-30所示。

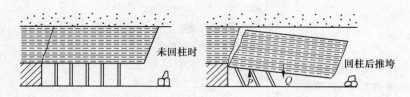

图3-30　游离顶板旋转推垮工作面

大块游离顶板的厚度可达6m，长度可达20m左右，宽度可以自煤壁到采空区顶板悬顶末端。岩性一般是中等稳定及以上，在采空区往往出现较长悬顶。

在游离顶板范围内进行回柱时，虽然工作面支柱工作阻力的合力P并不小于游离顶板的重量Q，但是P与Q的作用点不在同一个垂直线上，P偏靠煤壁一些，Q偏靠采空区一些，并且P的反力矩小于Q的作用力矩（对煤壁），在这种情况下，虽然不至于切垮工作面，但因力矩不平衡，游离顶板会旋转而下，推垮工作面。

某矿2233工作面，1985年8月3日就曾发生过一起这种类型的顶板事故。仰斜开采的工作面采高2.0m，煤层倾角8°~12°，采空区有3m左右悬顶。大块游离顶板长18m、宽7.2m、厚6m，回柱时游离顶板旋转下来，把支柱向煤壁推倒，造成推垮型冒顶事故。

预防大块游离顶板旋转推垮型冒顶的措施：一是加强顶板动态监测工作，判断游离顶板的范围；二是在游离顶板范围加强支护，不要进行回柱作业；三是如果工作面使用的是单体液压支柱，要配合使用液压支架；四是待游离顶板全部都处在放顶线以外的采空区时，再用绞车回柱。

当采场顶板出现大于5m的平行工作面的断层时，在断层附近特别容易形成大块游离顶板。断层附近顶板垮落带的范围可能扩大，因此游离顶板下的支架将承受更大的载荷。预防这种大块游离顶板旋转推垮型冒顶的措施还是上述四条。

如果大块游离顶板的尺寸相对较小，在采空区没有悬顶，但它沿工作面推进方向的长度超过一次放顶步距。在回柱后，游离顶板就会旋转，可能推倒采场支架导致冒顶，如图3-31所示。此外，在金属网假顶下回柱放顶时，由于网上有大块游离顶板，也可能会发生因游离顶板旋转而推倒采场支架的冒顶。预防这些情况下的旋转推垮型冒顶的措施仍然是上述四条，只是在第一条加强顶板动态监测工作中，对整层开采的情况要预计可能发生旋转推垮的范围，对倾斜分层金属网假顶开采的顶分层，要详细记录采空区冒下大块顶板的尺寸、形状以及在走向、倾斜的具体位置。为预防发生这些类型冒顶，有条件时也可以应用液压系统移动的切顶墩柱。

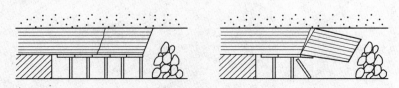

图3-31　游离顶板旋转推垮局部采场支架

习　题

3－1　按力学原因采场顶板事故可划分几类？

3－2　简述直接顶初次垮落的概念。

3－3　简述老顶初次来压的概念。

3－4　简述老顶初次来压步距的概念。

3－5　简述老顶周期来压的概念。

3－6　哪类煤层顶板可能发生老顶来压时压垮型冒顶？

3－7　在什么情况下，老顶来压时可能导致发生压垮型冒顶事故？

3－8　压垮型冒顶事故预防措施有哪些？

3－9　简述大面积冒顶事故的概念。

3－10　大面积漏垮型冒顶事故的预防措施主要有哪些？

3－11　简述齐梁支护、错梁支护的概念。

3－12　简述正悬臂、倒悬臂的概念。

3－13　放顶线局部冒顶的预防措施有哪些？

3－14　复合顶板推垮型冒顶有哪些特点？

第四章　巷道矿压显现规律与事故防治

第一节　受采动影响巷道矿压显现规律

一、巷道位置类型

根据巷道与回采空间相对位置及采掘时间关系的不同，巷道位置可以分为以下几类：

（1）与回采空间在同一层面的巷道称为本煤层巷道，分析本煤层巷道位置时，仅考虑回采空间周围煤体上支承压力的分布规律，可作为平面问题处理。

（2）与回采空间不在同一层面，位于其下方的巷道称为底板巷道，分析其位置时，应该考虑回采空间周围底板岩层中应力分布规律，按空间问题处理。当然，位于回采空间所在层面上方的巷道称为顶板巷道。分析顶板巷道位置时，不仅要考虑回采空间周围顶板岩层中应力分布规律，还要考虑上覆岩层移动、破坏规律。

（3）厚煤层中、下分层以及相邻煤层中的煤层巷道，有可能同时受到本分层和上分层以及相邻煤层采面的采动影响。分析这类巷道位置时，依据巷道与回采空间位置和采掘时间关系，综合考虑回采空间周围煤体上支承压力和顶、底板岩层中应力的叠加影响。

二、区段巷道的位置和矿压显现规律

1. 区段巷道的布置方式

根据区段回采的准备系统，区段巷道可分成三种布置方式。

（1）位于未经采动的煤体内，巷道两侧均为煤体，称为煤体 – 煤体巷道（见图 4 – 1 中 I）。薄煤层、中厚煤层和厚煤层上分层的区段运输巷，一般都属于这种布置方式。

（2）巷道一侧为煤体，另一侧为保护煤柱，如果保护煤柱一侧的采面已经采完且采动影响已稳定，掘进的巷道称为煤体 – 煤柱（采动稳定）巷道（见图 4 – 1 中 II$_1$），如果与保护煤柱一侧的采面区段巷道同时掘出，或在保护煤柱一侧的采面回采过程中，掘进的巷道称为煤体 – 煤柱（正采动）巷道（见图 4 – 1 中 III$_1$）。

（3）巷道一侧为煤体，另一侧为采空区，如果采空区一侧采动影响已经稳定，沿采空区边缘掘进的巷道称为煤体 – 无煤柱（沿空掘进）巷道（见图 4 – 1 中 II$_2$），如果通过加强支护或采用其他有效方法，将相邻区段巷道保留下来，作为供本区段工作面回采时使用

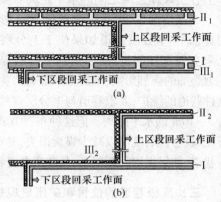

图 4 – 1　区段巷道布置方式示意图

（a）煤柱护巷；（b）无煤柱护巷

的巷道,称为煤体－无煤柱(沿空保留)巷道(见图4-1中Ⅲ₂)。

2. 区段巷道矿压显现规律

(1) 煤体－煤体巷道服务期间内,围岩的变形将经历巷道掘进影响、掘进影响稳定和采动影响三个阶段。由于巷道在采面后方已经废弃,巷道仅经历采面前方采动影响,围岩变形量比采动影响阶段全过程小得多,一般仅1/3左右。

(2) 煤体－煤柱或无煤柱（采动稳定）巷道服务期间,围岩的变形同样经历巷道掘进影响、掘进影响稳定和采动影响三个阶段（工作面前方采动影响但是巷道在整个服务期间内,始终受相邻区段采空区残余支承压力的影响,三个影响阶段的围岩变形均大于煤体－煤体巷道）。巷道的围岩变形量除了取决于开采深度、巷道围岩性质、工作面顶板结构和相邻区段采空区采动稳定程度外,与沿空护巷方式及保护煤柱宽度密切相关。

(3) 煤体－煤柱或无煤柱（正采动）巷道服务期间,围岩的变形将经历全部的五个阶段,围岩变形量远大于无采动及一侧采动稳定后巷道。这类巷道的围岩变形量除了与开采深度、巷道围岩性质、采动状况有关外,工作面顶板结构、沿空护巷方式和煤柱宽度都起决定性作用。

3. 厚煤层中、下分层区段巷道布置和矿压显现规律

厚煤层中、下分层区段巷道相对本层工作面仍然是煤体－煤体、煤体－煤柱（采动稳定、正采动）、煤体－无煤柱（采动稳定、正采动）三种布置方式,与上部分层主要有以下三种位置关系:布置在已稳定的采空区下方,附近无上分层遗留煤柱（见图4-2(a)）;布置在已稳定的采空区下方,并在上分层护巷煤柱附近（见图4-2(b)）;巷道布置在上分层护巷煤柱下部（见图4-2(c)）。

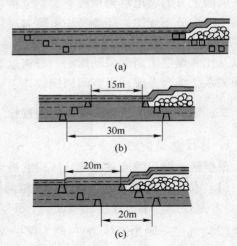

(a)

15m
30m
(b)

20m
20m
(c)

图4-2　厚煤层中、下分层区段巷道布置方式
(a) 在已稳定的采空区下方; (b) 在已稳定的采空区下方靠近上分层护巷煤柱; (c) 在上分层护巷煤柱下部

中、下分层巷道如果位于上分层一侧已采的煤体附近,上分层煤体的支承压力,对下部分层巷道会产生一定影响。它的影响程度与巷道和上分层煤体边缘之间的水平距离有关。

一般情况下,水平距离超过20m影响已不明显。中、下分层巷道如果位于上分层两侧均已采空的煤柱附近,由于受到上分层煤柱支承压力叠加的强烈影响,围岩变形显著。为了改善这种巷道的维护,要求巷道与上分层煤柱边缘保持5~10m的水平距离。但这种布置方式增加了中、下分层的煤量损失。厚煤层分层开采时,实行无煤柱开采,既可以减少煤炭损失,又对改善下部分层巷道的维护十分有利。邻近煤层中的区段巷道,如果煤层间距很小,其巷道布置和围岩变形规律与厚煤层中、下分层区段巷道类似。

三、底板巷道的位置和矿压显现规律

1. 底板巷道的位置

在上部煤层回采活动影响下,底板巷道的受力状况和围岩变形有很大差别。按照巷道

与上部煤层回采空间的相对位置和开采时间关系，巷道的位置可归纳为以下三种情况：

（1）布置在已稳定的采空区下部，在上部煤层回采空间形成的底板应力降低区内（见图4-3中Ⅰ）。巷道整个服务期间内不受采动影响。

（2）布置在保护煤柱下部，经历保护煤柱两侧回采工作面的超前采动影响（见图4-3中Ⅱ）。保护煤柱形成后，一直受保护煤柱支承压力的影响。当保护煤柱足够宽或者巷道与保护煤柱的间距足够大时，巷道可以避开采动影响，处于原岩应力场内。

（3）布置在尚未开采的工作面下部，经历上部采面的跨采影响后，位于已稳定的采空区下部应力降低区内（见图4-3中Ⅲ）。

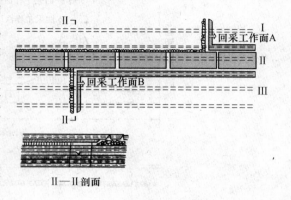

Ⅱ—Ⅱ剖面

图4-3 底板巷道位置

Ⅰ—在已稳定的采空区下部；Ⅱ—在保护煤柱下部；Ⅲ—在尚未开采工作面下部

2. 底板巷道的矿压显现规律

底板巷道从开掘到报废，由于上部煤层的采动影响，引起围岩应力反复重新分布，围岩变形速度随之变化。巷道Ⅰ仅经历在应力降低区内的巷道掘进影响阶段，然后进入掘进影响稳定阶段，围岩变形趋向稳定，变形量不大。巷道Ⅱ围岩变形要经历掘巷期间明显变形，然后趋向稳定，保护煤柱不足够宽时。

工作面下部经历上部采面的跨采影响与回采工作面距离 L 或时间 t。受上部煤层工作面A回采影响期间显著变形，然后又趋向稳定；受上部煤层工作面回采影响期间强烈变形，然后再次趋向以较大的变形速度持续变形（见图4-4（a））。巷道Ⅲ围岩变形要经历掘巷期间明显变形，然后趋向稳定，工作面跨越开采时引起围岩强烈变形，然后又趋向稳定（见图4-4（b））。

3. 厚煤层主要巷道的布置方式

20世纪50年代至60年代初期，我国一些开采厚煤层的矿井，曾采用在厚煤层内布置区段集中巷和上、下山甚至大巷，一般沿底板掘进，两侧留保护煤柱。对于分层开采的厚煤层，巷道要经受多次采动影响。巷道受到采动影响后，围岩变形强烈破坏严重，还可能引起煤层自然发火。自20世纪60年代起，许多矿井改变这种巷道布置方式，代之以底板岩层巷道，以及各分层分掘分采的布置方式，为矿井安全和正常生产创造了良好条件。但是岩巷工程量大、施工期长、系统复杂，与现代化矿井高产、高效、高速的综合机械化采煤的发展不相适应。目前，随着开采技术和巷道维护技术的进步，我国一些开采厚煤层的矿井重新开始在厚煤层内布置上、下山甚至大巷，这标志厚煤层巷道布置的重要改革，对矿井生产建设将会产生重大影响。

四、上、下山的位置和矿压显现规律

1. 上、下山巷道的位置

开采薄及中厚的单一煤层时，适用于布置煤层上、下山，用煤柱保护。位于底板岩层

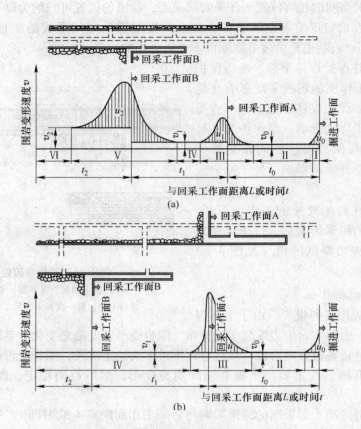

图4-4　受上部煤层采动影响底板巷道变形

（a）保护煤柱不够宽条件下；（b）采面跨采条件下

或邻近煤层内的上、下山，按巷道与回采空间的相对位置和回采顺序，可将上、下山的布置方式归纳为如图4-5所示的类型。

（1）位于煤层内用煤柱保护的上、下山（见图4-5（a））。

（2）位于底板岩层内上方保留煤柱的上、下山（见图4-5（b））。

（3）上、下山位于底板岩层内，上部煤层工作面跨越上、下山回采，不留护巷煤柱。跨越方式如图4-5（c）所示，左翼工作面先回采到上、下山附近处停采，然后右翼工作面跨越上、下山回采到左翼工作面停采线附近处停采，保留停采煤柱。

（4）上、下山位于底板岩层内，上部煤层工作面跨越上、下山回采，不留护巷煤柱。跨越方式如图4-5（d）所示，右翼工作面在左翼工作面还远离上、下山时就跨越上、下山。

随着综合机械化采煤的发展，不少矿井采用跨越底板岩层内多组上、下山连续回采，不留停采煤柱，使综采工作面连续推进长度达到2000~3000m。布置在底板的上、下山，保护煤柱，位于区段交接部位的上、下山上部会形成两侧采空或三侧采空的区段煤柱。上部工作面跨采过后，上、下山不仅没有处于采空区的应力降低区内，反而要长期受区段煤柱上高度集中的支承压力的影响。因此底板上、下山上部煤层工作面跨采时，不宜保留区段保护煤柱。

2. 上、下山巷道矿压显现规律

（1）上、下山（见图4-5（a）、（b））巷道围岩变形将经历掘巷期间明显变形，然后趋向稳定。一翼采动影响期间显著变形，然后又趋向稳定。另一翼采动影响期间强烈变形，最后在两侧采空引起的叠加支承压力作用下，再次趋向以较大的变形速度持续变形这六个时期。各时期围岩变形量的大小，主要取决于护巷煤柱的宽度、巷道与上部开采空间的距离及围岩的性质。回采本煤层时，还会受到本煤层保护煤柱两侧工作面超前采动影响，有时应力增高系数可高达5~7。

（2）上、下山（见图4-5（c））巷道围岩变形在掘巷期间、掘巷影响趋向稳定期间、一翼采动影响期间、一翼采动影响趋向稳定期间，与上、下山用煤柱保护时基本相同。但是，在另一翼跨采影响期间，上、下山开始受两侧采动引

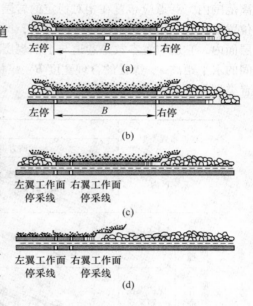

图4-5　上、下山的布置方式

起的支承压力的叠加影响，随着右翼工作面推进，左右两翼工作面间的煤柱逐渐缩小，支承压力的影响急剧增加，附加围岩变形量远大于用煤柱保护时围岩附加变形量，而跨采处于应力降低区内的围岩平均变形速度，又明显小于用煤柱保护时两翼采动影响趋向稳定时期的围岩平均变形速度。

（3）上、下山（见图4-5（d））巷道的围岩变形只经过掘巷期间明显变形，然后趋向稳定，跨采引起围岩变形急剧增加，以及跨采之后围岩变形趋向稳定四个时期，总变形量显著减少（见图4-6）。

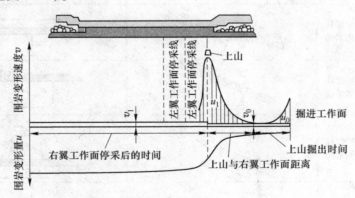

图4-6　上、下山巷道围岩变形

五、巷道位置参数的选择

巷道位置参数既明确了巷道所在的层位及其围岩性质，也决定了巷道受到采动影响的程度，而围岩性质是影响巷道维护诸因素中最为重要的因素。因此，在距开采空间合理距

离范围内，巷道应布置在相对稳定的岩层中。本煤层巷道与开采空间在同一层面内，它的位置参数是巷道与采空区边缘的距离，即保护煤柱的宽度。底板巷道与开采空间不在同一层面内，它的位置参数是巷道与上部煤层之间的垂直距离 z 巷道与上部煤柱（体）边缘之间的水平距离 x、煤柱的合理宽度 B，煤柱的合理宽度即护巷煤柱的稳定性问题。巷道布置类型及参数如图 4-7 所示。

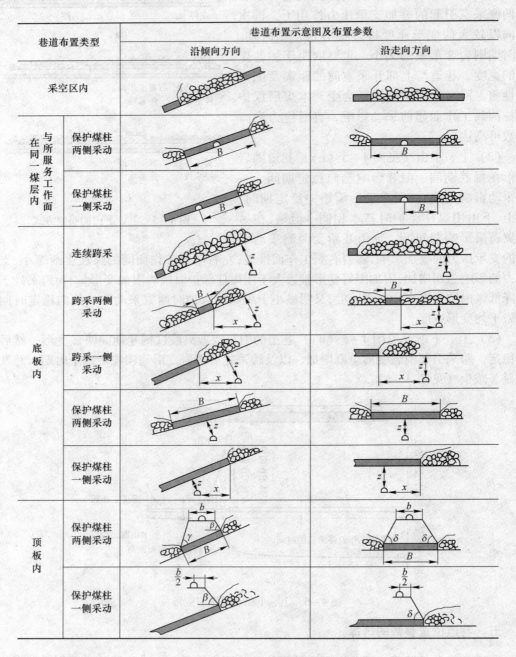

图 4-7　巷道布置类型及布置参数示意图

1. 巷道围岩变形与 z、x 值的关系

现场实测表明：在巷道围岩性质、开采深度和上部煤层采动状况等相同条件下，巷道围岩变形量 u 与巷道至上部煤层的垂距 z 的关系曲线如图 4-8 所示。u（mm）与 z（m）之间呈幂函数关系：

$$u = az^{-b}$$

式中参数取决于上部煤层采动状况、围岩性质、开采深度等因素。

现场实测表明：在巷道围岩性质、开采深度、上部煤层采动状况和巷道至上部煤层的垂距等相同条件下，巷道与上部煤柱（体）边缘之间的水平距离 x 决定着上部煤层跨采后，巷道是位于采空区下方的应力降低区内，还是处于上部煤柱引起的应力增高区内。巷道围岩变形速度与上部两侧已采煤柱水平距离实测关系曲线如图 4-9 所示，巷道围岩变形速度与上部一侧已采煤体边缘水平距离实测关系曲线如图 4-10 所示。

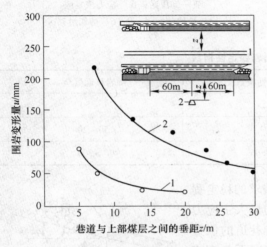

图 4-8　巷道围岩变形量与 z 值的关系曲线
1—区段集中巷；2—盘区上山

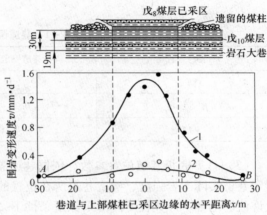

图 4-9　巷道围岩变形速度与上部煤柱
边缘之间的水平距离关系曲线
1—两帮移近速度；2—顶底移近速度

2. 巷道位置参数的选择

（1）底板岩层中应力分布区域。底板巷道矿压显现表明，底板中除垂直应力外，剪应力、水平应力也是影响巷道矿压显现的重要因素。依据数值计算、相似模拟试验和现场实测等多方面分析研究，在煤体与采空区交界地区，采动引起的底板岩层应力分为以下区域（见图 4-11）：原岩应力区、应力集中区、剪切滑移区、卸压区、应力恢复区和拉伸破裂区。卸压区中拉伸破裂区和剪切滑移区以下区域，应当是布置底板巷道的理想区域。

（2）巷道稳定性指数。在影响巷道稳定的诸多因素中，最重要的是围岩应力、围岩强度以及二者相互关系。在实际应用中定义：巷道开掘前所处位置的最大主应力与巷道围岩岩石单向抗压强度的比值为巷道稳定性指数。从大量观测数据中得出的巷道稳定性指数与巷道稳定程度的关系见表 4-1。因此，巷道稳定性指数可以作为确定巷道位置参数的依据。

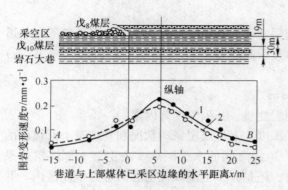

图 4 – 10 巷道围岩变形速度与上部
煤体边缘之间的水平距离关系曲线
1—两帮移近速度；2—顶底移近速度

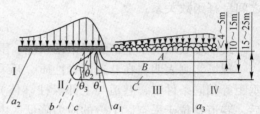

图 4 – 11 底板岩层应力分布区域
Ⅰ—原岩应力区；Ⅱ—应力集中区；
Ⅲ—卸压区；Ⅳ—应力恢复区；
A—拉伸破裂区；B，C—剪切滑移区

表 4 – 1   巷道围岩稳定性指数

围岩稳定程度	巷道稳定性指数	围岩移近量/mm
稳定	<0.25	<50
中等稳定	0.25～0.4	50～200
不稳定	0.4～0.65	>200

（3）计算底板巷道位置参数。依据巷道需求的稳定程
度和巷道实际围岩强度，确定巷道所在位置的最大主应力
允许值的范围。计算在不同开采深度条件下，巷道的位置
参数。上部煤层跨越底板巷道回采时，一般情况下巷道应
采取临时加强支护措施。上部煤层跨采过后，为了确保巷
道获得卸压效果，需要综合考虑巷道与上部煤层之间的垂
直距离 z，以及巷道与上部煤体边缘之间的水平距离 x
（见图 4 – 12）。巷道与上部煤层之间的垂直距离，应尽可
能选择在距煤层不小于表 4 – 2 所规定距离的较坚硬的岩

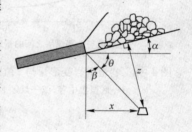

图 4 – 12 应力降低区内
底板巷道位置

层内，但通常不超过 50m。在已知巷道与上部煤层之间垂直距离情况下，巷道与上部煤体
边缘之间合理的水平距离见表 4 – 3。

表 4 – 2   巷道与跨采煤层间的最小垂直距离   （m）

巷道埋藏深度/m	巷道围岩强度/MPa		
	<30	30～60	>60
300	20	10	10
600		20	15
900			20

表4－3　巷道与上部煤体边缘之间的水平距离　　　（m）

巷道埋藏深度/m	围岩强度/MPa	巷道与上部煤层之间的垂直距离					
		10	15	20	30	40	50
300	<30	15 (0.07)	15 (0.11)	25 (0.12)	30 (0.15)	35 (0.16)	40 (0.19)
	30~60	10 (0.08)	10 (0.12)	20 (0.10)	25 (0.11)	30 (0.12)	35 (0.13)
	>60			12 (0.12)	15 (0.11)	17 (0.12)	20 (0.12)
600	30~60		17 (0.13)	25 (0.13)	30 (0.16)	35 (0.17)	40 (0.17)
	>60			20 (0.14)	25 (0.16)	30 (0.15)	35 (0.15)
900	>60			25 (0.12)	30 (0.17)	35 (0.18)	40 (0.17)
1000	>60			25 (0.14)	30 (0.18)	35 (0.19)	45 (0.19)

注：表中括号内的数据为相应的巷道稳定性指数。

（4）顶板巷道位置参数。我国煤层赋存条件复杂，在某些情况下，例如靠近煤层的底板岩层为强含水的奥灰岩或者软弱岩层，以及为了减轻或消除上部煤层的煤与瓦斯突出或冲击地压的危险，先开采下部作为保护层的煤层时，对布置顶板巷道更有利。目前，我国主要用保护煤柱保护顶板巷道，如图4－13所示。其中 γ、β、δ 为岩层移动角；x_0 为巷道一侧保护带宽度，一般不小于20m。前苏联煤矿巷道布置规程中规定：布置在尚未开采的煤层顶部，要经历下部煤层开采影响的顶板巷道值，不小于回采工作面顶板裂隙带的高度，用全部垮落法时，z 值不小于12倍采高。巷道与下部煤体边缘之间的水平距离 $x = z + 2L$，且 x 大于50m，L 为下部煤层工作面周期来压步距（见图4－13）。

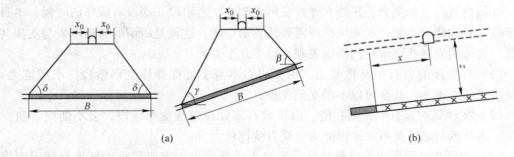

(a)　　　　　　　　　　　　　　　　　(b)

图4－13　保护煤柱维护顶板巷道与下部煤层（跨采）顶板巷道示意图
（a）煤层走向方向；（b）煤层倾向方向

六、综放面回采巷道矿压显现特点

1. 实体煤巷道

与综采分层工作面相比，综放整层工作面超前支承压力分布范围扩大，应力高峰位置前移，导致综放整层实体煤回采巷道矿压显现与综采分层实体煤回采巷道有较大差异，一般情况下综放整层巷道各项矿压显现指标参数均高于综采分层巷道。以兖州兴隆庄煤矿综放面为例，综放整层与综采分层实体煤巷道相比，超前明显影响区扩大4~22m，支承应力高峰区扩大1~8m，巷道顶底板移近量增加100~300mm。与综采二分层、三分层实体煤巷道相比较，由于巷道煤层反复受到支承压力作用，超前压力影响范围基本相等，顶底板移近量增加 $100 \sim 200 mm$，移近速度平均值增大 2 倍以上。

2. 沿空掘进巷道

（1）综放沿空巷道与实体煤巷道矿压显现对比分析。对于中等稳定围岩综放沿空掘巷，超前 90m 左右就出现采动影响，明显变形出现在工作面前方 35m 左右，分别比实体煤巷道增加近 20m。巷道剧烈变形在工作面前方 $0 \sim 10m$。综放面沿空巷道顶底板移近量比实体煤巷道增大 $5 \sim 10$ 倍，两帮相对移近量增大 10 倍以上。回采影响期间巷道围岩移近量与掘巷影响期间相比较，沿空巷道前者是后者的 $5 \sim 10$ 倍；实体煤巷道前者是后者的 $1.2 \sim 1.5$ 倍。实体煤巷道的顶底板及两帮变形大体相近；沿空巷道两帮移近量大于顶底板移近量，前者是后者的 2 倍左右。

（2）综放沿空巷道与综采上分层沿空巷道矿压显现对比分析。以兖州兴隆庄煤矿综采放顶煤工作面为例，综放与综采一分层沿空巷道相比较，超前支承压力明显影响区范围扩大 20m 左右；支承应力高峰区基本保持不变。顶底板平均移近量增加 $100 \sim 400 mm$，顶底板平均移近速度增加 12mm/d。综放与综采二分层、三分层沿空巷道相比较，由于分层巷道煤层反复受到支承压力作用，超前压力影响范围有所增大，顶底板移近量增加 $100 \sim 300 mm$，移近速度平均值增大 1.5 倍以上。

第二节　采区巷道的支护原理

一、围岩对巷道维护的影响

开掘巷道后，如果岩石还处在弹性变形或塑性变形阶段，而没有破坏的时候，本身还能承载，并和巷道支架一起来维护所需要的巷道空间，这就是所谓的巷道围岩与支架共同承载。巷道围岩对巷道维护的影响表现在以下几个方面：

（1）在坚硬的岩石中开掘巷道，由于岩石本身多处在弹性变形阶段，承载能力大，支架所受的力很小，甚至可以不用支架支护。

（2）在软弱的岩石中开掘巷道，由于岩石多处在塑性变形阶段，会不断向巷道空间挤压，本身承载能力又不大，因此支架受力就比较大。

（3）如果巷道周围岩石已被破坏，本身无承载能力，需要靠支护抵抗全部因围岩破坏、松脱而形成的挤压力，则支架受力将很大，巷道就很难维护。

（4）由于巷道围岩岩性的不均一性、构造应力的复杂性，有些巷道顶压大，有些巷道侧压大，有些巷道还有底鼓现象，还可能是上述几种压力的组合。

因此，支架还必须适应这些不同的情况，既要有足够的支撑力，又要有适宜的可缩性，即所谓的"柔刚"并存、"柔刚"适度。

二、巷道支架与围岩的相互作用和共同承载原理

对巷道进行支护的基本目的在于缓解围岩的移动，使巷道断面不致过度缩小，同时防止已破坏的围岩冒落。为此，提出了巷道支架与围岩相互作用过程中，充分利用围岩本身自承能力，其内容如下：

（1）围岩是一种天然的承载结构。围岩可看做是一种特殊的天然结构，在开巷后形成的"支架－围岩"力学平衡系统中，围岩通常承受着大部分的岩层压力，而支架却只承担其中一小部分。而且，巷道支架所承担的载荷是多变的，其分担岩层压力的比，视围岩本身已承担了多少载荷而定。围岩分担的比重越多，支架分担的比重就越少。在某些情况下，例如当巷道围岩很坚硬时，变形尚处于弹性阶段，围岩将承担全部载荷。如果部分围岩进入塑性状态，则支架将开始承担一部分载荷，但这时除尚处于弹性状态的围岩具有较大的承载能力外，处于塑性状态的围岩也有一定的承载能力。

（2）合理的支护方式应充分利用围岩的自承力，既然巷道围岩是一种承载结构，而且承载能力是天然的、无代价的，那就应当尽量利用它所能提供的承载能力，在巷道支护过程中充分利用围岩的自承力，这是符合经济原则的一种先进的巷道支护原理。

（3）要在保证安全的前提下合理利用围岩的自承力。为利用围岩的自承力，就要允许围岩产生某些变形，这种变形会使围岩中的能量得到一定释放，从而直到适当的"卸载作用"，这将有利于减少支架受载。然而从安全观点来看，这种变形又是应当有限制的，不能允许它发展到有害或危险的程度。

（4）合理利用围岩的自承力的途径是使支架与围岩在相互约束的状态下共同承载为充分利用围岩的自承力，同时又要保证不导致围岩松动破坏，可行的办法之一就是使巷道支架向围岩提供一定的阻力，使得围岩在承受一定支架阻力的条件下有限制地向巷道空间内变形（受控变形）；与此同时，支架本身也将受到围岩抗力的作用而产生一定的变形。

在此过程中，支架与围岩双方的受力和产生的变形大小都与任一方的特性有关，并随任一方特性的变化而变化。

综合以上几点可以认为，巷道支架可以起到调节与控制围岩变形的作用，但它应在围岩发生松动和破坏以前安设，以便使支架在围岩尚保持自承能力的情况下与围岩共同承载，而不是等围岩已发生松散、破坏，几乎丧失自承能力的情况下，再用支架去承担已冒落岩块的重力。也就是说，应当使支架与围岩在相互约束和相互依赖的条件下实现共同承载。按照这个原理去进行巷道支护工作，从总体上看可以获得更简便、经济和安全的支护效果。

支架与围岩相互作用和共同承载原理，如图4－14所示。

如果想依靠支架的支撑力完全阻止围岩移动，这时所要求的支架支撑力 P 将为最大（P_{max}），其值相当于开巷前的原岩应力。但是只要围岩产生少量位移，P 值就会急剧减小。例如，在 E 点处由于利用了围岩的自承力，支架的支撑力 $P_支$ 就比 P_{max} 减小。但是，这种情况不能无限制地继续下去，因为随着支架支撑力减少，围岩移动量会随之增加，而移动量加大到一定程度，围岩将产生松动破坏，这时支架所受的松动压力也会加大（如曲线2）。因此，从理论上说，当曲线1到达 B 处，围岩最大限度地发挥了自身作用，B 点支架支撑力达到了最小 P_{min}，所以它是支架的最佳受载点，该点的位移 Δu_{max} 则是允许的最大位移量。

实际上，为保证有一定的安全储备，通常不允许支架在 B 点工作，从设计观点看，比较理想的情况是支架的工作点保持在离 B 点不远的左面，例如位于图中 C 点，使支架工作时的支撑力 $P_松$ 仅稍大于 P_{min}，这样才能获得既经济又安全的效果，因而也是支架与围岩相互作用和共同承载的合理工作点。

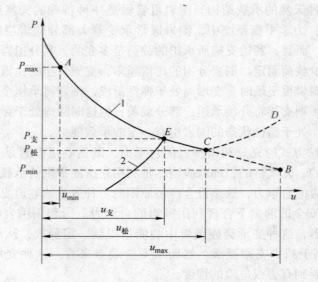

图 4-14　支架与围岩相互作用和共同承载原理

三、符合支架与围岩共同承载原理的支护方式

由上述支架与围岩相互作用原理可知，为充分利用围岩自承力，在开掘巷道以后应使安设支架的时间尽量推迟一些，这样才能达到通过变形释放能量的效果和有利于减轻支架受载。然而，由于安全方面的原因，支护时间又不宜过晚。为解决这个矛盾，希望找到一个既允许围岩产生一定变形又不致造成围岩破坏的解决办法，这就是所谓的"二次支护"方式，其实质是开巷后分先后二次对巷道进行支护。

一次支护的主要作用是：及时限制和减少围岩变形，防止个别危岩掉落，以保证安全，而不是"支架—围岩"系统达到力学平衡。相反地，一次支护以后仍允许围岩有限地产生一定变形，以便继续释放一些能量。因此，对一次支护的要求是：原则上应及时支护，而且必须采用支护以后仍允许围岩有一定变形的所谓"柔性支护"。这里对"及时"的要求也随围岩条件而不同。例如，对松软围岩应尽可能及时（所谓"紧跟迎头"支护），而对中等稳定以上围岩也可稍晚一些，这样施工上更为方便。但一次支护并不是临时支护，因为它以后不再拆除，而是保留下来与以后的二次支护共同受载，以免围岩受到额外的扰动和破坏。

二次支护的作用是：进一步促进围岩的稳定和增加安全储备。从原则上说，它应在围岩已产生一定变形和能量得到一定释放以后进行。因此，一般总要在一次支护以后，经过相当时间才进行。这个相当时间可以是几个月，但也不宜过迟。由于至今还没有能确定围岩进入危险变形和松动破坏的准则，对于适宜的二次支护时间，目前还只能根据生产经验或借助于现场监测手段确定。一般来说，只要围岩没有明显的将要发生破坏的趋势，二次支护可晚一些进行。然而进行二次支护以后能否有效地保持巷道的稳定性，还要根据具体情况而定。例如，对于某些采区巷道，在二次支护以后仍可能因受采动剧烈影响而遭到严重破坏和变形，这时可能要进行三次支护甚至更多次支护。

第三节 软岩巷道围岩变形规律及其支护技术

一、软岩的基本属性

1. 软岩的概念

软岩从定义上分为地质软岩和工程软岩。

（1）地质软岩。地质软岩是指强度低、孔隙度大、胶结程度差、受构造面切割及风化影响显著或含有大量膨胀性黏土矿物的松、散、软、弱岩层的总称。

（2）工程软岩。工程软岩是指在巷道工程力作用下，能产生显著变形的工程岩体。巷道工程力是指作用在巷道工程岩体上的力的总和。工程软岩的定义揭示了软岩的相对性实质。

2. 软岩的基本属性

（1）软化临界载荷。岩石的蠕变试验表明，施加的载荷小于某一载荷水平时，岩石处于稳定变形状态，蠕变曲线趋于某一变形值。施加的载荷大于该载荷水平时，岩石的应变不断增加，出现明显的塑性变形加速现象。这一载荷水平称为软岩的软化临界载荷。施加的载荷水平低于软化临界载荷时，岩石处于硬岩范畴；施加的载荷水平高于软化临界载荷时，岩石称为软岩。

（2）软化临界深度。与软化临界载荷相对应地存在软化临界深度。对特定矿区，软化临界深度是客观存在的。当巷道埋深大于某一开采深度时，围岩产生明显的塑性大变形；当巷道埋深小于该开采深度时，巷道围岩不出现明显变形。这一临界深度即为软化临界深度。

软化临界载荷和软化临界深度可以相互推导求得。不考虑工程扰动力的影响，在无构造残余应力的矿区，其关系为：

$$H_c = \frac{500H}{\sum\limits_{i=1}^{N} \gamma_i h_i} \sigma_c$$

式中　H_c——软化临界深度，m；

　　σ_c——软化临界载荷，MPa；

　　γ_i——上覆岩层第 i 层岩层体积力，kN/m³；

　　H——上覆岩层总厚度，m；

　　h_i——上覆岩层第 i 层岩层厚度，m；

　　N——覆岩层层数。

二、软岩巷道围岩变形力学机制和变形规律

1. 软岩巷道围岩变形力学机制

按照软岩的自然特征、物理化学性质，以及在工程力的作用下产生显著变形的机理，将软岩分为膨胀性软岩（也称低强度软岩）、高应力软岩、节理化软岩和复合型软岩四种类型（见表4-4）。从理论上分析软岩巷道围岩变形力学机制，可分为三种形式，即物化膨胀类型（也称低强度软岩）、应力扩容类型和结构变形类型。

表 4-4 软岩类型及变形特性

软岩类型	泥质含量	单轴抗压强度 σ_c/MPa	塑 性 变 形 特 点
膨胀性软岩 低强度软岩	>25%	<25	结构松散软弱，胶结程度差，在工程力作用下，沿片架状硅酸盐黏土矿物产生滑移，遇水显著膨胀
高应力软岩	≥25%	≥25	遇水发生少许膨胀，在高应力状态下，沿片架状黏土矿物发生滑移
节理化软岩	少含	低~中等	沿节理等结构面产生滑移、扩容等塑性变形
复合型软岩	含	低~高	具有上述某种组合的复合机制

（1）膨胀变形机制。膨胀岩含有蒙脱石、高岭土和伊利石等强亲水黏土矿物。由于这几类矿物的晶体结构特殊，能将水分子吸附在晶层表面和晶层内，所以既具有矿物颗粒内部分子膨胀，又具有矿物颗粒之间的水膜加厚的胶体膨胀。同时通过毛细作用吸入水，使岩石体积膨胀。

（2）应力扩容变形机制。变形机制与力源有关。软岩在构造应力、地下水、重力、工程偏应力作用下，岩体产生破坏变形，微裂活动迅速加剧，形成拉伸破坏和剪切面，体积扩胀。工程偏应力即本书中的矿山压力，是应力扩容变形中不可忽视的力源。

（3）结构变形机制。变形机制与硐室结构和岩体结构面的组合特征有关。结构面的成因类型、结合特征、力学性质、相对于硐室的空间分布规律以及它制约下形成的岩体结构控制着软岩变形、破坏规律。

2. 软岩巷道围岩变形的影响因素

软岩巷道围岩变形的影响因素如下：

（1）岩石本身的强度、结构、胶结程度及胶结物的性能、膨胀性矿物的含量等岩石性质是影响软岩巷道围岩变形的内部因素。

（2）自重应力、残余构造应力、工程环境和施工的扰动应力，特别是诸应力的叠加状况和主应力的大小、方向是影响软岩巷道围岩变形的主要外部因素。

（3）膨胀性软岩浸水后颗粒表面水膜增厚、间距加大、联结力削弱、体积急剧增大，同时引起岩石内部应力不均，容易破坏。因此，地下水和工程用水对膨胀岩危害性很大。

（4）对扰动的敏感是软岩的特性之一，邻近巷道施工、采面回采对软岩巷道围岩变形的影响较明显。

（5）软岩具有明显的流变特性，时间也是不可忽略的影响因素。

3. 软岩巷道围岩变形规律

（1）软岩巷道围岩变形具有明显的时间效应。表现为初始变形速度很大，变形趋向稳定后仍以较大速度产生流变，持续时间很长。如不采取有效的支护措施，由于围岩变形急剧增大，势必导致巷道失稳破坏。

（2）软岩巷道多表现为环向受压，且为非对称性。软岩巷道不仅顶板变形易冒落，底板也产生强烈底鼓，并引发两帮破坏、顶板坍塌。

（3）软岩巷道围岩变形随埋深增加而增大，存在一个软化临界深度，超过临界深度变形量急剧增加。

（4）软岩巷道围岩变形在不同的应力作用下具有明显的方向性。巷道自稳能力差，自稳时间短。

三、软岩巷道支护技术

1. 软岩巷道支护技术特点

软岩变形力学机制不同，引起巷道变形破坏特点也不一样。从软岩巷道变形力学机制分类可以看出，软岩巷道之所以具有大变形、高压力、难以支护的特点，是因为软岩并非具有单一的变形力学机制，而是同时具有多种变形力学机制的复合型变形力学机制。对软岩巷道实施有效支护，必须注重以下关键技术：

（1）正确地确定软岩变形力学机制的复合型式；

（2）有效地将复合型变形力学机制转化为单一型；

（3）合理地运用复合型变形力学机制的转化技术。

2. 软岩巷道支护原理

（1）巷道支护原理。软岩巷道支护和硬岩巷道支护原理截然不同，这是由它们的结构关系决定的。硬岩巷道支护不允许硬岩进入塑性，因为硬岩进入塑性状态意味着丧失承载能力。软岩巷道支护时软岩进入塑性状态不可避免，应以达到其最大塑性承载能力为最佳；同时，软岩巨大的塑性能（如膨胀变形能）必须以某种形式释放出来。软岩支护设计的关键之一是选择变形能释放时间和支护时间。

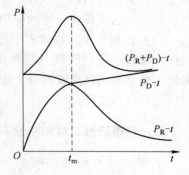

图 4-15 最佳支护时间

（2）最佳支护时间。岩石力学理论和工程实际表明，硐室开挖之后，围岩变形逐渐增加。以变形速度区分，可划分三个阶段：减速变形阶段、近似线性的恒速变形阶段和加速变形阶段。最佳支护时间是以变形形式转化的工程力 P_R 和围岩自撑 P_D 最大、而工程支护力最小的支护时间（见图 4-15）。

$$\sigma_3 \geqslant -2C(t)\frac{\cos\varphi(t)}{1+\sin\varphi(t)}+\frac{1-\sin\varphi(t)}{1+\sin\varphi(t)}\sigma_1$$

（3）最佳支护时间的物理意义。巷道开挖以后，原岩应力状态被破坏，在切向应力增大的同时，径向应力减小，并在硐壁处达到极限。这种变化使围岩本身的裂隙发生扩容和扩展，力学性质随之不断恶化，致使这一区域岩层屈服而进入塑性工作状态。塑性区的出现使应力集中区向纵深偏移，当应力集中的强度超过围岩的屈服强度时，又将出现新的塑性区。如此逐层推进，使塑性区不断向纵深发展。如果不采取适当的支护措施，硐壁围岩塑性区将随变形加大而出现松动破坏。

塑性区可分为稳定塑性区和非稳定塑性区。松动破坏出现之前的最大塑性区范围，称为稳定塑性区，对应的宏观围岩的径向变形称为稳定变形。出现松动破坏之后的塑性区，称为非稳定塑性区，对应的宏观围岩的径向变形称为非稳定变形。塑性区的出现改变了围岩的应力状态，应力集中偏移深部后，一方面应力集中程度降低，减少了作用于支护体上的载荷；另一方面改善了围岩的受力状态，使深部岩石处于三轴受力条件下，其破坏可能性大大减小。因此，对于高应力软岩巷道支护而言，要允许出现稳定塑性区，严格限制非稳定塑性区的扩展。其宏观判别标志就是最佳支护时间 t，其力学含义就是最大限度地发挥塑性区承载能力而又不出现松动破坏的时刻。

（4）关键部位支护。软岩巷道破坏过程是渐进的力学过程，往往是从一个或几个部位开始变形、损伤，进而导致整个支护系统失稳。这些首先破坏的部位，称为关键部位。关键部位产生的根本原因是支护体力学特性与围岩力学特性不耦合，通常发生在围岩应力集中处和围岩岩体强度薄弱位置，及时加强支护关键部位可取得事半功倍之效果。

3. 软岩巷道常用支护形式

（1）锚喷网支护。锚喷网支护系列是目前软岩巷道有效、实用的支护形式。喷射混凝土能及时封闭围岩和隔离水；锚喷网不仅可以支承锚杆之间的围岩，而且将单个锚杆联结成整个锚杆群，和混凝土形成有一定柔性的薄壁钢筋混凝土支护圈。锚喷网支护允许围岩有一定的变形，支护性能符合对软岩一次支护的要求。根据围岩条件，可不喷射混凝土，仅选用锚网、桁架锚网、钢筋梯锚网、钢带锚网支护，也可二次喷射混凝土支护。

（2）可缩性金属支架。U 型钢可缩性金属支架的可缩量和承载能力在结构上具有可调性，通过构件间可缩和弹性变形调节围岩应力。在支架变形和收缩过程中，保持对围岩的支护阻力，促进围岩应力趋于平衡状态。我国在 U 型钢可缩性金属支架架后充填、架间支护、支护材料调质处理、支护工艺规范化等方面进行了大量的研究工作，U 型钢可缩性金属支架已获得较广泛的应用。

（3）弧板支架。在软岩中可使用断面为圆形且可缩的碹体支护，能防止水的浸蚀及风化，有效地控制底鼓。通常使碹体可缩的措施有"木砖夹缝料石圆碹"和条带碹法。弧板支架是利用高强度混凝土施工技术，组成全断面封闭、密集连续式的高强钢筋混凝土板块结构巷道支架。

四、巷道底鼓机理和防治

1. 巷道底鼓的基本形式

巷道底鼓的力学机制仍然是物化膨胀型、应力扩容型、结构变形型和复合型。巷道底鼓的形状可分为折曲型、直线型及弧线型。折曲型底鼓多以底板岩层在水平力作用下弯曲断裂为主；直线型底鼓一般以扩容、膨胀及黏性流动为主；弧线型底鼓是多种底鼓原因共同作用的结果。巷道底鼓存在挤压流动性底鼓、挠曲褶皱性底鼓、膨胀性底鼓和剪切错动性底鼓四种基本形式。

2. 巷道底鼓的影响因素

（1）岩性状态。围岩的矿物成分、结构状态和软弱程度对巷道底鼓起决定性作用。我国煤矿软岩的黏土矿物成分主要有高岭土、蒙脱石、伊利石及伊蒙混层矿物，其中蒙脱石是对巷道稳定性危害最大的黏土矿物。

（2）围岩应力状态。软岩受到应力作用以后表现出多种力学特征，如弹塑性、扩容性及流变性等，在层状岩层中还有弯曲断裂现象。岩石扩容是指在偏应力作用下体积不减小反而增加的特性。岩石扩容变形是岩石内部颗粒与颗粒界面的滑移以及裂纹的静态扩展所造成的不可逆变形，是偏应力作用的结果。岩石扩容变形主要与岩石性质及所受偏应力的大小有关，偏应力越大，扩容变形越大。

（3）时间效应。软岩巷道服务时间较长时，流变将引起底板岩层强度的降低及底鼓量的增加，此时应引入时间参数。软岩抗剪强度 T、黏结力 C、内摩擦角 φ 均是时间的函数，因此莫尔－库仑准则应为：

$$\sigma_3 \geq -2C(t)\frac{\cos\varphi(t)}{1+\sin\varphi(t)} + \frac{1-\sin\varphi(t)}{1+\sin\varphi(t)}\sigma_1$$

依据软岩的时刻力学参数值，可以分析计算该时刻底板的破坏范围和底鼓量。显然，随着巷道维护时间的延续，必将导致底板破坏范围逐渐扩大，并引起底鼓量增加。

（4）软岩物化性质及力学性质的相互影响。底板岩层在偏应力作用下扩容后，岩层体积增加，引起软岩孔隙率、含水量等参数变化，使水更容易进入岩体内部，引起更大程度的膨胀和软化。扩容同时引起底板岩层性质进一步恶化，底板破坏范围扩大，严重损伤软岩的强度，使其在较小的偏应力下就会发生扩容。此外，巷道支护强度、巷道断面形状也是软岩巷道底鼓的不容忽视的影响因素。

3. 软岩巷道底鼓的防治

软岩巷道底鼓的防治包含预防和治理，即在巷道产生显著底鼓之前，采取一些措施阻止底鼓的发生和延缓底鼓的发生；或在巷道产生显著底鼓之后，采取一些措施减小和控制底鼓。为了保持底板岩层和整个巷道围岩的稳定性，应当以预防为主，治理为辅。目前防治底鼓的措施可分为五种方式。

（1）起底。起底是现场应用很广泛的一种治理底鼓的方法，是一种消极的治理底鼓的措施。在具有强烈底鼓趋势的软岩巷道中，往往需要多次起底，不仅工程量大、费用高，而且还影响两帮及顶板岩层的稳定性。

（2）底板防治水。在底板软弱岩层长期浸水状态下，任何防治底鼓的措施，其效果肯定会受到明显影响。底板有积水时应及时排掉，对含水量大、渗透性强的强含水层，多采用疏干措施。在含水量不大或渗透性较差的岩层中，一般采用及时封闭措施。

（3）支护加固方法。支护加固方法是对具有底鼓趋势的软岩巷道底板或两帮岩层进行锚杆支护、注浆加固和封闭式支架支护，增加底板岩层强度和改善受力状态。

（4）应力控制方法。应力控制方法的实质是使巷道围岩处于应力降低区，达到保持底板稳定的目的。应力控制方法包括采掘布置法、周边应力转移法和巷旁形成卸压空间等卸压方法。

（5）联合支护方法。软岩巷道底鼓的变形力学机制通常是几种变形力学机制的复合类型，有时需要采用联合支护的方法，把不同的防治底鼓的方法结合起来使用。例如，封闭式支架与锚杆支护、锚杆支护与注浆、底板药壶爆破与注浆、切缝与锚杆支护、封闭支架与爆破卸压等。

五、巷道围岩注浆加固技术

1. 巷道围岩注浆加固机理

（1）提高岩体强度。利用压力把浆液充压到围岩体的各种裂隙中去，改善弱面的力学性能，提高裂隙的黏聚力和内摩擦角，增大岩体内部岩块间相对位移的阻力，从而提高围岩的整体稳定性。研究表明，注浆加固使破裂后砂岩的强度提高 120% ~ 130%，使破裂后粉砂岩和页岩的强度提高 1 ~ 3 倍。

（2）形成承载结构。对巷道的破裂松散围岩实施注浆加固，可以使破碎岩块重新胶结成整体，形成承载结构，充分发挥围岩的自稳能力，与巷道支架共同作用，减轻支架承担的载荷。研究表明，巷道围岩注浆加固后可使巷道支架载荷降低 2/3 ~ 4/5，如围岩与支架协调变形，巷道支架载荷将降低 3/4 ~ 5/6。

（3）改善围岩赋存环境。对巷道的破碎围岩注浆后，浆液固结体封闭裂隙，阻止水、气浸入岩体内部，防止水害和风化，保持围岩力学性质长期稳定。同时，注浆后围岩体的渗透性也大大降低，前苏联的研究表明，注浆后围岩体的渗透性约为注浆前的 1/10 ~ 1/100。

2. 水泥浆液类注浆材料

巷道围岩注浆材料主要有化学浆液和水泥浆液两大类。化学浆液有聚氨类、丙烯酰胺类等浆液。这类浆液的优点是渗透性好、凝胶时间可调；主要缺点是凝胶体强度低（1.8 ~ 4.0MPa）、价格昂贵（每吨约 2 万 ~ 3 万元）受到工程成本的制约，巷道围岩注浆材料一般只考虑采用价格相对低廉的水泥浆液类材料，并通过添加剂调节其性能。常用的水泥浆液类材料有水泥单液类、水泥 - 水玻璃双液类和高水速凝材料。

（1）水泥单液类材料。水泥单液类材料是以水泥或在水泥中加入一定量的附加剂为原料，用水配制成浆液，采用单液系统注入。目前常用的水泥最大粒径为 0.085mm，在一般的压力下只能注入最小宽度为 0.255mm 的空隙中。这种浆液存在颗粒粗、可注性差、凝结时间长且不易控制、浆液易沉淀析水、结石率低等缺点，但其材料来源广、价格低、结石体强度高，现在仍被广泛采用。

（2）水泥 - 水玻璃双液类材料。水泥 - 水玻璃双液类材料以水泥和水玻璃为主剂，按一定比例，采用双液方式注入。这种浆液的结石率较高、可注性比水泥好、凝结时间短且易控制，但结石体强度较低，如果控制不好，经过一段时间后结石体容易松散，因而对工艺流程要求较高，价格也较高。

（3）高水速凝材料。高水速凝注浆材料由两种材料混合而成，主料由硫铝酸盐水泥熟料、超缓凝剂和适量悬浮剂组成，配料由石膏、石灰、悬浮剂、速凝早强剂等多种配料组成。各种添加剂以及双液输送至充填地点混合的目的是确保该材料具有高水、长距离输送、速凝早强三大特点。

3. 注浆工艺

封孔质量对注浆效果影响很大，要求封孔严密，能承受一定压力作用，在封孔长度和封孔直径方面适应性强。注浆参数是影响和确定注浆工艺的最重要因素，对巷道破碎围岩注浆加固的主要参数包括注浆孔的几何参数（孔长、孔口位置、方位）浆液渗透半径、封孔长度、注浆压力、注浆量和注浆时间。

六、巷道支架架后充填

1. 巷道支架架后充填的必要性

目前我国有些矿井仍采用爆破法掘进巷道，掘进断面很难与支架外廓相互吻合，从而不可避免地在支架背后形成架后空间。生产实践表明，架后空间的存在会对"支架 - 围岩"的相互作用产生极为不利的影响。

（1）架后空间的存在使支护体在周边上与巷道围岩呈不规律的点线接触，围岩变形时支架将受到不均匀的集中载荷的作用。支架受围岩侧向压力，支架拱顶向上弯曲，呈现尖桃形破坏。支架腿部特别是可缩性构件上受到集中载荷时，会使可缩性连接件损坏、棚腿弯曲、支架"拒缩"。支架顶部受集中载荷，支架拱顶容易被压平而受到严重破坏。

（2）巷道掘出后如支架不能及时支撑围岩，松动圈的范围将进一步扩大，并随着时间的延续而扩展。在松动圈形成和发展过程中，地应力峰值不断向岩体深部转移，松动圈内的岩体将不断向巷道空间内移动，临空的岩体有可能随变形加大出现松动破坏。

2. 巷道支架架后充填的作用

（1）围岩的载荷通过充填层均匀地传递给支架，使支架沿周边承受均布载荷。理论计算和实验室支架架后充填试验结果表明，对支架实施架后充填后，支护强度提高 10 ~ 15 倍以上。现场应用实测表明，对 U 型钢金属支架实施架后充填后，整架承载能力由 400 左右提高到 2500 提高了 3 ~ 5 倍。

（2）及时对架后空间用非膨胀性材料进行充填，可起到封闭围岩的作用，使围岩与矿井空气隔离，阻止围岩的风化和吸水软化，对于膨胀性软岩尤其重要。

（3）如果对架后空间用流动性较好的材料加压充填，充填材料中的胶结浆液在压力作用下渗透到围岩浅部的裂隙中，可起到加固围岩的作用。另外，良好的架后充填可使巷道周边围岩平整，消除局部应力集中，减轻周边岩体破碎的剧烈程度。

（4）支架提供的支撑力与围岩变形同步出现，可及时抑制围岩变形，改变支架被动承载状况。

（5）如果架后充填材料具有一定的可缩性，围岩应力重新分布时所释放的变形能可部分地为充填层所吸收，降低支架所承受的载荷。

3. 架后充填工艺

（1）湿式充填。湿式充填适合于充填较小颗粒、水灰比较大的充填材料。充填材料预先在搅拌机内搅拌成糨糊状，然后由管路泵送挤出。在支架上铺设一层强度高、柔性好的钢筋网背板，在钢筋网背面再铺一层比较致密的隔离层。充填工作分段独立进行，每孔充满后及时封孔。

（2）干式充填。干式充填适用于水灰比较低的充填材料。混合搅拌均匀的充填干料一般借风力经管道输送至充填地点，在管道出口与水混合后直接喷射入架后空间。干式充填多为紧跟掘进头随掘随充，故不需要设置充填隔断和布置充填管头，其他工艺过程与湿式充填基本相同。

七、软岩巷道锚注支护

1. 锚注支护原理概述

锚杆支护与棚式支架支护的一个重要区别是，锚杆支护的锚固力在很大程度上取决于岩体的力学性能，软岩巷道可锚性差是造成锚杆锚固力低和失效的重要原因。利用锚杆兼做注浆管，实现锚注一体化是软岩巷道支护的一个新途径。对于节理裂隙发育的岩体，注浆可改变围岩的松散结构，提高黏结力和内摩擦角，封闭裂隙，显著提高岩体强度。注浆加固为锚杆提供可靠的着力基础，使锚杆对松碎围岩的锚固作用得以发挥，进一步提高岩体强度。但注浆只能在围岩的一定深处进行，需要与锚喷支护共同维持巷道周边围岩的稳定。因此，采取锚杆与注浆相结合的方法，使锚杆和注浆的作用在各自适用的范围内得到充分发挥，可提高对软岩的支护效果。

2. 锚注式（外锚内注式）锚杆结构和施工工艺

外锚内注式锚杆（见图4-16）由杆体、托板、压紧螺母等几部分组成。锚杆体为空心钢管，分为注浆段、锚固段和尾部的螺纹段，锚固段周围是环形密封锚固卷。密封锚固卷可为空心快硬水泥卷，内径略大于杆体外径，外径略小于钻孔。密封锚固卷的长度按围岩的裂隙发育程度调节。一般情况下，在回采巷道注浆压力要小于3MPa。围岩吸浆量差别较大，应本着既有效控制和加固围岩，达到一定的扩散半径，又要节约注浆材料和注浆时间的原则，确定注浆量。锚注支护的效果主要通过对巷道围岩锚注前后岩石物理力学性质判定。例如，徐州旗山煤矿东大巷锚注前后岩石物理力学性质变化情况（见表4-5），巷道锚注段两帮位移量仅为非锚注段的22%～42%，顶板下沉量为非锚注段的6%～26%。

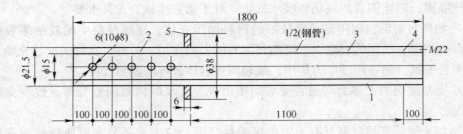

图4-16　外锚内注式锚杆和参数（单位：mm）
1—空心钢管；2—注浆段；3—锚固段；4—尾部螺纹段；
5—挡环；6—射浆孔

表4-5　旗山煤矿东大巷锚注前后砂质泥岩物理力学性质参数

物理力学性质参数	未锚注段	锚注段	增长率/%
单轴抗压强度/MPa	29.8	69.7	134
抗拉强度/MPa	1.83	2.38	30
黏聚力/MPa	2.89	10.67	270
内摩擦角/（°）	26.9	36.8	37
弹性模量/MPa	2.35×10^4	3.41×10^4	45
泊松比	0.26	0.2	30

3. 锚注式（内锚外注式）锚杆结构和施工工艺

内锚外注式锚杆（见图4-17）分为三个部分，每段由挡环隔开，锚固段可增大端头锚固力；注浆段留有注浆孔；封孔段采用橡胶圈（或软木塞或快速凝结剂）配合混凝土实现封孔。安装锚杆和注浆分两个工序进行。掘进巷道时按普通端头锚固或加长锚固锚杆，在锚杆尾部套上楔形环状软木塞或橡胶圈，再上托盘拧紧螺母，软木塞或橡胶圈与钻孔孔壁贴紧起封孔作用，最后喷射混凝土，增加封孔及支护效果。巷道围岩变形达到一定程度，在巷道周边形成松动破裂区时，实施注浆工艺，既能使巷道围岩得到充分卸压，又

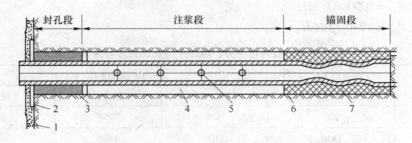

图 4 – 17　内锚外注式锚杆结构

1—喷层；2—托盘；3—环状塞；4—杆体；5—出浆孔；6—挡环；7—锚固剂

能达到最佳的注浆加固效果。

第四节　深井采准巷道的矿压特点及维护

　　随着开采深度的不断增加，深井巷道的稳定性已成为制约井下生产的主要因素之一。众所周知，岩层的自重应力、温度及湿度等随着开采深度的增加而增大。尽管深部岩体本身绝对强度较高，但由于上述诸因素的影响，也会发生类似于软岩的问题，导致支护困难。由于开采深度大，巷道围岩周边产生高应力集中，若其数值超过围岩本身的强度，那么围岩内裂隙倍增的结果将导致围岩体积的扩容膨胀，直到破坏。胀体向巷道空间内移，长时间不能稳定，且扰动范围较大，作用在支架上的压力增加，致使巷道支架折梁断腿，冒顶塌方，直接破坏生产系统。

　　从许多实例分析可知，深井围岩采准巷道的破坏方式分为两种基本类型：（1）中硬强度以下和层理比较发育的围岩，在各种压力的共同作用下产生松动破坏、松脱压力导致的支护失败。（2）软弱岩石在长期集中压力的作用下，产生的体积膨胀、流变变形导致的支护失败。这两种类型的巷道破坏，在开采浅部时（对同样强度的岩石来说），所显现的破坏现象并非十分明显。因此，巷道所处的位置深度是确定巷道稳定性的重要因素之一，也与顶、底板岩石的应力状态密切相关。

一、煤岩体的物理力学性质与开采深度的关系

　　不同的采深有不同的煤岩物理力学性质，不同的煤岩物理力学性质决定了不同的矿压特点。例如，采煤工作面前方开采煤层的变形；由于回采而形成的支承压力的大小及范围；工作面与采空区上方"梁"和"拱"的结构形式；巷道顶底板及两帮岩石采动影响的临界深度；煤与瓦斯突出、冲击矿压发生的频率；伴随开采而产生的冒顶、底鼓、煤层挤出等现象，都取决于煤岩的强度参数，即与采深有着直接关系。

　　波兰曾对此问题做过很多实验，比较典型的实验结果是巷道两帮的切向应力 σ_t 及实测的煤岩抗压强度 R_t 之间的关系，见表 4 – 6 所列。

　　对表 4 – 6 中数据进行回归分析后，求得砂岩、泥岩、煤随深度增加而增加的平均抗压强度梯度如下：

　　砂岩为 $R_{cs} = 380 + 6.6H$；

泥岩为 $R_{cn} = 2000 + 3.5H$；

硬煤为 $R_{cm} = 1940 - 0.6H$。

表 4 – 6　中硬岩石两帮压力、煤岩平均抗压强度与深度的关系

深度 H/m	两帮最大压力 /N·cm⁻²	平均抗压强度 R_c/N·cm⁻²		
		砂　岩	泥　岩	硬　煤
200	900	1980	2700	1820
400	1840	2360	3400	1700
600	2820	4550	4100	1580
800	3800	5830	4800	1460
1000	4820	7100	5500	1340
1200	5840	8400	6200	1220
1400	6900	9700	6900	1100
1600	7960	10800	7600	980

根据巷帮最大应力与煤岩平均抗压强度的对比关系，可求得各种岩体中巷道的临界深度，如图 4 – 18 所示。

从表 4 – 6、图 4 – 18 和回归分析可知：

（1）在深度达到 400m 时，巷帮压力就超过了煤的平均抗压强度，因此，就会产生维护煤帮的困难，越往深处，煤被压缩的程度越大。由于减少了巷帮顶、底板之间的摩擦力及顶底板移近产生的夹持力，同时距巷帮深处弹性区的弹性能进一步提高，故更易于产生煤的突出（当然，与构造应力也有关系，此处不再详述）。

（2）软弱泥岩应力超限初次显现的深度约为 600m，而砂岩则为 900m。从两岩石的平均强度看，泥岩在 1400m 以下的深

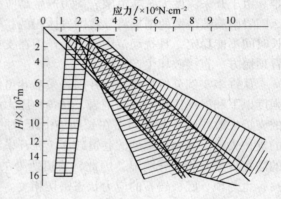

图 4 – 18　各种岩体中巷道底临界深度

度才能出现类似于岩石突出的应力超限现象；在砂岩中，目前的开采深度内通常不应出现这种现象。

（3）由于砂岩抗压强度随采深的增加而增加的梯度大，故在深井开采中，应设法将巷道布置在坚硬的砂岩中。

（4）在很多矿井（深井也是如此），煤巷的比例较大，故随采深的增加，防止煤巷片帮将成为深井开采中的主要问题，所以，深井煤巷的支护应当加强研究。

（5）同样的煤系地层中，顶板出现断裂的跨距随采深的增大而减少，因为采深越大，煤压的范围越大，失控的跨距越大。因此，要通过现场的矿压观测，把握好初次垮落、初次来压及周期来压步距，不可类比该矿浅部开采时的矿压参数，以确保安全。

（6）在有软底的煤层中，大深度巷道的底鼓现象要比浅部巷道严重得多，因此，降

低巷道两帮的压力是防止底鼓的基本方法。当然，巷道围岩应力的大小不仅仅决定于赋存深度，而且与采空区的相对位置关系及巷道的支护形式和维护方法也有关。

有关深部开采所引起的矿压特点，世界各主要产煤国家正在研究当中。

二、深井采准巷道的维护途径

除开采浅部时所采用的一些常规支护和加固方法之外，还可采用下列方法：

1. 缩小巷道断面

多巷掘进开采深度越大，生产系统所要求的巷道断面越大，受自重应力的影响后，就越难维护。国内外不少深井的开采实践证明，当采深 900 ~ 1000m 时，维护十分困难。大量的研究成果表明，巷道极限断面不仅与采深有关，也与岩石的强度有关，如图 4 – 19 所示。

从图 4 – 19 中可知，随开采深度的增加及岩石强度的弱化，巷道的稳定断面减小。由于强度的影响，断面超过如图 4 – 19 所示的极限断面，无疑就要增加破坏速度。如果是大深度上的破坏，软弱巷道破坏程度则更加明显。为保证其稳定性，可采用两条相互平行的小断面巷道代替；为避免应力叠加，两平行巷道间的岩柱宽度 L 应不小于 $2 \times \sqrt{20r}$ （r 为巷道宽度）。

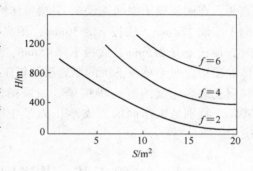

图 4 – 19　S 与 H 和 f 的关系

2. 有计划地提前翻修

当巷道支架的可缩量达到极限可缩量的 70% ~ 80% 时，就要对巷道进行翻修。这样不仅支架可以复用，节约材料，可降低支护成本 1 ~ 2 倍、提高修复速度（快 1 ~ 2 倍），更主要的是不至于使围岩大规模地移动，为修复后的巷道稳定创造条件。

3. 掘进时预留断面

大深度的巷道维护费与巷道断面成比例。研究表明，巷道断面增大 $1m^2$，掘进劳动量增加 45% ，则维护工作量减少 27% ~ 30% ，平均维修次数降低 1.3 倍。因此，为减少巷道的维护费，在确定巷道 W_{kt} = 断面时，应考虑围岩移动富裕量，故巷道断面应满足下列条件：

$$h = h_{min} + \Delta h, \quad b = b_{min} + \Delta b$$

式中　h, b——巷道掘进高度和宽度，mm；

　　$\Delta h, \Delta b$——巷道顶底板和两帮移近量，mm；

　　h_{min}, b_{min}——巷道必需的最小高度和宽度，mm。

4. 主动增设补强支柱控制围岩

如前所述，巷道围岩移动主要是由于岩石破坏后体积增加所致。观测表明，巷道围岩的松散系数，越深入岩体其取值越小。1m 厚的岩石，松散系数为 1.25，2m 厚的为 1.17，3m 厚的为 1.13，5m 厚的为 1.09。因此，松散体的范围与塑性区半径有关，而塑性区半径取决于支架支撑力的大小。塑性区半径公式为：

$$R_0 = a \left[\frac{p + c \cdot \cot\phi}{p_i + c \cdot \cot\phi} \ (1 - \sin\phi) \right]^{\frac{1 - \sin\phi}{2\sin\phi}}$$

式中　p, p_i——分别为原岩应力与支架对围岩的支反力；

　　　c, ϕ——分别为岩体的内聚力和摩擦角；

　　　a, R_0——分别为巷道半径与塑性区半径。

由式（5-5）可知，巷道所处原岩应力 p 越大，巷道埋深越大，R_0 越大。支反力 p_i 越大，R_0 越小。反映岩体强度指标的 c、ϕ 值越小，塑性区就越大。同时 a 越大，R_0 越大，且成正比关系。当巷道顶板为砂页岩，顶底板移动量为 450mm 时（其中，440mm 为巷道周围 5m 厚岩石松散的结果），其主要变形是距工作面 2～50m 的支承压力范围内。研究表明，支承压力带使巷道周围的岩石破碎带大大增加。在厚 6m 的围岩中，围岩的松散系数可达 1.16。松散岩石的可压缩性表明，用主动支撑法可以减少围岩移动。现场试验表明，在两架棚子中间支设 6～7 根单体液压支柱，当主动支撑力为 2950kN 时，可将顶板向上压缩 128mm，底板下降 36mm，顶底板总移近量减少 38%。当主动支撑力为 3000kN 时，顶板上升 215mm，底板下降 45mm，总移近量减少 48%。主动支撑法主要用于松散岩体的顶板，对于整块下沉的厚岩层顶板压缩作用不明显。这种方法可减少岩石的破坏程度和阻止破坏速度的进一步扩展。如果操作工艺质量好，可减少岩石的松散系数 30%～70%。特别是工作面前方支承压力带中的巷道受到采动影响时，此方法的优越性更为突出。

第五节　巷道冒顶事故的致因及防治

巷道顶板事故按事故的地点可分为掘进工作面冒顶事故和巷道交岔处的冒顶事故两大类。

一、掘进工作面冒顶的原因及防治

1. 冒顶原因

掘进工作面冒顶的原因有两种：（1）掘进后，顶部存在与岩体失去联系的岩块，如果支护不及时，该岩块可能与岩体完全失去联系而冒落；（2）掘进工作面附近已支护部分的顶板存在与岩体完全失去联系的岩块，一旦支护失效，就会冒落造成事故。

在断层、褶曲等地质构造破坏带掘进巷道时顶部浮石的冒落，在层理裂隙发育的岩层中掘进巷道时顶板抽条冒落等，都属于第一类型的冒顶。因爆破不慎崩倒附近支架而导致的冒顶，因接顶不严实而导致岩块砸坏支架的冒顶，则属于第二类型的冒顶。此外，第一类型的冒顶也可能同时引起第二类型冒顶。例如，掘进头无支护部分片帮冒顶推倒附近棚子导致更大范围的冒顶等。

2. 预防措施

（1）严格控制控顶距。当掘进工作面遇到断层褶曲等地质构造破坏带或层理裂隙发育的岩层时，棚子应紧靠掘进工作面。

（2）严格执行敲帮问顶制度。危石必须挑下，无法挑下时应采取临时支护措施，严禁空顶作业。

（3）在地质破坏带或层理裂隙发育区掘进巷道时要缩小棚距；在掘进工作面附近应采用拉条等把棚子连成一体防止棚子被推垮，必要时还要打中柱以抗突然来压。

（4）掘进工作面冒顶区及破碎带必须背严结实，必要时挂金属网防止漏空。

（5）掘进工作面炮眼布置及装药量必须与岩石性质、支架和掘进头距离相适应，防止爆破崩倒棚子。

（6）采用"前探梁掩护支架"，使工人在顶板有防护的条件下出矸、支棚腿，防止冒顶伤人。

二、巷道交岔处冒顶的原因及防治

1. 冒顶原因

巷道交岔处冒顶事故往往发生在巷道开岔的时候。因为开岔口需要架设抬棚替换原巷道棚子的棚腿，如果开岔处巷道顶部存在与岩体失去联系的岩块，并且围岩正向巷道挤压，而新支设抬棚或强度不够，或稳定性不够，就可能造成冒顶事故。

当巷道围岩强度不是很大时，顶部存在与岩体失去联系的岩块以及围岩向巷道挤压在所难免，如果开岔处正好是掘巷的冒顶处，则情况更为严重。新支设抬棚的稳定性与两方面因素有关：（1）抬棚架设一段时间后才能稳定，过早拆除原巷道棚腿容易造成抬棚不稳。（2）开口处围岩尖角如果被压碎，抬棚腿失去依靠也会失稳。至于棚的强度，则是与选用的支护材料及其强度有关。

2. 防治措施

（1）开岔口应避开原来巷道冒顶的范围。

（2）必须在开口抬棚支设稳定后再拆除原巷道棚腿，不能过早拆除，切忌先拆棚腿后支抬棚。

（3）注意选用抬棚材料的质量和规格，保证抬棚有足够的强度。

（4）当开口处围岩尖角被压坏时，应及时采取加强抬棚稳定性的措施。

从顶板事故类型及原因中可以看出，巷道常见顶板事故的发生除施工质量管理方面要求不严外，主要还有两方面的原因：（1）对巷道掘进中围岩稳定状况及运动发展情况不清楚。（2）缺乏针对性防范措施，支护方式选择不当，支架承载能力不能有效发挥，支架稳定性差等。

因此，为大幅度降低巷道掘进和维护时的顶板事故，在防治措施方面应该包括三方面的内容：（1）合理选择巷道掘进位置和时间。（2）及时观测巷道掘进中围岩稳定状况。（3）针对不同的巷道，选择合理的支护方式。

三、掘进巷道过断层等构造变化带时的安全措施

掘进巷道在通过断层、褶曲等构造变动剧烈、围岩松软、节理裂隙发育地带以及顶板岩性变化带时，由于围岩强度低，稳定性差，帮顶压力大，在安全技术方面应做好以下工作：

（1）加强巷道掘进地点的地质调查工作，根据所掌握的地质资料，及时制定具体的、有针对性的施工方法和安全措施。

（2）巷道在破碎带中掘进，应做到一次成巷，尽可能缩短围岩暴露时间，减少顶板出露后的挠曲离层。

（3）施工中严格执行操作规程和交接班制度、安全检查制度，随时注意观察围岩稳定状况的变化，及时掌握断层等构造出露时间，一旦发现预兆要及时处理，防患于未然。

（4）掘进工作面临近断层或穿断层带时，巷道支护应尽量采用砌碹或 U 型钢可缩性支架支护，棚距要缩小。

（5）减少爆破装药量，降低因爆破对断层带附近破碎顶板的震动。

（6）减小空顶距，及时支设临时支架，永久支架要跟上，滞后距离不能大于 2～4m。

（7）巷道支架背板要严实，一方面提高支架对围岩的支护能力，另一方面防止掘进中漏顶或漏帮。

（8）当断层处顶板特别松软、破碎时，要采用超前支护的办法管理断面不稳定顶板。例如，利用前撑梁超前支护，或利用速凝剂在超前掘进工作面打眼注入，使其尽快速凝破碎顶板等。

（9）在顶板岩性突变地段，要及时打点柱支护突变顶板。

四、在松软膨胀岩体或破碎煤体中掘进巷道的防范原则

松软膨胀岩体一般指黏土岩、泥岩等松软岩体。它们具有"软、弱、松、散"的特点，即强度低，遇水极易崩解与膨胀，变形剧烈，易产生塑变和流变，结构疏松，稳定性和胶结性都比较差，很容易在空顶时产生不规则垮落。在这类岩层中掘进巷道时，应尽可能采用使围岩暴露面积小、悬露时间短的施工方法，支架应能及时有效地支护顶板。

五、厚煤层中下分层平巷掘进时的防范措施

厚煤层中下分层掘进巷道时的顶板多是再生顶板，特点是松散破碎、整体性差、易下沉。为提高再生顶板的胶结程度，防止产生网坠现象，应在放顶前后向采空区注水、注泥浆，使已垮落的矸石重新在压实过程中胶结成新的"整体"性顶板，然后保证一定的胶结时间。根据开滦和平顶山矿区的经验，胶结时间一般在 5 个月以上，才能保证胶结程度和胶结质量。

巷道掘进过程中，还应该采取以下安全措施：

（1）下分层平巷一般采用内错式布置，内错距离由具体开采条件下采空区矸石压实情况、基本顶岩梁沿倾斜方向触矸位置等决定。总的原则是下分层平巷应在基本顶岩梁触矸点与煤体之间掘进，此区的集中应力一般不大，以防止掘进巷道中因承受较大垂直压力作用而产生冒顶事故。

（2）在顶板破碎、金属网不好的易抽冒的情况下，要放小炮。

（3）每次爆破前后，都要对迎头附近的支护情况由外向里检查，如有问题，应先处理好后再工作。

（4）金属网假顶有时破损时，要及时控制，放小炮。网破严重时，使用手镐掘进，以减小掘进对顶板的震动。

（5）架抬棚，压力大时要打中柱。

（6）如果抬棚顶板抽冒或比较破碎时，要控制冒落的发展。

（7）巷道中绝对避免破顶。

六、急倾斜煤层巷道掘进时的防范措施

具体防范措施如下：

（1）巷道由下而上掘进时，要随时观察巷道迎头顶板及煤体的稳定情况，一旦发现顶板内有响声、迎头煤体坍塌严重时，应立即撤人。

（2）改独眼抬棚时，棚子过眼，眼够高后，迎头用封板封好。

（3）由一帮拆小窝，掘通相邻眼的横贯联络巷后，再返回棚过眼或挑或正式抬棚。

（4）防止破夹矸层造成抽冒，改变沿底板掘眼的方法，采用不破夹矸层，在夹矸层上打底柱上掘眼。

（5）在上联络巷掘眼时，必须保持下联络巷畅通无阻，掘落下的煤不允许漏到下眼口。

（6）巷道内支架要撑紧打牢，必要时要增加斜撑，提高支架沿层面方向的承载能力及支架的整体稳定性。

习　题

4-1　根据巷道与回采空间相对位置及采掘时间关系的不同，巷道位置可以分为几类？

4-2　根据区段回采的准备系统，区段巷道的布置形式有哪些？

4-3　简述区段巷道矿压显现规律。

4-4　按照巷道与上部煤层回采空间的相对位置和开采时间关系，巷道的位置可归纳为几种情况？

4-5　决定巷道位置的参数有哪些？各代表什么意义？

4-6　简述巷道稳定性指数及其与巷道稳定程度的关系。

4-7　分析综放工作面回采巷道矿压显现规律特点。

4-8　新奥法的基本原理包括哪些内容？

4-9　简述巷道支架与围岩的相互作用和共同承载原理。

4-10　简述软岩的概念和基本力学性质。

4-11　简述软岩巷道围岩变形力学机制。

4-12　简述软岩巷道最佳支护时间的意义。

4-13　简述深井围岩采准巷道的破坏方式。

4-14　深井采准巷道的维护途径有哪些？

4-15　掘进工作面巷道冒顶事故的预防措施有哪些？

4-16　掘进巷道过断层等构造变化带时主要采取哪些安全措施？

4-17　在松软膨胀岩体或破碎煤体中掘进巷道应采取哪些防范措施？

第五章　冲击地压的机理及防治

煤矿在开采过程中，在高应力状态下积聚有大量弹性能的煤或岩体，在一定的条件下突然发生破坏、冒落或抛出，使能量突然释放，呈现声响、震动以及气浪等明显的动力效应。这些现象统称为煤矿动压现象。煤矿动压现象具有突然爆发的特点，其效果有的如同大量炸药爆破，有的能形成强烈暴风，危害程度比一般矿山压力显现程度更为严重，在地下开采中易造成严重的自然灾害。但是，这种动压现象并不是每个矿井都会发生，而且是可以防治的。煤矿动压现象的成因和机理各地不完全相同，它的显现形式也有差异。因此，正确地区分各种动压现象的实质，对深入研究和制定相应的防治对策，都有重大的实际意义。目前，根据动压现象的一般成因和机理，可把它归纳为三种形式，即冲击地压、顶板大面积来压和煤与瓦斯突出。前两者完全属于矿山压力的研究范畴，而后者除矿山压力的作用外，还有承压瓦斯的动力作用，因此，煤与瓦斯突出问题通常在矿井安全课程中讲述。

第一节　冲击地压现象形成特点及影响

一、冲击地压现象

随着我国煤矿开采深度的增加以及开采条件越来越复杂，我国的冲击地压现象越来越多，危害也越来越大，必须及早引起重视。

冲击地压是聚积在矿井巷道和采场周围煤岩体中的能量突然释放，在井巷发生爆炸性事故，产生的动力将煤岩抛向巷道，同时发出强烈声响，造成煤岩体振动和破坏、支架与设备损坏、人员伤亡、部分巷道垮落破坏等。冲击地压还会引发或可能引发其他矿井灾害，尤其是瓦斯与煤尘爆炸、火灾以及水灾，干扰通风系统，严重时造成地面震动和建筑物破坏等。因此，冲击地压是煤矿重大灾害之一。例如，1974 年 10 月 25 日，北京矿务局城子矿在回采 -340m 水平 2 号煤层大巷的护巷煤柱时发生一次严重冲击地压，里氏震级达 3.4 级。在冲击震动瞬间，煤尘飞扬，大量煤块从巷道一侧抛出，底板鼓起、支架折损、巷道堵塞，造成重大人员伤亡。

冲击地压作为煤岩动力灾害，自有记载的第一次发生于 1738 年英国南史塔福煤田的冲击地压至今二百多年来，其危害几乎遍布世界各采矿国家。英国、德国、南非、波兰、前苏联、捷克、加拿大、日本、法国以及中国等 20 多个国家和地区都记录有冲击地压现象。我国煤矿冲击地压灾害极为严重，最早自 1933 年抚顺胜利矿发生冲击地压以来，在北京、辽源、通化、阜新、北票、枣庄、大同、开滦、天府、南桐、徐州、大屯、新汶等矿区都相继发生过冲击地压现象。

对于冲击地压现象，世界各国以及不同的行业对其称谓是不一样的，常见的有"岩爆"、"煤爆"、"冲击地压"、"矿山冲击"、"冲击地压"等。本书采用"冲击地压"这个术语。

二、冲击地压的特点

通常情况下，冲击地压会直接将煤岩抛向巷道，引起岩体的强烈震动，产生强烈声响，造成岩体的破断和裂缝扩展。因此，冲击地压具有如下明显的显现特征：

（1）突发性。冲击地压一般没有明显的宏观前兆而突然发生，冲击过程短暂，持续时间仅几秒到几十秒，难以事先准确确定发生的时间、地点和强度。

（2）瞬时震动性。冲击地压发生过程急剧而短暂，像爆炸一样伴有巨大的声响和强烈的震动，电机车等重型设备被移动，人员被弹起摔倒，震动波及范围可达几千米甚至几十千米，地面有地震感觉，但一般震动持续时间不超过几十秒。

（3）巨大破坏性。冲击地压发生时，顶板可能有瞬间明显下沉，但一般并不冒落；有时底板突然开裂鼓起甚至接顶；常常有大量煤块甚至上百立方米的煤体突然破碎并从煤壁抛出，堵塞巷道，破坏支架。从后果来看，冲击地压常常造成惨重的人员伤亡和巨大的生产损失。

（4）复杂性。在自然地质条件上，除褐煤以外的各种煤种都记录到冲击现象，采深从 200～1000m，地质构造从简单到复杂，煤层从薄层到特厚层，倾角从水平到急斜，顶板包括砂岩、灰岩、油母页岩等都发生过冲击地压。在生产技术条件上，不论炮采、机采、综采，或是全部垮落法、水力充填法等各种采煤工艺，不论是长壁、短壁、房柱式或煤柱支撑式还是分层开采、倒台阶开采等各种采煤方法，都出现过冲击地压。

三、冲击地压和矿山震动对环境的影响

在采矿巷道工作面中发生震动和冲击地压，将会对井下巷道、井下工作人员和地面建筑物造成影响。

1. 对井下巷道的影响

冲击地压对井下巷道的影响主要是动力将煤岩抛向巷道，破坏巷道周围煤岩的结构及支护系统，使其失去功能。而一些小的冲击地压或者说岩体卸压，则对巷道的破坏不大，只造成巷道壁局部破坏、剥落或巷道支架部分损坏。应当确定，当矿山震动较小，或震中距巷道较远时，将不会对巷道产生任何损坏。

2. 对矿工的影响

在发生冲击地压区域如有工人工作，则可能对其产生伤害，甚至造成死亡事故。据波兰的分析结果表明，发生冲击地压后，人员受伤的主要部位是脑部，占91.65%；其次是胸部的机械损伤，包括肋骨折断等，占60.41%；而内部器官的损坏主要是肺、心、胃等，占18.75%；再次为上下肢的折断。

3. 对地表建筑物的影响

矿山震动和冲击地压不仅对井下巷道造成破坏，伤害工作人员，且对地表及地表建筑物造成损坏，甚至造成地震那样的灾难性后果。如波兰 Bytom 市曾于 1982 年 6 月 4 日在地下发生 3.7 级的矿山震动，造成了 588 多幢建筑物的损坏。

第二节　冲击地压的危害

我国最早有记录的冲击地压发生于 1933 年抚顺胜利矿。以后随着开采深度的增加和采掘范围的扩大，一些矿区都发生了冲击地压。

一、冲击地压的显现

冲击地压是矿山压力的一种特殊显现形式，是矿山井巷和采煤工作面周围岩体由于变形能的释放而产生的以突然、猛烈的破坏为特征的动力现象。简单地讲，冲击地压就是煤岩体的突然破坏现象，如同装在煤岩体中的大量炸药一样，煤和岩石突然被抛出，造成支架折损、片帮冒顶、巷道堵塞、伤及人员，并伴有巨大声响和岩体震动，监测到的震动频率在 $1Hz \sim 1 \times 10^{-4}Hz$ 以上，最大震级 3.8 级以上，有时在几千米范围内的地面都能感觉到，形成大量煤尘和强烈的冲击波。在瓦斯煤层，往往还伴有大量瓦斯涌出。

冲击地压发生前一般没有明显的宏观前兆。相当多的冲击地压是由爆破触发的，发生过程短暂，持续震动时间不超过几十秒。在某些情况下，冲击的同时还发生底鼓和煤岩压入巷道中等现象。发生在岩巷、金属矿和地下隧洞中的冲击地压称岩爆。一般表现为岩巷或隧道周壁岩石成片状破裂，岩片向坑道内弹射，伴有"劈裂"声，顶板掉块，底板鼓起，洞壁严重变形破坏，甚至大块岩石崩落。

二、冲击地压的危害

冲击地压的危害体现在如下方面：

（1）由于冲击地压发生时，煤体内积聚弹性能的突然释放而形成强烈的冲击波，该冲击波可冲倒几十米内的风门、风墙等设施。

（2）冲击地压发生时，可在围岩内引起弹性振动，人员会被弹起摔倒，输送机、轨道等重型设备都会被震动和推移。由于该震动产生的弹性波可被几百千米之外的地震仪检测到，并留下清晰的震相记录。

（3）冲击地压可造成工作面内大量支柱折损或撞倒（工作面冲击）和巷道内几十米范围内棚子损坏（巷道冲击），从而在顶板失去支柱的情况下，诱发局部冒顶甚至大面积冒顶事故。如大同忻州窑矿在一次冲击中曾诱发了大型冒顶事故。

（4）冲击地压可造成煤壁抛射性塌落，抛出距离可达几十米，抛出煤炭可达几十吨，造成工作人员被埋而死亡。

（5）冲击地压可诱发煤与瓦斯突出，从而扩大事故的危害。如鸡西、鹤岗、舒兰、辽源、通化、抚顺等矿务局的一些矿，都曾发生过冲击地压带来的煤与瓦斯突出事故。

第三节　冲击地压发生的条件与类型

一、冲击地压发生的条件

我国发生冲击地压的条件极为复杂，就煤层本身的条件来说也是多种多样的。从形成的地质年代来看，目前主要开采的侏罗纪、第三纪、石炭二叠纪的煤层都有冲击地压发生；从发生冲击地压的煤层来看，除褐煤以外，其他煤种都有冲击地压现象的记录；从煤层赋存状况来看，从 5m 厚的薄煤层到几十米的特厚煤层，倾角可以从近水平到急倾斜，煤层的走向变化有单斜的，有褶曲的；从煤层的瓦斯等级来看，有高瓦斯的，有低瓦斯的，等等。这都说明发生冲击地压的煤层自然条件是多样的。另外，冲击地压的发生受其外部条件的影响。

经过多年对冲击地压现象机理的研究和大量现场观测资料的总结，与冲击地压密切相关的因素可概括如下：

1. 自然地质条件

（1）煤层的物理力学性质。物理力学性质因素为冲击地压发生的本质内在因素。通常，具有冲击危险的煤层的特点为：

1）煤层的煤质较硬，普氏系数 $f \geqslant 1$，易发生脆性破坏；

2）煤体在达到强度极限之前的变形主要表现为弹性变形；

3）煤层自然含水率低，一般不超过 3%；

4）煤层厚度较大和厚度变化较大。

（2）开采深度。开采深度因素为冲击地压发生的外在因素。是否发生冲击地压，外在因素是导火索。在外在因素中，煤体所处的应力水平是主要因素之一。虽然煤体本身具有冲击倾向，但内部应力未达到临界值时是不会发生冲击地压的，而开采深度与煤体内的应力成正比，即开采深度越大，煤体内的应力越高，煤体变形和积聚的弹性潜能也越大，发生冲击的可能性也就越大。视冲击地压的类型不同，一般发生冲击地压的临界深度为 200m 以上。

波兰曾对此问题做过试验研究。巷道周边煤岩应力随采深变化曲线如图 5-1 所示。巷道周边煤体应力随采深变化情况见表 5-1 所列。

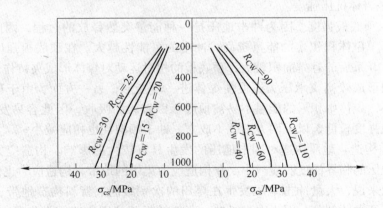

图 5-1　巷道周边不同抗压强度煤岩所受应力随采深变化曲线

从煤的强度来看时，深度 450m 左右，煤体遭到破坏；当 $\sigma_{cm} = 20\text{MPa}$ 深度超过 610m 时，煤体遭到破坏；当 $\sigma_{cm} = 25\text{MPa}$，深度超过 750m 时，煤体将遭到破坏；当 $\sigma_{cm} = 30\text{MPa}$，深度超过 880m 时，煤体将遭到破坏。以上几种情况的临界深度充分说明，不同的煤体具有不同临界深度，不同深度的煤体将会遭到不同程度的破坏，为煤的挤出甚至突出提供条件。

表5－1　巷道周边不同抗压强度煤岩所受应力随采深变化情况

采深 H/m	岩石容重 r /kN·cm^{-3}	原岩 应力 p_z/MPa	煤不同抗压强度下巷道周边煤的垂直应力 σ_{cm}/MPa				岩石不同抗压强度下巷道周边煤的垂直应力 σ_{cy}/MPa			
			15	20	25	30	40	60	90	110
200	22	4.4	8.4	9.3	9.6	10.0	8.8	9.6	9.8	10.0
400	23	9.2	13.6	15.3	16.6	17.7	13.2	15.8	17.5	18.8
600	24	14.4	18.8	19.8	22.0	23.4	16.2	21.0	23.4	25.5
800	25	20.0	19.3	23.0	26.0	28.5	18.0	23.0	25.5	31.0
1000	26	26.0	21.0	25.5	29.2	32.5	19.2	26.0	32.0	36.0

　　从顶板岩石强度来看，即使岩层的埋深达到1000m，作用在其上的应力也远远小于自身强度，故岩石通常不会被破坏，但其上必然积聚一定的弹性能。

　　从顶板－煤体整个体系看，受到上覆岩层的重力作用，特别是由于采掘活动，遭受叠加应力的影响后，煤体破坏的程度及岩体积聚的弹性能会进一步提高，一旦有诱发条件（当然也与煤的冲击倾向度有关）无疑会在瞬时将煤体抛出，形成不同等级的冲击地压。由此可见，煤矿中出现的冲击地压多为煤体突出，归纳为：

　　$\sigma_{cs} > \sigma_{cw} > \sigma_{cm}$，会形成强冲击地压；

　　$\sigma_{cs} < \sigma_{cw}$、$\sigma_{cw} > \sigma_{cm}$，会形成冲击地压；

　　$\sigma_{cs} > \sigma_{cw}$、$\sigma_{cw} < \sigma_{cm}$，有冲击倾向；

　　$\sigma_{cs} < \sigma_{cw}$、$\sigma_{cw} < \sigma_{cm}$，无冲击倾向。

式中　　σ_{cs}——某一深度的原岩应力；

　　　　σ_{cw}——围岩应力；

　　　　σ_{cm}——岩体抗压强度。

　　（3）煤层顶底板强度。因为冲击地压是一种能量突然释放的过程，因此，具有冲击倾向的煤体，单位体积积聚的能量越高，冲击的可能性越大。在顶底板强度较高的情况下，一方面，开采后的悬露面积较大，顶底板的相对运动对煤体形成夹持作用，在煤体一定深度范围内形成较高支承压力，促使煤体进一步变形；另一方面，由于顶底板强度较高，变形量小，煤体中积聚的能量不易被顶底板因破碎而吸收，因此容易发生冲击地压。相反，顶底板强度较低，以上两方面就不成立，冲击倾向性也相应减小。

　　（4）地质构造。地质构造对冲击地压的发生具有较大的影响。构造应力的作用可以使发生冲击地压的临界深度明显减小。在构造应力集中的地带，构造应力也促使冲击地压的发生。一般来说，大量冲击地压发生在煤田的次一级向、背斜构造地带，而不是在主向、背斜翼部宽缓的部分。因为次一级向、背斜转折部位因构造应力集中，危险性较大。如门头沟煤矿各构造区发生的冲击地压中，发生在次级向斜和盆地中的占72.3%。就断裂构造而论，小断裂发育的部位由于破坏了顶板的完整性和坚固性，冲击地压很少发生。但当采掘接近大断层时，常常会发生强度较大的冲击地压，其原因是：顶板岩梁被折断后，失去或减少了传递力的联系，易于产生应力集中和大范围内的顶板活动，此时发生冲击地压的强度亦较大。冲击地压的发生受构造因素的影响非常严重，特别对构造型的冲击地压更是如此。

2. 生产技术条件

（1）采煤方法。采煤方法对矿山压力的大小及其分布规律有明显的影响。一般来说，短壁式采煤方法，巷道交岔多，容易形成多处支承压力叠加，而导致冲击地压。因此，具有冲击危险的煤层最好采用直线长壁式开采。

（2）采掘程序。采掘程序对于矿山压力的大小和分布影响很大。巷道相向掘进、采煤工作面相向推进以及在采煤工作面前方的支承压力带内开掘巷道，都会使支承压力叠加而可能发生冲击地压。因此，应当避免同区段上两翼的工作面同时接近上山。

（3）顶板管理方法。顶板管理方法的不同会引起煤体内支承压力的大小和分布的不同，从而影响冲击地压的发生。例如，刀柱法管理顶板，由于顶板不垮落，从而将采空区域内上覆岩层重力传递到刀柱上，在刀柱上形成较大的应力集中。不仅刀柱本身易发生冲击地压，而且在下层煤（指近距离煤层）的相应部位也可能发生冲击地压。

（4）煤柱。煤柱是开采中形成的孤立体。孤岛形或半岛形煤柱可能承受多个采空区方向引起的支承压力，如图5-2所示。

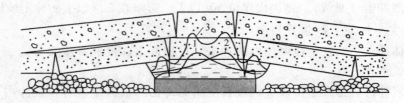

图5-2 煤柱剖面与支承压力分布示意图

因此，不仅煤柱本身易发生冲击地压，而且上层煤柱的集中压力会传递到下层，从而在下层的相应部位也容易发生冲击地压。例如，陶庄矿发生的134次冲击地压统计结果表明，有40次是在煤柱中发生的，占29.8%。

（5）爆破。爆破引起冲击地压的事例很多，究其原因主要包括以下两方面：1）爆破产生的强烈振动和冲击波，在煤体内产生动态应力，与原有应力的叠加使煤体原来的平衡状态破坏，迅速释放弹性潜能，造成冲击。2）爆破后原高应力区煤体的侧向约束迅速解除，其受力状态由三向变为双向甚至单向，强度降低，以致迅速破坏造成冲击。这种爆破诱发的冲击地压可能在爆破的瞬间发生，但更多的是在爆破后几分钟至半小时内发生。因此，适当加长躲炮的时间对防止因冲击地压造成的人员伤亡是有利的。

二、冲击地压的分类

冲击地压的分类具体如下：

1. 按原岩（煤）体应力状态划分

（1）重力型。指主要受重力作用，没有或只有极小构造应力影响的条件下引起的冲击地压。

（2）构造应力型。指在构造应力远远超过岩层的自重应力时，由构造应力引起的冲击地压。

（3）中间型或重力-构造型。指受重力和构造应力的共同作用引起的冲击地压。

2. 根据冲击的显现强度划分

（1）弹射。一些碎块从处于应力状态下的煤和岩体上射落，并伴有强烈声响，属于微冲击现象。

（2）矿震。深部的煤或岩体发生破坏，煤岩不向已采空间抛出，只有片帮现象，但煤或岩体产生明显震动，伴有巨大声响，有时产生煤尘。较弱的矿震称为微震，也称为"煤炮"。

（3）弱冲击。煤或岩石向已采空间抛出，破坏性不大，围岩产生震动，震级在1.2级以下，伴有很大声响，产生煤尘，在瓦斯煤层中可能有大量瓦斯涌出。

（4）强冲击。部分煤或岩体急剧破碎且向已采空间抛出，震级在2.2级以上，伴有巨大声响，形成大量煤尘和产生冲击波。

3. 根据震级强度和抛出的煤量划分

（1）轻微冲击（Ⅰ级）。指抛出煤量10t以下、震级在1级以下的冲击地压。

（2）中等冲击（Ⅱ级）。指抛出煤量10~50t以下、震级为1~2级的冲击地压。

（3）强烈冲击（Ⅲ级）。指抛出煤量50t以上、震级在2级以上的冲击地压。

4. 根据发生的地点和位置划分

（1）煤体冲击。指发生在煤体内的冲击。根据冲击深度和强度又分为表面冲击、浅部冲击和深部冲击三类。

（2）围岩冲击。指发生在顶、底板岩层内的冲击。根据位置有顶板冲击和底板冲击两类。

第四节　冲击地压的预测预报及危险性评定

一、冲击地压预测预报目标

预测预报是冲击地压防治工作的重要组成部分。它对及时采取区域性防范措施和局部解危措施，避免冲击危害十分重要。

冲击地压的预测主要包括时间、地点和规模大小。目前主要采用的采矿方法，包括根据采矿地质条件确定冲击地压危险的综合指数法、数值模拟分析法、钻屑法等；采矿地球物理方法，包括微震法、声发射法、电磁辐射法、振动法、重力法等，可以达到较准确预报冲击地压可能发生的地点和位置，较准确地确定冲击地压发生强度和震动释放能量的大小。

二、冲击地压危险性等级的划分原则

根据冲击地压发生的原因、冲击地压的预测预报、危险性评价，以及冲击地压的治理，通过统计、模糊数学等的分析研究，可以对冲击地压的危险程度按冲击地压危险状态等级评定分为五级。其中，对于不同的危险状态，应具有一定的防治对策。

（1）无冲击危险。冲击地压危险状态等级评定综合指数 $W_t < 0.3$。所有的采矿工作可按作业规程的规定进行。

（2）弱冲击危险。冲击地压危险状态等级评定综合指数 $W_t = 0.3 \sim 0.5$。

1）有的采矿工作可按作业规程的规定进行。

2）作业中加强冲击地压危险状态的观察。

（3）中等冲击危险。冲击地压危险状态等级评定综合指数 $W_t = 5 \sim 0.75$。采矿工作应与该危险状态下的冲击地压防治措施一起进行，且至少通过预测预报确定冲击地压危险程度不再上升。

（4）强冲击危险。冲击地压危险状态等级评定综合指数 $W_t = 75 \sim 0.95$。

1）停止采矿作业，不必要的人员撤离危险地点。

2）煤矿主管领导确定限制冲击地压危险的方法和措施，以及对冲击地压防治措施的控制检查方法，确定冲击地压防治措施的人员。

（5）不安全。冲击地压危险状态等级评定综合指数 $W_t > 95$。

1）冲击地压的防治措施应根据专家的意见进行，应采取特殊条件下的综合措施及方法。

2）采取措施后，通过专家鉴定，方可进行下一步的采矿作业。如冲击地压的危险程度没有降低，停止进行进一步的采矿作业，该区域禁止人员通行。

三、综合指数法

综合指数法就是在分析已发生的各种冲击地压灾害的基础上，分析各种采矿地质因素对冲击地压发生的影响，确定各种因素的影响权重，然后将其综合起来，建立冲击地压危险性预测预报的一种方法。它是一种早期预测方法。

对于具有冲击地压危险性的矿井来说，在进行采区设计、工作面布置、采煤方法选择时，都应对该采区、煤层、水平或工作面进行冲击地压危险性评定工作，以便减少或消除冲击地压对矿井生产的威胁。

1. 影响冲击地压危险状态的地质因素及指数

影响冲击地压的主要因素有开采深度、顶板坚硬岩层、构造应力集中、煤层冲击倾向性等。表 5 – 2 为采掘工作面周围地质条件影响冲击地压危险状态的因素及指数。

表 5 – 2　地质条件影响冲击地压危险状态的因素及指数

因素	危险状态的影响因素	影响因素的定义	冲击地压危险指数
W_1	发生过冲击地压	该煤层未发生过冲击地压	– 2
		该层发生过冲击地压	0
		采用同种作业方式在该煤层和煤柱中多次发生过冲击地压	3
W_2	开采深度	< 500m	0
		500 ~ 700m	1
		> 700m	2
W_3	硬、厚顶板（$R > 60$MPa）岩层距煤层的距离	> 100m	0
		100 ~ 50m	1
		< 50m	3

续表 5 – 2

因素	危险状态的影响因素	影响因素的定义	冲击地压危险指数
W_4	开采区域内的构造应力集中	>10% 正常	1
		>20% 正常	2
		>30% 正常	3
W_5	顶板岩层厚度特征参数 L_{st}	<50m	0
		≥50m	2
W_6	煤的抗压强度 R_c	≤16MPa	0
		>16MPa	2
W_7	煤的冲击能量指数 W_{ET}	<2	0
		$2 ≤ W_{kt} < 5$	2
		≥5	4

根据表 5 – 2 利用式来确定采掘工作面周围采矿地质条件，对冲击地压危险状态的影响程度以及确定冲击地压危险状态等级评定指数。

$$W_{t1} = \frac{\sum_{i=1}^{n_1} W_i}{\sum_{i=1}^{n_1} W_{i\max}}$$

式中　W_{t1}——根据采矿地质因素确定的冲击地压危险状态等级评定指数；

　　　$W_{i\max}$——表 5 – 2 中第 i 个地质因素中的最大指数值；

　　　W_i——采掘工作面周围第 i 个地质因素的实际危险指数；

　　　n_1——地质因素的数目。

2. 影响冲击地压危险状态的开采技术因素及指数

同样，根据开采技术、开采历史、煤柱、停采线等开采技术条件因素，确定相应的影响冲击地压危险状态的指数，从而为冲击地压的预测预报和危险性评价、冲击地压的治理提供依据。表 5 – 3 为我们研究的采掘工作面周围的开采技术因素对冲击地压的影响程度及指数。

表 5 – 3　开采技术条件影响冲击地压危险状态的因素及指数

序号	因素	危险状态的影响因素	影响因素的定义	冲击地压危险指数
1	W_1	工作面距残留区或停采线的垂直距离	>60m	0
			60~30m	2
			<30m	3
2	W_2	未卸压的厚煤层	留顶煤或底煤厚度大于1.0m	3
3	W_3	未卸压一次采全高的煤厚	<3.0m	0
			3.0~4.0m	1
			>4.0m	3

序号	因素	危险状态的影响因素	影响因素的定义	冲击地压危险指数
4	W_4	两侧采空的工作面斜长	> 300m	0
			300 ~ 150m	2
			< 150m	4
5	W_5	沿采空区掘进巷道	无煤柱或煤柱宽小于3m	0
			煤柱宽 3 ~ 10m	2
			煤柱宽 10 ~ 15m	4
6	W_6	接近采空区的距离小于50m	掘进面	2
			回采面	3
		接近煤柱的距离小于50m	掘进面	1
			回采面	3
7	W_7	掘进头接近老巷的距离小于50m	老巷已充填	1
			老巷未充填	2
		采面接近老巷的距离小于30m	老巷已充填	1
			老巷未充填	2
		采面接近分叉的距离小于50m	掘进面或回采面	3
8	W_8	采面接近落差大于3m断层的距离小于50m	接近上盘	1
			接近下盘	2
9	W_9	采面接近煤层倾角剧烈变化的褶皱距离小于50m	> 150	2
10	W_{10}	采面接近煤层侵蚀或合层部分	掘进面或回采面	2
11	W_{11}	开采过上或下解放层的卸压程度	弱	− 2
			中等	− 4
			好	− 8
12	W_{12}	采空区处理方式	充填法	2
			垮落法	0

根据表 5 – 3 利用式来确定采掘工作面周围开采技术条件，对冲击地压危险状态的影响程度及冲击地压危险状态等级评定指数 W_{t2}。

$$W_{t2} = \frac{\sum_{i=1}^{n_2} W_i}{\sum_{i=1}^{n_2} W_{imax}}$$

式中　W_{t2}——根据开采技术因素确定的冲击地压危险状态等级评定指数；

　　　W_{imax}——表 5 – 3 中第 i 个开采技术因素的危险指数最大值；

　　　W_i——采掘工作面周围第 i 个开采技术因素的实际危险指数；

　　　n_2——开采技术因素数目。

3. 冲击地压危险程度的预测预报

以上给出了采掘工作面周围地质因素和采矿技术因素，对冲击地压的影响程度及冲击地压危险状态等级评定指数 W_{t1} 和 W_{t2} 的具体表达式，根据这两个指数，就可确定出采掘工作面周围冲击地压危险状态等级评定综合指数。

根据 W_t 即可圈定某采掘工作面的冲击地压危险程度。

四、计算机模拟

多年的采矿实践证明，分析冲击地压区域内的应力分布状态和应力值的大小是防治冲击地压的基础。一般情况下，应力高的区域更容易积聚弹性能，因此，在一定的采矿区域，分析和确定应力分布和应力集中程度的大小，就可以分析出冲击地压危险程度，为开采时冲击地压的防治打下基础。

随着计算机技术的发展，可采用分析模拟方法确定采矿区域内的应力分布状态和其他参数。目前，世界上比较通用的分析模拟程序有 Flac 等，其采用的方法主要是有限元法、边界元法、离散元法等。

计算机模拟方法的主要优点是可提前确定冲击地压防治的重点区域，对于任意地点，特别是未开采区域，可提前预测冲击地压危险状态，可得出大范围内的空间信息，可确定在工作面回采过程中出现最大应力的时间和地点，可预测开采空间大小、开采参数、开采历史对冲击地压的影响。这种方法的缺点主要是对煤岩体进行了简化处理，对于模拟中的煤岩体特性，特别是弹性模量和泊松比没有考虑局部非均质性和各向异性。

因此，数值模拟方法只能作为一种近似方法使用，多年实践证明，数值模拟结果对于确定冲击地压危险区域是有效的。

五、钻屑法

煤的冲击倾向性和支承应力分布带特征是预测冲击地压的主要依据。煤的冲击倾向性是煤岩体产生冲击破坏的固有属性，可由实验室测定。支承压力分布带特征即支承压力峰值大小及其距煤壁的远近，支承压力带参数的测定，一般可采用钻屑法探测。如果支承压力指数达到临界值，且煤层又具有中等以上冲击倾向性，则冲击地压就可能发生。

钻屑法是通过在煤层中打直径 42～50mm 的钻孔，根据排出的煤粉量及其变化规律和有关动力效应，鉴别冲击危险的一种方法。该方法的基本理论和最初试验始于 20 世纪 60 年代，其理论基础是钻出煤粉量与煤体应力状态具有定量的关系，即在其他条件相同的煤体，当应力状态不同时，其钻孔的煤粉量也不同。当单位长度的排粉率增大或超过标定值时，表示应力集中程度增加和冲击危险性提高。

大量的井下试验证实了钻孔效应的存在。当钻孔进入煤壁一定距离处，钻孔周围煤体过渡到极限应力状态，并伴随出现钻孔动力效应。应力越大，过渡到极限应力状态的煤体越多，钻孔周围的破碎带不断扩大，排粉量不断增多。钻屑量的变化曲线和支承压力分布曲线十分相似。图 5-3 为抚顺龙凤矿和北京门头沟矿采煤工作面的典型钻孔实测钻屑量。冲击地压发生前的钻孔实测最大钻屑量分别为 4～8kg/m 和 5～20 kg/m 以上，峰值位置（支承压力峰值点）距离煤壁分别为 3～6m 和 4～9mm。而在冲击地压发生后或无冲击地压危险条件下施工的钻孔，其钻屑量明显降低，峰值点往煤体深处转移，钻进过程中无动

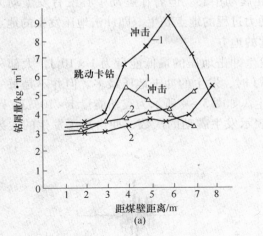
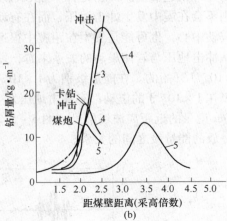

图 5 - 3　实测典型钻屑量变化曲线

（a）龙凤矿；（b）门头沟矿

1—冲击前施工孔；2—冲击后施工孔；3—极限煤粉量；4—推测煤粉量；5—实测煤粉量

力效应。

　　根据钻屑量预测冲击地压危险时，常采用钻出煤粉量与正常排粉量之比，作为衡量冲击危险的指标。该比值用体积或质量比表示，又称为钻屑量指数，可写为：

$$K^* = \frac{V_b}{V_z}$$

　　除煤粉量指标外，还应考虑动力效应。动力效应是反映冲击倾向的一个直观指标，如钻杆卡死、跳动、出现震动或声响等现象。通过记录钻孔时所发生的动力效应，可更加准确地判断危险位置。表 5 - 4 所列为判别冲击倾向的钻屑量指数。

表 5 - 4　判别工作地点冲击地压危险性的钻屑量指数

钻孔深度/煤层厚度	1.5	1.5 ~ 3	3
钻屑量指数	1.5	2 ~ 3	≥4

六、微震法

1. 震动与冲击地压

　　震动是由于地下开采引起的，是岩体断裂破坏的结果。与大地地震相比，震动的震中浅、强度小。震动频率高，影响范围小，故称之为微震。采矿微震震动能量小，从 102J（很弱）到 1010J（很强）；对应地震里氏震级 0 ~ 4.5 级；振动频率低，大约 0 ~ 50Hz 振动范围宽，从弱的几百米到强的几百千米、甚至几千千米。

　　相对来说，采矿微震是一种高能量的震动，而较弱一些的如声响、煤炮、小范围的变形卸压，则是声发射研究的范围。

　　冲击地压则是煤岩体结构突然、猛烈破坏的结果。冲击地压将破裂的煤岩体抛向采面和巷道，造成人员的伤害和采面、巷道的破坏。这是煤岩体中积聚的弹性能震动动力释放、动力冲击造成的。冲击地压可能出现在震动中心。但若在震动中心没有发生动力过程,则不会在震中发生冲击地压,而在有动力过程的地点发生。即冲击地压发生的地点可能是震动中心,也可能是发生在距震中很远的地方。

从冲击地压与岩体震动的关系来看,发生冲击地压的最低能量为 1×10^3 J,大部分是从 1×10^{-5} J 开始的。在能量级别为 1×10^{-6} J 时,发生的冲击地压最多。但并不是每一能量等级在 1×10^{-6} J 的震动都有冲击地压发生。如图 5-4 所示为震动能量 1×10^{-5} J,距震源 130m 记录的近距离波场信号。图 5-5 表示发生震动的次数、冲击地压发生的次数与震动释放的能量级之间的关系。

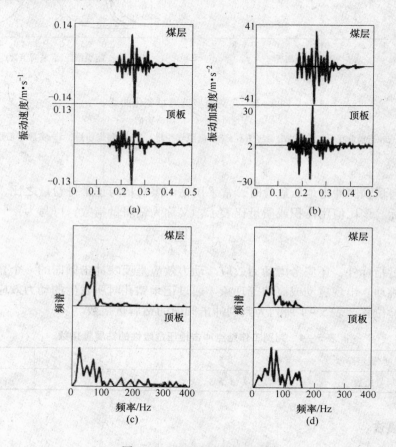

图 5-4　近距离波场记录图
(a) 振动速度;(b) 振动加速度;(c) 速度频谱;(d) 加速度频谱

2. 微震监测冲击地压危险

微震法就是通过记录采矿震动的能量、确定和分析震动的方向、对震中定位来评价和预测矿山动力现象。具体地说,就是记录震动的地震图,确定已发生的震动参数,例如震动发生的时间、震中的坐标、震动释放的能量,特别是震中的大小、地震力矩、震动发生的机理、震中的压力降等。以此为基础,进行震动危险的预测预报,如预报震动能量大于给定值的平均周期,在时间 t 内震动能量小于或等于给定值的几率,该区域内震动的危险性及其他参数。

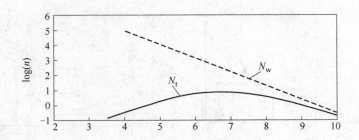

图 5 - 5　冲击地压和震动发生的次数与震动释放的能量级之间的关系

　　微震监测系统的主要功能是对全矿范围进行微震监测，是一种区域性监测方法。它自动记录微震活动，实时进行震源定位和微震能量计算，为评价全矿范围内的冲击地压危险提供依据。其原理是利用拾震仪站接收的直达波起始点的时间差，在特定的波速场条件下进行二维或三维定位，以判定破坏点。同时利用震相持续时间计算所释放的能量和震级，并标入采掘工程图和速报显示给生产指挥体系，以便及时采取措施。

　　微震监测已成为矿山地震预报的重要手段，目前南非、波兰、捷克和加拿大等国已形成了国家型矿山微震监测网，并在冲击地压预测预报中得到了广泛应用。在我国，采用微震法预测冲击地压尚处于试验研究阶段。门头沟矿对 1986～1990 年记录的 6321 次微震进行分析，归纳出以下冲击地压前兆的微震活动规律：（1）微震活动的频度急剧增加；（2）微震总能量急剧增加；（3）爆破后，微震活动恢复到爆破前微震活动水平所需时间增加。该矿大量的监测实践表明，根据微震活动的变化、震源方位和活动趋势可以评价冲击地压危险。

　　首先，无冲击危险的微震活动趋势是：微震活动一直较平静，持续保持在较低的能量水平（小于 10^{-4} J），处于能量稳定释放状态。如图 5 - 6 所示为门头沟矿 3231 面某日的微震能量分布图。一段时间内能量维持在 10^{-4} J 以下，分布比较均匀，未发生过大的震动和冲击。

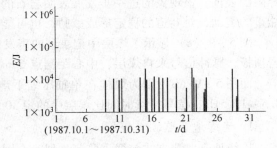

图 5 - 6　持续稳定的微震活动

　　其次，有冲击危险的微震活动趋势是：（1）微震活动的频度和能级出现急剧增加，持续 2～3d 后，会出现大的震动（见图 5 - 7）；（2）微震活动保持一定水平（小于 10^{-4} J），突然出现平衡期，持续 2～3d 后，会出现大的震动和冲击（见图 5 - 8）；（3）微震活动与采掘活动有密切关系。每当出现较大微震活动时，都应按时间序列分析与采掘的关系，逐次远离采掘线时危险较小，逐次向采掘靠近时应加强防范，并配合地音法和钻屑法监测，防止事故发生。

七、地音法

　　采矿活动引发的动力现象分为两种：强烈的，属于采矿微震的范畴；较弱的，如声响、振动、卸压等则为采矿地音，也称为岩石的声发射。

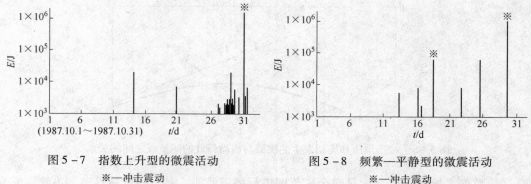

图 5-7　指数上升型的微震活动
　　　　　　※—冲击震动

图 5-8　频繁—平静型的微震活动
　　　　　　※—冲击震动

对岩石声发射现象的研究从 20 世纪 30 年代开始。首先是由欧伯特（obert）在锌矿和铅矿测量地震波传播时开始，其后在美国的密歇根铜矿进行。随后声发射研究在美国、日本、南非、波兰、德国、俄罗斯、捷克等国家展开。

声发射法就是以脉冲形式记录弱的、低能量的地音现象。其主要特性是振动频率从几十赫兹到至少 2000Hz 或更高；能量低于 10^{-2}J，下限不定；振动范围从几米到大约 200m。

采用的方法主要有站式的连续地音监测和便携式流动地音监测，用来监测和评价局部震动的危险状态及随时间的变化情况。它主要记录声发射频度（脉冲数量）一定时间内脉冲能量的总和、采矿地质条件及采矿活动等。

对冲击地压危险性的评价，主要是根据记录到的岩体声发射的参数与局部应力场的变化来进行。岩石破坏的不稳定性是岩石中裂缝扩展的结果，而声发射现象则是微扩张超过界限的表征，该现象的进一步发展表明岩石的最终断裂。根据矿山压力，断裂最终引发高能量的震动，对巷道的稳定形成威胁，也可能引发冲击地压。

图 5-9（a）显示了煤层中记录到的声发射信号的加速度图和频谱图，煤层上方为砂岩顶板，脉冲信号来自煤层，中心距测点 60m，频率宽度不超过 100Hz。

而图 5-9（b）则为煤样在单轴压缩下声发射信号的加速度及频谱图。频率宽度为 8.5~11.5Hz，信号持续时间比煤层中的短 30 倍。

1. 连续地音监测系统

连续地音监测方式与微震监测类似，有固定的监测站，可以连续监测煤岩体内声发射连续变化，预测冲击地压危险性及危险程度的变化。如图 5-10 所示为声发射探头布置示意图。

连续地音监测系统是一种连续动态的监测系统，其监测方法通常是在监测区内布置地音探头，根据生产地质条件配设事件有效性检测条件和统计周期等工作参数，由监测装置自动采集地音信号，经微机实时处理和加工完成统计报表和图表，由工作人员结合采掘工程进度判断监测区域内的地音活动程度和危害程度。

连续地音监测系统的特点是：

（1）能自动、连续和远距离监测工作地点的地音信号。由于采用微机作为系统主机，所以其信号采集、数据整理和储存、监测结果的分析和图表打印等能自动完成。而且系统在时间上是连续工作的，在空间上可以在 10km 范围内布置监测区，每个探头的有效监测

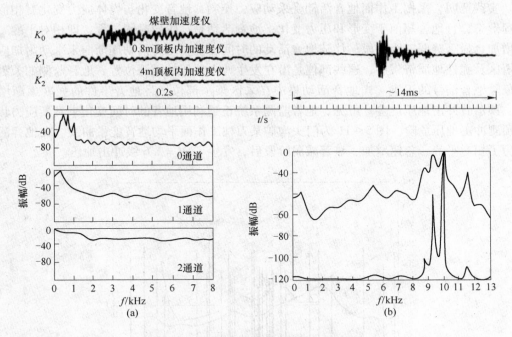

图 5-9　声发射信号的加速度和频谱图

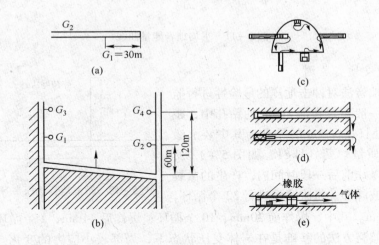

图 5-10　声发射探头布置示意图

（a）巷道中探头布置方式；（b）钻孔中探头布置方式；（c）~（e）钻孔探头布置方式

范围对煤矿为半径 50m。

（2）能连续遥测，进行实时自动数据处理，监测结果与工作参数一起以班为单位存入数据库。根据监测结果目录，可随时调出已存入的监测结果，显示、打印由各种统计参量任意组合的统计图表；可以实时显示和打印通道噪音、地音波形图及监测结果统计图表；并可对地音波形进行频谱分析。

（3）可监听任意一个或几个通道所接收的振动声响。还可监听采掘工作面多种信号，例如输送机是否开动、采煤机声响等。

　　实践证明，采掘工作面地音活动受采动应力控制，地音变化与煤体应力变化有相似的过程形态，且地音超前于变形和压力变化；地音活动是三阶段时间过程，即相对平静、急剧增加、显著减弱三个阶段。伴随地音活动的时间过程，地音活动逐渐向未采动附加应力高值区及脆性地质带集中，这些部位是潜在发生冲击地压的震源位置。地音监测的关键是对危险地音信号的识别。当地音活动集中在采区某一部位，且地音事件的强度逐渐增加时，预示着冲击地压危险。可见，地音监测系统正是利用地音的时间变化来判断应力状态和预测冲击地压危险。图 5 - 11 为门头沟矿某刀柱工作面平均地音能量曲线。在地音活动经历了相对平静、急速增加、显著减弱阶段后，发生了 $M = 2.6$ 级冲击地压。

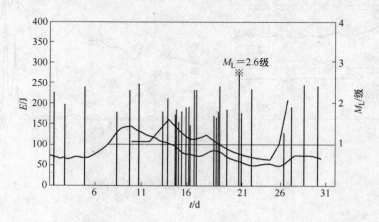

图 5 - 11　平均地音能量曲线

2. 流动激发地音监测

　　采用激发地音法对冲击地压的危险性进行监测时，其探头一般布置在深 1.5m 的钻孔中，距探头钻孔 5m 处打一深 3m 的钻孔，其中装上激发所用的标准质量炸药（1kg），如图 5 - 12 所示。记录炸药爆炸前后一段时间内，产生的微裂隙形成的弹性波脉冲。每次测量进行 32 个循环，

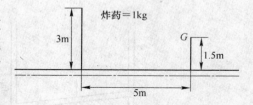

图 5 - 12　激发地音法探头等布置示意图

每循环记录 2min。其中，爆炸前 20min，10 个循环；爆炸后 44min，2 个循环。

　　激发地音监测方法的基础是在岩体受压状态下，局部较小应力的变化（例如少量炸药的爆炸）将引起岩体微裂隙产生，而应力越高，形成的裂缝就越大，持续时间也越长。也可以说岩体中能量的积聚和释放程度就越高，冲击地压发生的危险程度就越高。炸药爆炸产生的微裂隙，其中的部分可通过地音仪器测到，并以脉冲的形式记录下来。这样，就可以比较爆炸前后地音活动的规律，确定应力分布状态，从而确定冲击地压危险状态。如图 5 - 13 所示。

　　图 5 - 14 为波兰 Manifest 矿在工作面三个位置采用激发地音法测试的结果。其中，位置②为部分卸压区域的测试结果，位置①为下方 507、510 煤层停采线处的测试结果，而位置③则为 507、510 煤层的未采区测试的结果。从图中可以看出，①点处的冲击地压危险最大，③点较小，而②点最小。这与分析的结果是一致的。

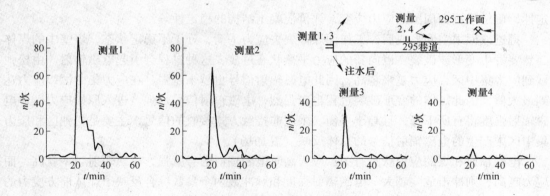

图 5-13　激发地音的分布特点
1，2—煤层注水以前；3，4—煤层注水以后

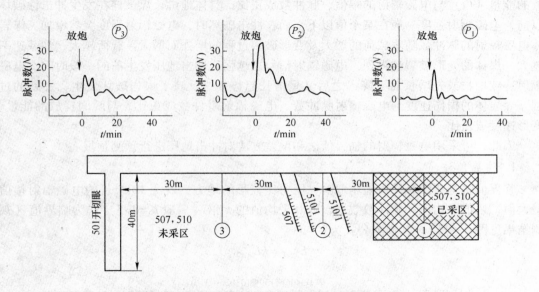

图 5-14　不同位置采用激发地音法测试的结果

八、电磁辐射法

岩石破裂电磁辐射的观测和研究是从地震工作者发现震前电磁异常后开始的。前苏联和我国是在这方面开展研究较早的国家，还有日本和美国等国家也开展了这方面的研究工作。在近 25～30 年内，岩石破裂电磁辐射效应的研究，无论是在理论研究方面还是在应用研究方面，都取得了飞速发展，特别是在地震预报方面。

从 20 世纪 90 年代开始，中国矿业大学对载荷作用下煤体的电磁辐射特性及规律进行了较为深入的定性和定量研究。研究表明，煤岩电磁辐射是煤岩体受载变形破裂过程中向外辐射电磁能量的一种现象，与煤岩体的变形破裂过程密切相关。

电磁辐射可用来预测煤岩灾害动力现象，其主要参数是电磁辐射强度和脉冲数。电磁辐射强度主要反映了煤岩体的受载程度及变形破裂强度，脉冲数主要反映了煤岩体变形及微破裂的频次。此外，电磁辐射还可用于检测煤岩动力灾害防治措施的效果，评价边坡稳定性，确定采掘面周围的应力应变，评价混凝土结构的稳定性等。

掘进或回采空间形成后，工作面煤体失去应力平衡，处于不稳定状态，煤壁中的煤体必然要发生变形或破裂，以向新的应力平衡状态过渡，这种过程会引起电磁辐射。由松弛区到应力集中区，应力越来越高，因此电磁辐射信号也越来越强。在应力集中区，应力达到最大值，因此煤体的变形破裂过程也较强烈，电磁辐射信号最强。进入原始应力区，电磁辐射强度将有所下降，且趋于平衡。采用非接触方式接收的信号，主要是松弛区和应力集中区中产生的电磁辐射信号的总体反映（叠加场）。

电磁辐射和煤的应力状态有关，应力高时电磁辐射信号就强，电磁辐射频率就高，而应力越高，则冲击危险越大。电磁辐射强度和脉冲数两个参数综合反映了煤体前方应力的集中程度的大小，因此可用电磁辐射法进行冲击地压预测预报。

实验室研究及现场研究测定、理论分析表明，煤岩冲击、变形破坏的变形值 $\xi(t)$ 释放的能量 $W(t)$ 与电磁辐射的幅值、脉冲数成正比。具体地讲，煤试样在发生冲击性破坏以前，电磁辐射强度一般在某个值以下，而在冲击破坏时，电磁辐射强度突然增加。煤岩体电磁辐射的脉冲数随着载荷的增大及变形破裂过程的增强而增大。载荷越大，加载速率越大，煤体的变形破裂越强烈，电磁辐射信号也越强。冲击地压发生前的一段时间，电磁辐射连续增长或先增长后下降，之后又呈增长趋势。这反映了煤岩破坏发生、发展的过程。煤岩体的损伤速度与电磁辐射脉冲数、电磁辐射事件数成正比，与瞬间释放的能量、变形速度成正比。

因此，可采用电磁辐射的临界值法和偏差方法对冲击地压进行预测预报。

1. 临界值法

临界值法是在没有冲击地压危险、压力比较小的地方，观测 10 个班的电磁辐射幅值最大值、幅值平均值和脉冲数数据，取其平均值的 k 倍（一般 $k=1.5$）作为临界值（观测结果见图 5-15）。其预测公式为：

$$E_{临界} = kE_{平均}$$

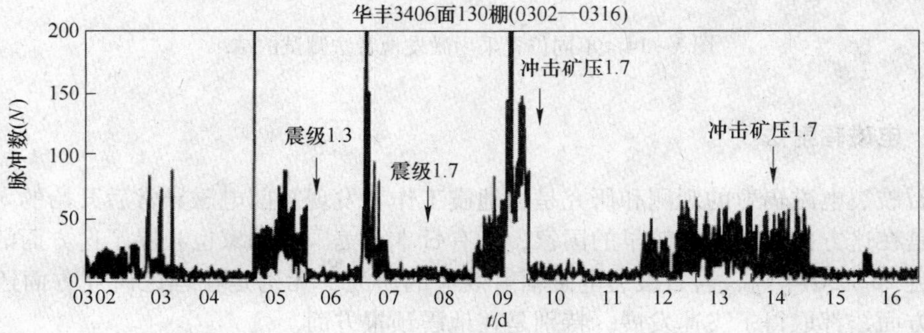

图 5-15　冲击地压前后电磁辐射值的变化规律

（观测时间表示 2min 时间内的脉冲数）

2. 偏差方法

电磁辐射监测预报的偏差法就是分析电磁辐射的变化规律，即分析当班的数据与平均值的差值，根据差值和前一班数据的大小，对冲击地压危险进行预测预报。实践表明，在冲击、矿山震动发生前，电磁辐射的偏差值均发生较大的变化，如图 5-16 所示。

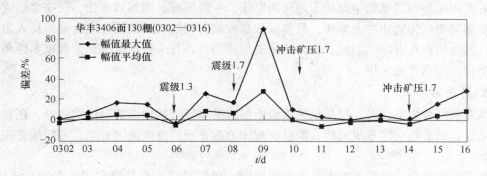

图 5-16　3406 面 130 棚处电磁辐射偏差变化图

九、综合预测方法

由于冲击地压的随机性和突发性，以及破坏形式的多样性，使得冲击地压的预测工作变得极为困难复杂，单凭一种方法是不可靠的，必须将冲击地压危险的区域预报与局部预报相结合、早期预报与及时预报相结合。因此，应该根据具体情况，在分析地质开采条件的基础上，采用多种方法进行冲击地压的综合预测。

一般来说，首先分析地质开采条件，根据综合指数法和计算机模拟分析方法，预先划分出冲击地压危险及重点防止区域，提出冲击地压的早期区域性预报。

在上述分析的基础上，采用微震监测系统，对矿井冲击地压的危险性提出区域和及时预报；采用地音监测法、电磁辐射监测法等地球物理监测手段，对矿井回采和掘进工作面进行局部地点的预测预报；然后采用钻屑法，对冲击地压危险区域进行检测和预报，同时对危险区域和地点进行处理。显然，采用上述所有的方法进行综合预测是不可能的，也是不需要的。应该在试验的基础上，采用综合指数和分析方法进行早期预报，采用微震进行区域预报，采用地音或电磁辐射进行局部及时预报，再加上钻屑法，就可以构成简单易行、行之有效的预测方法。

第五节　冲击地压的防治

本节主要依据 2016 版《煤矿安全规程》中的相关规定来论述。

一、区域与局部防冲措施

第二百三十七条　冲击地压矿井应选择合理的开拓方式、采掘部署、开采顺序、采煤开采保护层等区域性防冲措施。

【条文解释】本条是新增条款，是对冲击地压矿井区域性防冲措施的规定。

区域性的防治措施的目的在于消除产生地压的条件，杜绝冲击危险。

1. 合理选择开拓方式和采掘部署

合理的开拓方式和正确的采掘部署对于避免形成高应力区（冲击源）、防止冲击地压极为重要。国内外大量实践表明，许多冲击地压是在不合理的开采条件下造成的。正确的开拓方式和采掘部署就如孕育冲击地压的温床，一经形成，则难以改变，往往会形成长时期的被动局面。为防止冲击地压，只能采取某些临时性的局部措施。除大量消耗人力、物力外，其效果也很有限。因此，就防止冲击地压而言，开采技术措施是带有根本性和先导性的措施，应当首先采用。

2. 开采顺序

当有断层和采空区时，应尽量采取由断层或采空区开始回采的顺序。此外，还要避免相向采煤；回采线应尽量成直线，而且有规律地按正确的推进速度开采，一般推进速度不宜过大。

巷道布置原则。开采有冲击危险的煤层时，应尽量将主要巷道和硐室布置在底板中。回采巷道采用宽幅掘进。

避免形成孤立煤柱。划分井田和采区时，应保证有计划地合理开采，避免形成应力集中的孤立煤柱和不规则的井巷几何形状。

3. 采煤工艺

（1）顶板管理方法。对于具有冲击危险的煤层，应尽量采用长壁式开采、全部垮落法管理顶板。

（2）煤层注水。煤层注水的目的主要是降低煤体的弹性性质和煤体的强度。最近的相似材料模拟试验结果表明，煤体注水后，支承压力的分布发生变化，峰值降低，峰值位置到煤壁的距离增加。

煤层注水通常是以小流量和尽可能低的压力向煤体长时间注水。注水可在预先掘好的巷道内进行，超前注水距离不应小于20m。

（3）顶板注水。顶板注水的作用主要有两点：1）降低顶板的强度，使原来不易垮落的顶板在采空区冒落，转化成随采随冒顶板，从而达到降低煤体应力的目的；2）顶板预注水后，本身的弹性减弱，因而减少了顶板内的弹性潜能；顶板注水后，煤体的支承压力高峰也要向深部转移。

4. 开采保护层

开采煤层体时，为降低潜在危险层的应力，首先应当开采保护层。在全部煤层都是危险层的情况下，应首先开采危险性较小的煤层。当危险层的顶底板都赋有保护层时，建议先开采顶板保护层。

【典型事例】2013年1月12日，辽宁省阜新矿业某煤矿3431B掘进工作面布置不合理，位于上部煤层放顶煤工作面采空区周边应力集中区影响范围内，对掘进工作面前方煤层合层没有进行超前探测，防治冲击地压措施落实不到位，导致3431B掘进工作面所在区域发生冲击地压，造成工作面迎头50m范围内煤壁发生位移，巷道严重变形，并伴随大量瓦斯涌出，致使作业人员被埋和窒息死亡，造成8人死亡。

第二百三十八条　保护层开采应当遵守下列规定：

（一）具备开采保护层条件的冲击地压煤层，应当开采保护层。

（二）应当根据矿井实际条件确定保护层的有效保护范围，保护层回采超前被保护层采掘工作面的距离应符合本规程第二百三十一条的有关规定。

（三）开采保护层后，仍存在冲击地压危险的区域，必须采取防冲措施。

【条文解释】本条是对保护层开采的规定。

有冲击地压危险的煤层群，由于成煤条件、顶底板岩性及地质构造等因素，各煤层之间都存在较大差异，其物理性质、化学性质及力学性质都有所不同，据此各煤层的冲击倾向性也不同。

【典型事例】辽宁省抚顺矿务局龙凤矿所开采的煤层群，有 4 个自然分层，即三分层、四分层、五分层和六分层，在这 4 个分层中三分层冲击地压最严重，五分层冲击倾向较弱。按照开采原则一般应先开采靠近基本顶的三分层（由前向后开采），但由于三分层冲击地压严重，这样就不能先采三分层，而首先选择冲击地压较弱的五分层开采。在开采五分层过程中又进行了充填，从而使顶板压力得到缓和，煤体中的能量获得一定的释放，对其他分层的开采起到了保护作用，解放了其他分层，成功地回采了近万吨煤炭，有效地控制和减缓了冲击地压的威胁。

由于煤层的层间距和煤层倾角及开采条件等方面的影响，保护层有效范围不尽相同，所以还必须对保护层的有效范围进行划定，从而确定保护层回采的超前距离，以便在未受保护的域采取相应的防治措施。例如，放顶卸压、煤层注水、打卸压钻孔、超前松动爆破等，这些均属战术性、局部性预防措施，又称解危措施。放顶卸压的目的是减缓煤体内应力，降低冲击潜能；煤层注水的目的是改变煤（岩）体的物理机械性能，降低弹性能，使支撑压力峰值向煤体深处转移；打卸压钻孔和超前松动爆破的作用是改变煤体应力集中情况，同时也可使支承压力峰值向煤体深部转移。上述措施在全国各煤矿冲击地压煤层开采中得到广泛利用，效果较明显。开采保护层后，仍存在冲击地压危险的区域，必须采取防冲措施。

第二百三十九条　冲击地压煤层的采煤方法与工艺确定应当遵守下列规定：

（一）采用长壁综合机械化开采方法。

（二）缓倾斜、倾斜厚及特厚煤层采用综采放顶煤工艺开采时，直接顶应随采随冒的，应当预先对顶板进行弱化处理。

【条文解释】本条是新增条款，是对冲击地压煤层采煤方法与工艺确定的规定。

1. 大量工程实践表明，冲击地压的发生因采煤方法的不同而存在差异。对于具有冲击危险性的厚煤层，当采用分层开采时，常常因开采顶分层时的应力过于集中而导致冲击地压的发生，甚至造成人员伤亡和设备的损坏。应采用长壁综合机械化开采方法。

【典型事例】河北省开滦赵各庄矿进入深部开采（采深超过 700m）后，在井口开阔向斜的轴部、次级构造区域，开采 12 煤层顶分层时，发生了地压动力现象。而在采用综采放顶煤工艺开采厚煤层时，由于顶煤及顶板垮落与破坏范围的增大，发生冲击地压的频率下降，强度降低。

2. 放顶煤开采改变了"顶板－煤层－底板"系统的力学承载体系，而转变成了"顶板－顶煤（存在范围较大的破裂区）－开采煤层－底板"的力学体系。范围较大的破裂区的存在，使开采煤层上方形成了一个塑性变形区域，在坚硬的基本顶岩梁断裂时发生动压冲击和应力高峰转移过程中，该区域内的煤体是在逐渐被压碎的条件下破坏的。显然，有破裂区作为缓冲，冲击地压发生的可能性及强度都会小得多。

由于放顶煤工作面直接顶厚度增加，较分层开采时的上覆岩层的纵向运动范围增加，当上部冲击岩层发生冲击时，已发生破坏的顶煤层及已发生运动的上覆岩层的存在，将对冲击波产生衰减作用，从而降低冲击地压的强度。所以，缓倾斜、倾斜厚及特厚煤层采用综采放顶煤工艺开采。

3. 深孔断顶爆破技术。造成大面积来压和冲击地压的主要原因之一是由于顶板坚固难冒，煤层也很坚硬，形成顶板－煤体－底板三者组合的、刚度很高的承载体系，具有聚集大量弹性能的条件；一旦承载系统中岩体荷载超过其强度，就发生剧烈破坏和冒落，瞬时释放出大量的弹性能，造成冲击、震动和暴风。岩石越坚硬，刚度越大，塑性越小，相对脆性就高，破坏时间短促，大面积顶板来压的危险性就越大。综采放顶煤工艺开采时，直接顶不随采随冒，应预先对顶板进行弱化处理。

针对这一现象，可以通过在顶板平巷对顶板进行深孔爆破，人为地切断顶板，爆破后岩石塑性增加，积聚弹性能的能力减弱，进而促使采空区顶板冒落，削弱采空区与待采区之间的顶板连续性，减小顶板来压时的强度和冲击性。此外，爆破可以改变顶板的力学特性，释放顶板所集聚的能量，从而达到防止冲击地压发生的目的。

第二百四十条　冲击地压煤层采用局部防冲措施应当遵守下列规定：

（一）采用钻孔卸压措施时，必须制定防止诱发冲击伤人的安全防护措施。

（二）采用煤层爆破措施时，应当根据实际情况选取超前松动爆破、卸压爆破等方法，确定合理的爆破参数，起爆地点到爆破地点的距离不得小于 300m。

（三）采用煤层注水措施时，应当根据煤层条件，确定合理的注水参数，并检验注水效果。

（四）采用底板卸压、顶板预裂、水力压裂等措施时，应根据煤岩层条件，确定合理的参数。

【条文解释】本条是对冲击地压煤层采用局部防冲措施的有关规定。

1. 钻孔卸压

钻孔卸压就是在具有冲击危险的煤体中钻大直径（约 100mm）钻孔，钻孔后，钻孔周围的煤体受压状态发生了变化，使煤体内应力降低，支承压力的分布发生变化，峰值位置向煤体深部转移。

2. 卸压爆破

卸压爆破就是在应力区附近打钻，在钻孔中装药爆破。其目的也是改变支承压力带的形状或减小峰值，炮眼布置应尽量接近支承压力带的峰值位置。

3. 煤层注水

煤层注水就是在工作面前方用高压水注入煤体。一般开始注入水压力为 12MPa，以后保持在 4~6MPa 之间。必须保证连续注水 5~7d，使煤体含水量达到 3% 以上。高压注水的作用效果是压裂煤体，使煤体结构破坏，从而降低承载能力，降低压力，另外还能降低煤体的弹性性能。

煤层注水的实用方法有两种布置方式：

（1）短钻孔注水法。这种方法主要看注水钻孔的数量。钻孔通常垂直于煤壁，且在煤层中线附近。注水时，依次在每一个钻孔放入注水枪，水压通常为 20~25MPa。比较有效的注水孔间距为 6~10m，注水钻孔深不小于 10m，注水孔的直径应与注水枪的直径相适应，且放入注水枪后能自行注水，封孔封在破裂带以外。

（2）长钻孔注水法。这种方法是通过平行工作面的钻孔，对原煤体进行高压注水，钻孔长度应覆盖整个工作面范围。注水钻孔间距应为 10～20m，它取决于注水时的渗透半径。

采煤工作面区域内的注水应从两巷相对的 2 个钻孔进行，注水从靠工作面最近的钻孔开始，一直持续到整个工作面范围。注水枪应布置在破碎带以外，深度视具体情况而定。一般情况下，注水应在工作面前方 60m 外进行。

4. 顶板预裂

煤层顶板是影响冲击地压发生的最重要因素之一。顶板爆破就是将顶板破断、开裂，降低其强度，释放因压力而聚集的能量，减少对煤层和支架的冲击振动。而这种振动将影响处于极限应力状态的煤岩体使其应力超限，引发冲击地压。

炸药爆炸破坏顶板的方法有两种：短钻孔爆破和长钻孔爆破。短钻孔爆破有带式的、阶梯式的和扇形的。这样爆破后，在顶板中形成条痕。在顶板弯、下沉时，在条痕处形成拉应力而断裂。这种情况就像金刚石划破厚玻璃出现的条痕一样。而长钻孔爆破是在工作面或两巷中钻眼，爆破会破坏顶板或者引发冲击地压。选择参数时应以不损坏支架为准。

这样，就可减少顶板对支架和煤层的压力。当煤层有冲击危险时，顶板爆破后，工作人员的等待时间应等于或大于煤层放震动炮的时间。

5. 水力压裂

水力压裂就是人为地在岩层中预先制造一个裂缝，在较短的时间内，采用高压水将岩体沿预先制造的裂缝破裂。在高压水的作用下，岩体的破裂半径范围可达 15～25m，有的甚至更大。采用水力压裂可简单、有效、低成本改变岩体的物理力学性质，因此，这种方法可用于减低冲击矿压危险性，改变顶板岩体的物理力学性质，将坚硬厚层顶板分成几个分层或破坏其完整性；为维护平巷，将悬顶挑落；在煤体中制造裂缝，有利于瓦斯抽放；破坏煤体的完整性，降低开采时产生的煤尘等。

水力压裂有两种，即周向预裂缝和轴向预裂缝。研究表明，在要形成周向预裂缝的情况下，为了达到较好的效果，周向预裂缝的直径应为钻孔直径的 2 倍以上，且裂缝端部要尖，高压泵的压力应在 30MPa 以上，流量应在 60L/min 以上。而轴向裂缝法则是沿钻孔轴向制造预裂缝，从而沿裂缝将岩体破断。

第二百四十一条　冲击地压危险工作面实施解危措施后，必须进行效果检验，确认检验结果小于临界值后，方可进行采掘作业。

【条文解释】本条是对冲击地压危险工作面解危后效果检验的规定。

冲击地压煤层开采属特殊条件开采，必须采取一系列综合防治措施，虽然已经采取措施，但还应对其效果进行效果检验，确认检验结果小于临界值后，方可进行采掘作业。

二、冲击地压安全防护措施

二百四十二条　进入严重冲击地压危险区域的人员必须采取特殊的个体防护措施。

【条文解释】本条是新增条款，是对进入严重冲击地压危险区域人员特殊个体防护措施的规定。

在发生严重冲击地压区域如有工人工作，则可能对其产生伤害，甚至造成死亡事故。

（1）波兰的分析结果表明，发生冲击地压后，人员受伤部位是胸部的机械损坏，包括肋骨折断等，占 60.41%。为了防止或减轻冲击煤岩碎物对人的胸部伤害，进入严重冲击地压危险区域的人员应穿防冲击背心。

（2）严重冲击地压发生后，常淤塞巷道，破坏矿井通风系统，引起瓦斯积聚或煤与瓦斯突出。因此，进入严重冲击地压危险区域的人员应随身携带隔绝式自救器。

第二百四十三条　有冲击地压危险的采掘工作面，供电、供液等设备应放置在采动应力集中影响区外。对危险区域内的设备、管线、物品等应当采取固定措施，管路应吊挂在巷道腰线以下。

【条文解释】本条是新增条款，是对有冲击地压危险区域内设备、管线、物品等放置的规定。

采掘工作面的供电供液是采掘生产的动力源泉，必须妥善加以保管，一旦发生冲击地压就可能毁坏供电供液设备，使工作面停电停泵，所以供电、供液等设备应放置在采动应力集中影响区外。

危险区域内的其他设备、管线、物品等应采取固定措施，管路应吊挂在巷道腰线以下，以避免冲击地压发生后遭到破坏。

第二百四十四条　冲击地压危险区域的巷道必须加强支护，采煤工作面必须加大上下出口和巷道超前支护范围和强度。严重冲击地压危险区域，必须采取防底鼓措施。

【条文解释】本条是新增条款，是对冲击地压危险区域巷道加强支护的规定。

冲击地压对井下巷道的影响主要是动力将煤岩抛向巷道空间内，破坏巷道周围煤岩结构及支护系统，使其失去功能，造成工作面内大量支柱折损或撞倒和巷道内几十米范围内支架损坏。从而在顶板失去支护的情况下，诱发局部冒顶甚至大面积冒顶事故，所以必须加强支护，采煤工作面必须加大上、下出口和巷道超前支护范围和强度。严重冲击地压危险区域，必须采取防底鼓措施。

第二百四十五条　有冲击地压危险的采掘工作面必须设置压风自救系统，明确发生冲击地压时的避灾路线。

【条文解释】本条是对有冲击地压危险采掘工作面设置压风自救系统和避灾路线的规定。

冲击地压发生时，煤体内积聚弹性能突然释放形成强烈的冲击波，可冲倒几十米内的风门、风墙等设施，引起瓦斯积聚或煤与瓦斯突出。因此，有冲击地压危险的采掘工作面必须设置压风自救系统，明确发生冲击地压时的避灾路线。

习　题

5-1　简述冲击地压的基本概念。

5-2　简述冲击地压的主要特征。

5-3　影响冲击地压的主要因素有哪些？

5-4　按原岩（煤）体应力状态，冲击地压可以分为几类？

5-5　依据震级强度和抛出的煤量，冲击地压可以分为几类？

5-6　简述冲击地压危险性等级的划分原则。

5-7　冲击地压的预测方法有哪些？

5-8　冲击地压的防治措施有哪些？

第六章 采煤工作面事故及案例分析

第一节 采煤工作面典型事故

本书选取了十三个已结案的顶板事故作为典型案例加以介绍与剖析（见表6-1）。

表6-1 典型顶板事故一览

序号	事故时间	矿　别	事故简要内容	死亡人数	事故性质
1	1969. 1. 16	马家沟矿	5191 采面	4	违章
2	1969. 10. 18	某矿	5252 炮采面回柱冒顶	9	违章
3	1969. 11. 21	某矿	9299 采面	1	违章
4	1973. 7. 4	河北某矿	7293 采面	2	违章
5	1973. 10. 31	唐山某矿	9294 采面	4	违章
6	1976. 2. 9	唐山某矿	8911 机采面冒顶	4	违章
7	1978. 7. 17	唐山某矿	9632 采面	5	违章
8	1982. 11. 2	马家沟矿	5795 复采面初次放顶冒顶	3	违章
9	1997. 7. 8	嘉盛公司	3228-3 炮采面回柱冒顶	4	违章
10	1999. 5. 22	马村煤矿	113507 工作面	1	违章
11	2005. 2. 3	唐山某矿	3137 采面	1	违章
12	2008. 3. 29	张家口某矿	6107N 综采面出口	4	违章
13	2012. 4. 22	某矿	3197 采面	1	违章

一、马家沟矿 5191 工作面垮面事故

1969 年 1 月 16 日凌晨 5 时，马家沟矿 5191 工作面发生垮面事故，死亡 4 人。

（一）事故前工作面简况

5191 工作面位于马家沟矿 5 水平，采用倾斜分层采煤法，事故发生在该层二层下采面，工作面长 42m。事发时刚投产不久，已推采 5~7 排，本班为第一次回柱。

（二）事故经过

1 月 16 日夜班，班长认为顶板稳定无问题，就让大家工作，但这是假象，实际上支柱钻煤底，岩石下落导致顶空，使支柱和木垛失效，这些实际状况从表面不易察觉，当回到第 16 棵柱（即第一个木垛上角木柱）时，面上仍无多大压力，一切较为正常。此时，

下早班的炮工耿某由上面下来，班长对耿说："今天顶板下落不正常，面上有压力，少放点炮。"耿某边答应边下到出口。此时，第 17 棵柱已拴好，并给绞车发出了开车信号。于某和杨某退到第 19 棵柱第二空处观察，王某站在中木垛下第一空处，陈某站在第 18 棵柱第一空处等待抱柱，赵某退到中木垛第 25 棵柱第一空处。当绞车开动将第 17 棵柱拉倒的一刹那，突然从中木垛上角来压，顿时，上起上木垛以下第 52 棵柱至下木垛以上第 16 棵柱便向煤壁和下面倒塌，中木垛翻角。垮落面积约 16m×7m（16 棵柱）被矸石充严。当时处在回柱作业地点附近的班长等 5 人都没有跑出来。得知此情况后，全工作面的职工全力紧急组织抢救，矿和区管理人员立即赶到现场指挥救援，终于将受局部支柱掩护而伤势不重的抱柱工人王某救出脱险，但其余的班长等 4 人因被矸石埋压太严，伤势过重死亡。

（三）事故原因

（1）矿、区主管生产的领导思想麻痹，忽视安全。认为属于新开的层，初次放顶又是二层网下回柱，没有多大问题。

（2）工程管理不善。由于煤层倾角较大，顶板较好，在上茬回采时下面顶板未落，反被上面流下的矸石充填，但其顶板已破裂。当第二分层回柱时充填矸石下落，因留有采区煤柱无其他矸石充填补充。对这些因素未能预料并采取相应措施，因而使本次初次放顶顶板悬空，支柱、木垛失效，引起大面积垮落，而且突然、猛烈，造成严重且不可弥补的损失。

（3）现场管理不仔细，在第一次顶板来压时，支柱没有穿鞋，插入煤底，导致失效，而且又未仔细检查，未能及时发现并采取补救措施。而是只从表面看采面没压力就继续回柱，最终导致事故发生。

（四）防范措施

（1）今后要尊重科学，注重调查研究，工作认真细致，不断提高技术业务素质，不能被表面假象迷惑。

（2）今后凡开采第二分层时，首先解决采面煤柱妨碍正常放顶的问题使放顶矸石可相互流通，弥补顶板不落无矸石充填、顶空的情况，消除安全隐患。

（3）加强采面工程质量，按规定打木垛，柱窝为煤底时一定穿好鞋，丢柱、倒柱必须及时补好。

（4）为了以防万一，煤层倾角超过 38° 的长壁工作面要每隔 10～15m 预先做 2 排超前，作为躲人之用，炮道定为 0.3～0.4m。

（5）加强顶板管理。在生产与安全发生矛盾时，坚持"安全第一"，必要时停工处理。

二、1969 年 10 月 18 日某矿 5252 回采工作面顶板事故

某矿南翼一水平 5252 采煤工作面于 1969 年 10 月 18 日 5 时 10 分发生回柱冒顶事故，埋住 13 人，9 人遇难。

（一）工作面简况（见图 6-1）

5252 工作面为该矿南翼二北石门五煤层，煤层厚度 2.3～2.7m，倾角 5°～10°，走向

长 500m，工作面长 171m，其中中顺槽以下 82m，以上 89m。顶板为砂岩 – 粉砂岩，中等坚硬，整体性较好。

工作面采用一次采全高长壁采煤法，顶板管理采用全部垮落法。炮采落煤；工作面支护采用摩擦支柱 –6 型配合长 1.2m 金属铰接顶梁支护，柱距 0.6m，排距 1.2m，控顶距 4～5 排，控顶支护为沿老塘侧打双行单抬板，每 6m 一个木垛。

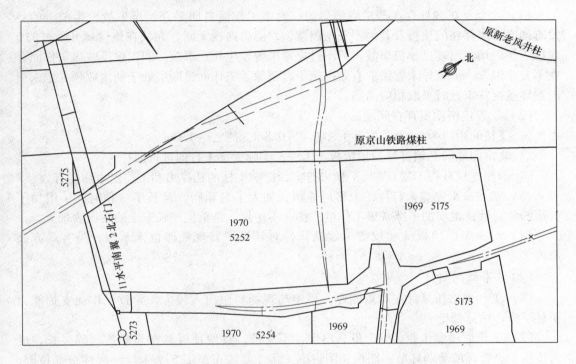

图 6 – 1　某矿 5252 综采工作平面示意图

（二）事故前后及经过

事故当日夜班，工作面回 1 排支柱。开工前班长检查工作面时看到 4 号绞车过断层压力大，断层处煤厚 0.5m，空间狭窄，回柱难度较大，中顺槽以下 2 号绞车段未移运输机。班长依据现场情况对当班工作安排如下：

1. 4 号绞车范围安排 7 人回柱；

2. 1、3 号绞车范围各安排 6 人回柱；

3. 2 号绞车除安排 6 人回柱外，同时安排 6 人移运输机，打柱（两点班未完成工作量）。

由于停电影响移运输机，液压泵缺油等故障，工作未能正常进行，为了加快回柱工作，班长把部分支柱工人调到 2 号绞车范围内第 5 个木垛下方进行补打尚未支护的支柱。约 5 时班长去中顺槽向区里电话汇报工作时，3 号绞车范围已回完支柱，其中 3 人下去协助 2 号绞车回柱。为了加快回柱速度，在尚未完成移运输机的情况下，就把 2 号绞车范围 5 个木垛一齐拉倒，同时移过去，在该范围尚未打好支柱状况下，回完第 6 棵支柱时，响了一个巨大板炮。同时顶板沿工作面煤壁至老塘全部切下，将 2 号绞车以下工作 13 人全部埋压，范围自 2 号运输机头往上 13m 至中顺槽以上 42m 全部垮落。班长听到巨大响声后跑到中顺槽一看，工作面已冒严，又从下运输巷往上看，发现大部回柱人均在冒顶区内，立即向矿调度室汇报，接到汇报后各级领导赶赴现场组织抢救，自 10 月 18 日 11 时 50 分～10 月 20 日 4 时，将被埋 13 人全部扒出，其中 9 人遇难。

（三）事故原因

（1）主要是矿领导存在严重麻痹思想，对该工作面自回采开始至事故发生前，始终没有彻底解决存在的顶板及其他不安全因素，对隐患熟视无睹，尤其在该区域开采过的 5 煤层工作面均曾出现过顶板事故，只不过侥幸未曾发生死亡事故。职工曾反映该工作面存在不安全因素，但领导未曾采取有效措施予以消除。工作面过断层处于初次放顶，也未引起领导重视，未及时采取相应措施。

（2）工程规格质量存在问题。

1）支柱间距应为 0.6m，实际大多 0.7～0.8m，甚之达 1.0m。

2）规定回柱前必须打好控顶抬板、木垛，实际大部未打即进行回柱。

3）摩擦支柱升得不紧，7 尺平楔未打牢，影响支柱的初撑力和工作阻力切实有效。

（3）两点班采完煤未打柱，未移运输机，加大了悬顶距，延长了空顶时间，增加了冒顶的危险性，也增加了准备班工作量，作业不正规，是重生产轻安全的突出表现。

（4）对 5 煤层顶板活动规律未能认识，对其矿压显现规律也未掌握，是客观方面原因。

（四）事故剖析

（1）工程规格质量存在严重问题，规定与现场对照出入较大，导致工作面支护能力明显下降，估算低于 40%。

（2）工作面违章作业，生产班只出煤，不支护，致使顶板悬空与暴露时间过长，成为顶板安全管理的薄弱环节；图快、图省事，将 2 号绞车范围 5 个木垛一次性全部拉倒，为了追赶进度，在 2 号绞车范围内回柱与打柱强行同时作业。

（3）工作面过断层相当于初次放顶，与已有采空区相连悬顶面积明显增大，但没有相应的技术措施。

（4）回柱顺序自上而下进行，1 号、3 号和 4 号三台绞车先完成，剩 2 号绞车范围，且正处于断层下盘，煤壁尚有未打支柱处，在坚硬顶板条件下，在很大程度上使矿山压力相对集中于该范围，回柱引发大面积顶板冒落。

（5）采用摩擦支柱也是受当时条件所限，应从提高支护密度（强度）严格工程质量，按规章操作进行作业是可以避免的。

（6）违章指挥，在同一地点回柱与支柱平行作业；工作面的特殊支护采用先回不打就进行回柱作业等，对职工反映的工作面规格质量不合格直至事故发生时也未得到整改，以及按规程规定在回柱前应加打的抬板、木垛并未认真落实是现场管理责任。

三、某矿 9299 工作面冒顶事故

1969 年 11 月 21 日 6 点班，某矿采二区 9299 工作面发生冒顶事故，死亡 1 人。

（一）工作面简况（见图 6-2）

某矿 9299 工作面位于 9 水平西翼 22 石门 9 煤层，煤层倾角 10°～20°，开采范围为北

至溜子道，南至风道，东至石门煤柱；工作面长 59m，由于煤层厚度大采用倾斜分层（金属网）采煤法，一般采高为 2.2m，事故发生时该工作面开采第一分层。采用金属支柱配合长 1m 金属顶梁，3~5 排控顶，工作面装备 44 型运输机、液压整体移溜、爆破落煤。采用"两采一准"作业。

在 6 月中旬掘透边眼，7 月初开始亮面，7 月 10 日开始推采。MW 型金属支柱与金属顶梁配套使用，排距 1m，柱距 0.6m，面全长 59m，共 86 棵柱。工作面沿老塘一排支柱加打一梁（长 2m）两柱的戗梁，中至中 5m 一个。

事故前，工作面上段推了 7 排，下段推了 8 排（出现了一错拐儿），回了 2 排柱子，上段 5 排，下段 6 排。

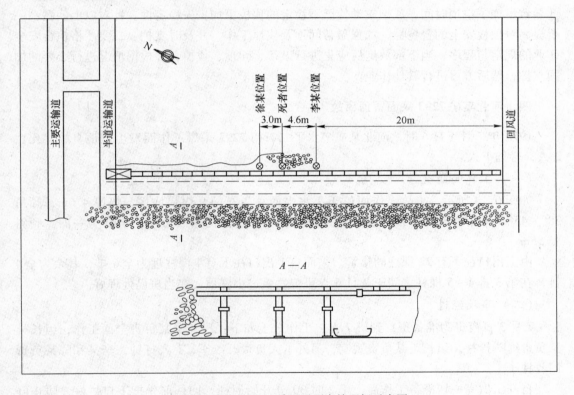

图 6-2　某矿 9299 采面冒顶事故现场示意图

（二）事故经过

11 月 21 日 6 点班开工前，班长结合全矿安全形势及本工作面情况指出工作面下部倾角较大，个别地方顶板已有绺（受来压影响出现裂隙），要加强注意安全等，然后开工。新工人韩某在距风道 30m 附近一段采煤，其师傅李某靠其上边采煤。而在他们所采范围内煤壁中部有一层 0.3~0.5m 厚极易片帮的易碎煤，但从全工作面看，此处倾角较小，无滴水，条件相对较好。在 10 时左右韩某、李某将面采完。煤已出净，上边的面也已采完。在通常情况下，就应进行移溜、铺网、打柱工作。但此时工作面中部放了一次底根炮，且这次下边放炮把韩某、李某作业处震下来约 2t 煤。这时韩某、李某为给及时移溜创造条件，就先打扫刚刚落下的浮煤，韩某由下往上打扫，正当向溜子方向搣煤之际，突然从煤壁中部片落下 2t 左右碎煤（范围约长 4.6m），其中有 2~3 块 200mm 见方的煤块将韩某小腿挤在溜子帮，韩某躲闪不及随即跌在溜子上，头部恰跌撞在溜子帮接口处。在韩某上、下两侧作业人员立即打钟停溜，找掉。只见韩某起来一次，忽又倒在溜子帮上，立即进行抢救但因伤势过重而亡。

（三）事故原因及防范措施

由于现场顶板条件较好，工程质量亦符合要求，且韩某作业位置从表面看相对更好，故在安全方面产生了麻痹思想，导致当班作业人员没有严格按规定作业程序进行。体现在：一是对顶板已出现空顶没有引起足够重视；二是为了不影响移溜，就不及时进行支护，而且下部又放了一次底根炮对该作业范围（且处于尚未支护状态）产生了影响。因此导致增加了空顶时间，放炮震动使已不稳定的顶板更加丧失稳定性。针对以上问题：一要提高对顶板安全的警惕性，加强敲帮问顶及找掉工作，并及时支护。二要严格执行安全作业的规定与程序，当下部放炮后应先进行敲帮、问顶、找掉，并根据情况进行必要的加固支护，然后方可进行其他作业。

四、河北某矿 7293 采面冒顶事故

1973 年 7 月 4 日 6 时，河北某矿 7 水平二石门 7293 采煤工作面发生冒顶事故，死亡 2 人，轻伤 1 人。

（一）工作面简况

如图 6-3 所示，事故工作面位于 7 水平西翼 2 石门 9 煤层底区，煤厚 4.6m，倾角 38°~45°。采用金属网假顶分层长壁采煤法，本工作面为第二分层，上部为一面，倾斜长 55m。

由上出口往下有 22 棵柱的错管。采面自上出口往下有 4 棵柱远为全 6 排，其余为全 4 排，在第 3 排 4~5 棵柱之间于 2 日 6 点班曾发生过小冒顶，在当班已处理好。

（二）事故经过

7 月 3 日夜班为准备班，到班 7 人，工作分工如下：班长梁某负责全面工作，组长吴某负责绳头拴柱，组长王某负责观察，另外 1 人负责开绞车，1 人打钟，李某和陈某负责回收柱子。

自开工做完一切准备工作后，于 2 时 30 分开始回柱，回柱前先把下口拦好，防止矸石往下滚入溜子道。之后，即两排交错着由里往外，自下往上回柱。当回至距上口还剩 4 棵柱时，组长吴某将第 6 排的第 4 棵柱拴好后，人员全部撤到煤帮处。其中，吴某在第 3 棵柱下，李某和陈某在第 4 棵、第 5 棵柱之间，王某在第 6 棵柱上边。人员撤出后即通知开车，绞车启动后第 4 棵柱刚被拉倒，采面突然来压，伴随"呼"的一声，采面沿倾斜第 3~6 棵柱、走向 6 排柱范围全部被摧垮且冒严。当时向上跑者脱险，往下跑的王某双腿被压在第 6 棵柱以上，李某和陈某被压在第 4~5 棵柱之间。班长立即组织抢救，并报告矿调度室，经抢救王某轻伤脱险，至下午 4 时将李某、陈某扒出，但因受矸石和木料压挤已亡。

（三）事故原因

（1）现场未严格按照回柱操作规程执行，回柱时人员未撤至所回柱上方安全地点，

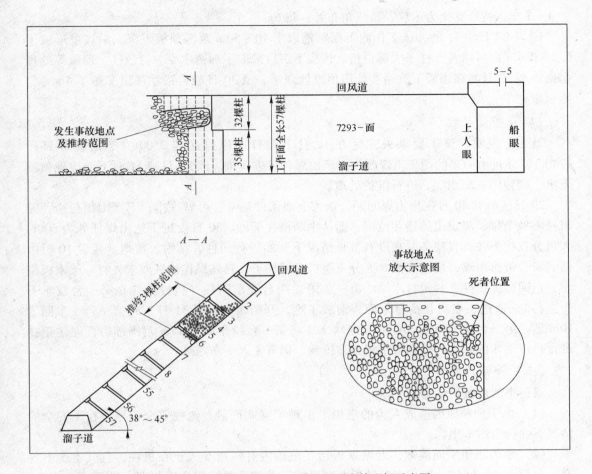

图 6-3　河北某矿 7293 采面冒顶事故现场示意图

而站在与回柱地点相平行位置。

（2）该段回柱区正是 7 月 2 日冒顶地点，虽然当班已处理好，但仍是造成冒顶事故的隐患。

（四）事故的防范措施

（1）加强对职工的安全教育及安全操作技术培训，严格按各项规定作业。

（2）严格现场管理，当班领导不得脱岗。

五、唐山某矿 9294 采面冒顶事故

1973 年 10 月 31 日 3 时，唐山某矿采二区 9294 采煤工作面发生冒顶事故，死亡 4 人。

（一）工作面简况

事故工作面位于 77 水平西翼 2 石门 9 煤层，倾斜长 215m，分为上、下面回采，上面长 125m，下面长 90m；煤厚 3.4m，平均倾角 35°；直接顶为砂质泥岩，厚 5 ~ 8m。采用走向长壁采煤法，一次采全高，不见底之处穿木鞋。爆破配合手镐落煤；顶板管理为全部垮落法。支护型式：基本柱为金属支柱配木板梁，横板连锁，柱距、排距均为 1m；控顶

距 4~5 排，特殊支架为木垛，呈三角布置，每 6m 一个。

10 月 27 日晚 11 时，该工作面下面顺槽以上 10~50m 范围顶板下沉，沿煤壁形成了 0.2~0.4m 顶板错茬，柱子大部歪扭。顶板下沉后采取了加密木垛、打戗柱、顶眼等处理措施，至 29 日晚在顶板下沉错茬处用顶眼处理通。至 30 日晚自错茬往里又做了 4m（包括顶眼柱子）。

（二）事故经过

首先需说明，该矿要求采二区在 10 月下旬日产原煤达到 2500t（当时实际日产 1740t），并且由原来的两班出煤改为三班出煤，日进 3 排。因 27 日晚 11 时下面出现顶板下沉，则暂停三班出煤，进行维护处理。

29 日区研究 30 日夜班出煤问题，认为上面条件正常，可做一排，下面因顶板错茬需机柱不做全排，决定甩掉错茬范围，而从中顺槽往下做。30 日夜班下达出煤任务为 600t，人员分三拨下井，自晚 7 时在没有班长情况下开始进行回柱、钻眼、放炮。接着 10 时由两名班长带班出煤，现场安排 6 人分三组扒老塘柱子，具体操作按区要求先打一架木板棚子，再回两棵铁柱，并跟打木垛。第一、第二两台绞车回柱（机柱工作在第一台绞车下边进行）。通过 3 名班长商量采面提前放了炮，开始出煤。至 31 日 3 时第一台绞车回了 10m 远，第二台绞车回了 30m 时，老塘来压将第一台绞车以下 17m 范围摧垮，埋住正在进行扒柱工作的 6 人。经积极组织多方抢救，仍有 4 人不幸遇难。

（三）事故原因

通过事故后分析认为：

（1）由于种种原因造成人为的思想上出现了强调产量，忽视安全，导致在不安全的情况下强行组织多出煤。

（2）事故当班采面放炮，老塘顶板错茬范围内有三组 6 人正在机柱，且其上、下各有一台绞车进行回柱，形成多工种近距离平行（尤其是包括回柱）作业，纯属违章指挥，违章作业。

（3）采面工程质量不好，柱子东倒西歪，大部顺风，有的地方排、柱距偏大，柱鞋穿得不好，也是发生事故的安全隐患。

（4）现场管理不善，安排三采三准，班次多，操作人员混乱，尤其是夜班分三组下井，缺乏全盘统一指挥，不利于安全生产。

（5）存在经验主义和麻痹思想，错误认为此前曾发生过顶板下沉并未造成事故，而本次情况与往有所不同，但没有制定相应安全技术措施。

（四）事故的防范措施

（1）提高各级管理人员及职工安全意识，并认真落实各项安全管理工作。

（2）加强对现场领导及职工的安全教育及安全操作技术培训，严格按各项规定作业。

（3）严格现场工程质量管理，提高工程质量，以提高作业场所安全可靠性。

（4）严格规章制度管理，充分发挥安全监察及现场职工的安保作用。

六、1976 年 2 月 9 日唐山某矿 8911 回采工作面冒顶事故

1976 年 2 月 9 日 22 时 30 分，唐山某矿采六区 8911 采煤工作面在补打支柱与机组割煤同时作业期间发生重大顶板事故，导致 7 人被埋压，其中 4 人遇难，1 人重伤。

（一）工作面简况（见图 6 - 4）

8911 工作面位于该矿井 8 水平西翼 9 石门第 11 号煤层，工作面长 158m，煤层平均厚度 1.2m，倾角 20°。采用走向长壁采煤法。工作面安装国产采煤机组，44 型刮板运输机，支护采用铁柱配套铁梁，排距 3m，顶板管理采用全部垮落法，4～5 排控顶。事故发生在采面下顺槽以上 112.5～114.5m 范围。

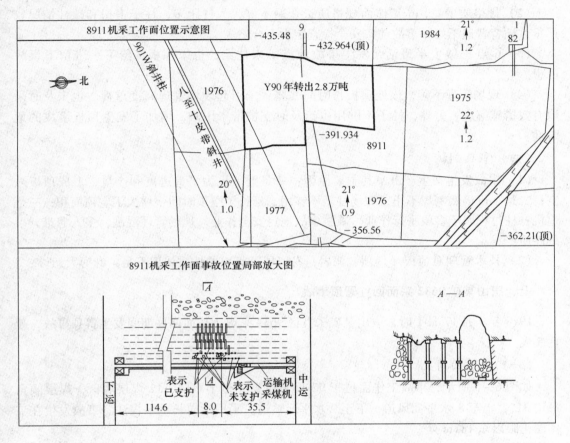

图 6 - 4 1976.2.9 某矿 8911 机采面冒顶事故示意图（单位：m）

（二）事故经过

事故当日 6 点班，由于工作面出现采煤机故障，使工作面剩余 80m 割煤后，未打上支柱，两点班安排予以补打。两点班职工到达工作面后，班长于某看到第一台绞车以下顶溜子打柱，往上至机组（约 80 棵柱远）煤已基本出清但尚未顶溜打柱，便与另一班长范某商量好，决定接着顶溜打柱，并把机组以上的活也做出来，而后两人分了工，范某抓顶溜和割煤。于某抓打柱。打柱人共分为 3 组，每组 2 人，采取随着顶溜后由上而下顺序打柱。由于采面上柱子不够用，速度较慢，班长于某即去采面上部和中运去找柱子，到了后半班又增补钟某和刘某 2 人往下拽柱子。当打柱至距离机组 12 棵柱远时，在尚未打柱范围内，有余某、李某、裴某、笪某 4 人分两组在打柱，于班长也在此协助打柱。22 时 30

分左右，在机组旁侧拽柱子的钟某发现机组电缆架以上顶板来压。几个人相互提醒并迅速撤离时，被顶板来压而冒落（长8m、宽4m）掩埋。由于冒顶面积大，抢救工作十分困难，历经16小时先后扒出被埋人员，其中4人遇难，1人重伤。

（三）事故原因

（1）顶板暴露时间过长，从6点班把煤出清至事故发生长达十几个小时，该处没有挂梁和探板，造成顶板松动。

（2）规格质量差，全工作面规格质量普遍不好，大柱距多，柱子歪扭和缺柱情况较严重，插背普遍不好，事故前矿安全检查定为不合格。

（3）6点班做了半班活，发生事故地点既未挂梁，也未探板，给下一班留下事故隐患。

（4）现场管理不善，该处顶板长时间暴露，未引起现场管理高度重视。也未及时采取有效措施解决。另外，柱子不够用也给及时支护带来困难，增加了发生顶板事故的危险性。

（四）事故剖析

（1）事故发生在生产班，其主要原因：一是上一班为了追进度和产量，形成顶板悬空；二是本班仍然割煤不止，现场柱子不够用，延长了空顶时间，增大了空顶面积；三是追机补柱过程属于多段平行作业，威胁事故地点安全作业。现场管理混乱，多人遇难，事故性质严重。

（2）技术管理对顶板（伪顶、泥岩，易离层冒落）的性质认识不足，麻痹大意。

七、唐山某矿9632采面回柱冒顶事故

1978年7月17日1时，唐山某矿采九区9632采煤工作面回柱期间发生冒顶事故，死亡5人。

（一）工作面简况

如图6-5所示，事故工作面位于97尺平东翼2道半石门，12煤层底区，煤层倾角平均31°，上至8水平回风道，下至9水平运输道。采用走向长壁采煤法。事故发生在工作面正眼以东181m处。

在6月中旬掘透边眼，7月初开始亮面，7月10日开始推采。五型金属支柱与金属顶梁配套使用，排距1m，柱距0.6m，面全长59m，共86棵柱。工作面沿老塘一排支柱加打一梁（长2m）、两柱的戗梁，中至中5m一个。

事故前工作面上段推了7排，下段推了8排（出现了一错拐），回了2排柱子，上段5排，下段6排。

（二）事故经过

16日10点班，班前会上班长布置笪某等4人回柱错拐以上回单排，错拐以下回双排。并布置维护工作面人员（3人），为保证工作面安全，特对一梁两柱的戗梁再加打一棵柱，处理冒顶的托梁也要加补一棵柱。

人员达到工作现场后，约10时30分开工，回柱按自下往上顺序进行，班长提醒回柱人员"面上虽然没压力，也要注意安全"。之后继续作业，直至回到第16棵柱处（距离维护面

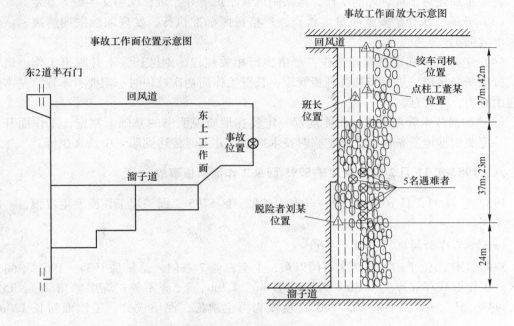

图 6 - 5　唐山某矿 9632 采面回柱冒顶事故示意图

的 3 人约 10m）。当回柱人用大锤凿完水平楔后,顶板突然冒落,负责捞柱的刘某向煤壁方向跑去,见上部已冒严,又返身往下跑时,顶板又发生二次冒落。当顶板相对稳定后他跑去发现组长全身被埋,仅露头部,其他几人也不见了,立即大喊埋住人了! 在现场人员立即组织抢救,同时汇报矿调度室积极组织多方抢救,至 17 日 11 时 40 分陆续将不幸遇难 5 人全部扒出。事故后经过现场调查,冒顶长度达 40 棵柱(24.9m),面积 130 多平方米。

（三）事故原因

（1）现场工程质量不好，柱距大部分不合格，其中有的达 0.9 ~ 1.0m，排距歪歪扭扭，柱子倾向不够，柱顶与顶梁张嘴；生产班放炮经常崩倒柱子，造成伪顶冒落，重新支护后因上顶插背不实，支柱不能起到有效支护作用，一旦顶板来压易将支架摧垮。

（2）作业规程规定未落实。初次放顶压力较大，可每 10m 加一木垛，正常后木垛取消；基本柱要打得迎山有力，穿好鞋。但经现场勘察与调查，实际上自开始推采根本没有打过木垛，各基本柱也都没有穿鞋。

（3）工作面发现地质变化，管理工作没有及时跟上，7 月 10 日开始推采以后，发现煤质异常坚硬，放炮常常崩倒柱子，造成局部冒顶。事故前 10 点班共回柱 3 次，就 2 次发生冒顶。另外特别是出现一层伪顶，面对工作面地质条件变化，区里于 14 日召开了三班联席会，虽然研究制定了 17 条措施，但贯彻不及时，落实不迅速，行动不果断。

（四）事故的防范措施

（1）提高各级管理人员及职工安全意识，摆正安全与生产关系，切实抓好安全生产工作迅速把各种事故降下来。

（2）认真汲取事故教训，全面检查各项规章制度执行情况，并制定今后安全生产措施。进一步加强对顶板管理的工作，落实副区长跟班下井，班长现场交接班等规定。

（3）开展一次全矿安全质量大检查，严格按照标准执行，发现问题限期解决，认真堵塞事故漏洞。

（4）进一步加强现场管理工作，严格执行相关规程，副区长要下井跟班工作，班长要实行现场交接班。进一步加强顶板管理，长壁工作面初次放顶时一定要有木垛，基本柱要迎山有力，穿好鞋。

（5）加强技术管理工作，作业规程一定要在地质说明书的基础上制定，工作面开采后，一定要根据地质条件变化制定临时技术措施，并及时传达到职工中认真执行。

八、1982 年 11 月 2 日马家沟矿 5795 回采工作面顶板事故

1982 年 11 月 2 日 10 点 45 分，马家沟矿采一区 5795 二面采煤工作面发生冒顶，一次死亡 3 人。

（一）工作面简况（见图 6-6）

5795 工作面位于矿井五西 7 石门以东，上至三西 7 石门，是复采 1934～1961 年间老采区。工作面残存煤厚为 0.3m、0.8m、1.6m、2.9m、3.5m 不等；煤层倾角 28°、35°、40°、44°、51°、61°，平均 30°～40°；顶板为再生顶板，泥质成分；工作面斜长 120m，

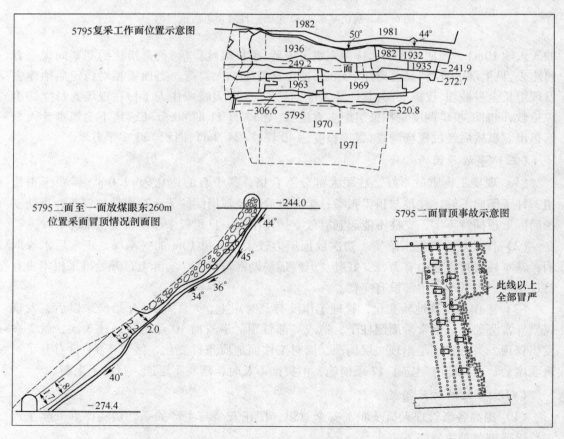

图 6-6　1982.11.2 某矿 5795 复采面初次放顶冒顶事故示意图（单位：m）

分为三个工作面，自 1982 年 7 月下旬相继投产。一面和二面上半部是 1935～1936 年用落垛采煤法开采的老采区，二面下半部和三面是 1961～1962 年用落垛法开采，外面及大眼以东 190m 范围是用金属网假顶长壁法开采。本次采用顶网单一长壁采煤法，支护采用两横一顺的混合式（上连锁与板），排距 1.0m，控顶距 5～7 排，补充措施改为 5～8 排，特殊支架为双排木三角排列，间距 4～4.5m；打眼放炮落煤；顶板管理为自然垮落法。

事故发生在二面，在过中间眼期间，10 月 25 日发生冒顶，被迫往西错 5m 重新开切眼亮面。至 11 月 1 日 4 点班采面已达 8 排，2 日零点班初次放顶。为了防止二面过中间眼与新面初次放顶再次塌冒，分别于 10 月 22 日和 10 月 25 日提出补充措施，增加了 10 条措施。

（二）事故经过

11 月 1 日 21 时 45 分，夜班副区长指示班长高某：今天初次放顶，要打好木垛，注意安全。之后高班长召开班前会，布置了当班工作及安全事项。高某到达工作面后看到上口棚子没有回完，即打电话与值班员商量并决定上口用 4 板。东帮不打眼，保护上出口的 3 架拱形棚子。职工到达工作面后即按要求开始各项工作。约 5 时左右钻眼工打完东帮的炮眼，眼深 1.2m 底眼和腰眼各 30 个，然后炮工装药。6 时左右田某等 4 人打完木垛，此时技术员王某指示从上出口运 3 块大板，且王某与田某共同在第 20 棵柱处（煤壁处片帮较宽）窝了 3 块大板，然后擂煤，挂网（挂在第 7 排柱外侧）。之后约 6 时左右，炮工在 15m 以下范围响了第一炮。6 时 30 分响了第二炮。在 15 棵柱以上每次响 30 个眼。7 时左右炮工验完炮，技术员王某认为炮崩得很好（但柱子都倒了）。

7 时 30 分机电维护修好电门，有人稳好绞车，打好平轮，8 时将绳拉到 0m 处开始回柱，当回到第 17 棵柱时绞车没电了。技术员王某找到维护去合电，9 时左右来电又继续回 6～7 勾，约 10 时又没电了，又去找电。此时，矿组织的安全检查组来到，技术员王某与他们一起检查工作面，发现上口以下第 8～12 棵范围有网兜，有的地方背得不好，检查组要求安排人处理。技术员王某答应解决，然后又去找电。10 时 30 分左右又来电后从第 23 棵起继续回柱，接着回第 24 棵。刚启动绞车，钢丝绳也刚吃上劲，底下就喊"好"，当时停车。还没有来得及倒车松绳，阚某听到采面有动静，有个灯亮向上跑，只听到"轰隆"一声响并伴随一阵风，采面被擂垮到第 34 棵柱，现场 4 人即往外跑，刚跑到绞车后面，又听到一声响，采面上口就塌冒严了（此时约 10 时 45 分）。过了一会，副区长高某从下口来到采面上冒落地点看了看，就与孙某一起赶到二面溜子道，碰到阚某等才知道：技术员王某、班长吴某和回柱工田某未能出来，当即组织抢救，并汇报调度室。后经奋力抢救 35 个小时，虽然将三人陆续救出，但都已遇难。

（三）事故原因

这是一起发生在复采区、回采工作面初次放顶之时的重大顶板事故，尤其事故点（二面）位于 1935 年和 1960 年已采区的边界地段。

（1）从矿、区领导至职工"安全第一"思想树得不牢是主要原因，直接原因主要是放顶步距大，同时工程质量差也为冒顶创造了条件。

（2）技术管理方面。

1）对复采区顶板活动规律没有搞清楚，采取防范措施不力，针对性不强。

2）初次放顶步距大，以往虽然应用过 5～7 排或 5～8 排，放炮崩帮等方法，但对该工作面而言，5~8 排明显偏大，而且没有按初次放顶的措施规定认真执行，一次回掉 2~3 排是不应该的。

（3）生产管理方面。

1）现场管理不严，规格质量差，如局部顶空，柱距大，丢底煤，背板插得少，没有拴绳，没有穿鞋等。

2）规程和规章在现场未兑现，如初次放顶的具体措施兑现率仅为 40%。

3）未创造良好的安全生产工作环境，回柱工作量太大（加打 5 个木垛，且当班准备材料）；绞车无法拉，前堵出口，后有铁棚子堆积；上口回棚子剩余 3 架，只得留垛加以保护等等。因此夜班过晚，被迫撤人换班。

（四）事故剖析

（1）这是一起发生在大倾角、复采工作面的顶板重大事故，暴露技术与现场管理存在一系列问题。

（2）技术管理方面。未对复采条件下选择合适的采煤方法，并制定相应技术合理、安全可靠、便于操作的顶板管理安全技术措施。如该区在 20 世纪 50 和 60 年代开采时分别使用了落垛和金属网假顶采煤法。这次复采面面临的是金属网和泥质胶结再生顶板，煤层倾角 28°~61°，变化大，应考虑根据顶板条件结合倾角变化具体划分为小阶段，并采用不同方法采煤。不宜采用推荐放顶的单一方法。另外，该工作面 10 月 25 日曾发生冒顶，并因此往西错 50m，重新开眼亮面，又推进了 8 排以至于控顶距过大，加之回柱与崩煤同时作业，是造成这次事故的根本原因。

（3）现场管理方面。技术管理与现场管理没有衔接，夜班副区长来到区里没有在指示本上做任何布置，只是值班员告诉他"今晚技术员到班"，实际上技术员与副区长在 2 时 30 分才见到面，且没有任何工作交流和安排，甚至对矿检查组提出的工程质量、空顶、有网兜等问题未认真解决。回柱班任务过重，回柱前准备工作没有做好，尤其安全方面未做好，后路不畅，多次断电，管理混乱是事故的直接原因。

九、1997 年 7 月 8 日嘉盛公司 3228－3 回柱冒顶事故

1997 年 7 月 8 日 6 时 25 分，嘉盛公司盆地丙 3228－3 采煤工作面回柱时，发生冒顶事故造成 4 人死亡。

（一）工作面简况（见图 6－7）

3228－3 工作面走向 70~150m，工作面平均面长 100m，倾角 15°~30°，平均 22°，煤厚 1.9~4.5m，其中夹石 1~2 层，厚 0.1~0.3m。顶板为砂岩，厚 5.5m，直接顶为腐泥质泥岩，厚 3.4m。顶底板和遇断层有裂隙水，涌水量 0.1~0.3m³/min。切割眼全部未见煤层底板，局部存在托煤顶现象，工作面范围内实见一落差 1.3m 正断层。

采煤方法为走向长壁、后退式、全部垮落法。炮采。工作面支护采用 2.0~2.2m 单体液压支柱，柱距 1.0m，排距 1.2m，与 1.2m 金属铰接顶梁配套，齐头梁正悬臂布置。控顶距 3~5 排，每 7m 布置 1 个木垛，双排托板为特殊支架。

（二）事故前后经过

3228－3 工作面自 5 月 19~27 日由掘进改为亮面，6 月 11~18 日进行初采，上部运

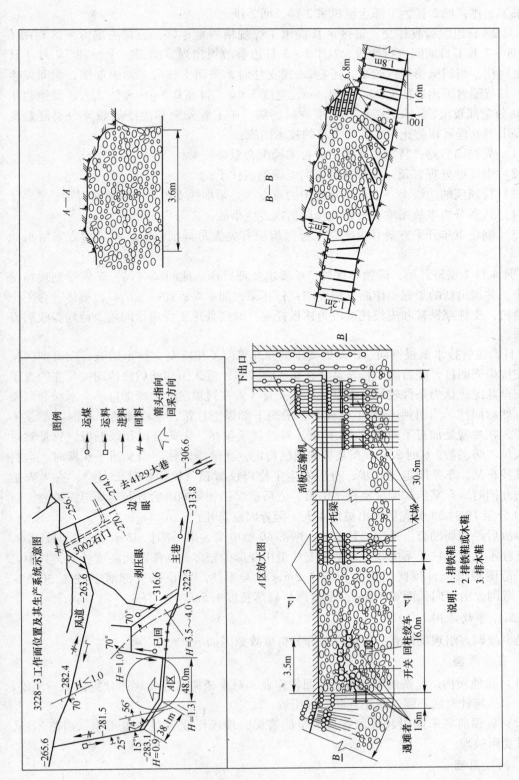

图 6 - 7　1997.7.8 嘉盛公司 3228 - 3 炮采采面回柱冒顶事故示意图

输机采了3排，回2排，下部运输机采2排，回2排。

6月28日组织验收移交，采区区长提出工程规格质量不好，公司决定由采区利用6月29日~7月1日期间进行整改。7月2~3日边整改边出煤，两天一个循环。7月4日准备班回柱，当回至第三台绞车，还差23棵支柱时，采面支柱向老塘侧催倒，瞬间发生冒顶。其范围自下出口往上22.3~31.8m，宽度3.6m，冒高0.8m，埋住3人，经抢救于7时20分全部救出，3人只受轻伤。事故后，局、矿主管安全和生产的领导分别赶赴现场，提出了处理冒顶防止再次发生事故的技术措施：

（1）先加固后路，特别是下出口，打木垛配合双排托梁；

（2）沿煤壁处理冒顶，处理通后再向老塘侧扒柱子；

（3）冒顶区的边缘上、下部位是支护的重点，必须加强支护，严防再次冒顶；

（4）认真分析事故采取有效措施预防再次发生事故；

（5）制定下步开采方案并由矿总工程师组织有关人员详细研究，制定新方案后报局批准。

7月4日2点班开始，区领导按局、矿要求处理冒顶，此间又有局、矿领导到现场检查工作。并提出新的加强工作面支护要求：打托梁，加木垛；加固下出口；解体、移工作面运输机；支柱穿铁鞋和皮板托梁改为铁板托梁。继续处理工程质量问题，待局验收后方可开采。

8日，主管技术员根据局、矿新的要求编制并贯彻了相应安全技术措施。夜班副区长孙某安排采面回柱，经营副区长车某守在第3台绞车，进入工作面后两位副区长先检查了采面安全状况，认为条件较好。车某让孙某安排3人在冒顶区上边缘加打一个木垛和两架托梁，然后回柱。当回到还差11棵柱时，采面下部煤壁片帮，老塘掉渣。此时，车某不让回了，在片帮处加打了两块2.4m托板。对此冒顶预兆，未向公司和区汇报，只是暂时撤离人员，听动静。6时2分，车某见采面已稳定，让继续回柱。当又回了6棵时，运料工张某找车某，车某刚走开几步，身后发生了推垮性冒顶（8日6时25分），有4人被埋，与此同时，车某向矿调度室做了汇报。之后矿、局领导闻讯后赶赴现场组织抢救。自9时40分至18时35分先后扒出被埋4人，但皆因窒息死亡。

事故后经现场勘查：采面斜长86m，两部40型电溜，第一部长48m，第二部长38m，采面支柱不见底，柱子不成线，老塘侧支柱歪扭变形的较多，局部断面高度较低，其中二部溜子范围最低，冒顶区斜上方仅有1.2m，行人不便。冒顶区下部溜子往上30.5~46.5m范围，沿走向采面宽3.6m全部冒严，冒落长度1.5m。

（三）事故原因

经事故调查组现场勘查、取证及综合分析事故原因如下：

1. 直接原因

（1）在地质构造复杂的冒顶区进行回柱作业，对顶板应力分布规律分析认识不准确，安全技术措施针对性不强，现场判断失误所致。

（2）冒顶前兆未能引起现场管理人员的警惕，现场作业人员位置不当，后路不畅，撤离时受阻被埋。

2. 间接原因

（1）该工程摆布不当，亮面、初采时间过长，采面支护质量不好，造成顶板离层、下沉，应力分布异常，矿和区相关领导对此未能认知是主要原因。

（2）局、矿对7月4日发生冒顶事故汲取教训不够深刻，制定技术措施针对性不强，对局领导提出的要求贯彻落实不力；局、公司领导及业务保安部门对提出的安全技术要求督促落实不力。

（3）采煤区有关领导对7月4日冒顶遗留的顶板事故隐患估计不足；回柱时现场指挥应变能力差，出现预兆判断失误，措施不当。

（四）事故剖析

（1）技术人员对工作面的地质条件掌握的很不够，因此制定的作业规程和技术管理工作上出现了明显的失误。如：作业规程规定采煤方法为走向长壁，但现场实际却是伪斜向上。煤层为复合顶板，直接顶是腐泥质页岩，松软破碎，还有局部面不见底，支护方式选择不当，应对不及时，工作面及支柱容易处于悬吊状态，达不到工作阻力失去稳定性，伪斜向上的工作面煤壁方向来压，必然工作面发生摧垮型冒顶。

（2）现场管理的严重性在于首先是没有汲取7月4日教训，以及局、矿领导提出的在处理中防止再次发生事故的几点措施。

对上级领导到现场检查时提出的加强工作面支护、加固工作面下出口继续处理工程质量问题，待验收后方可开采等要求并未落实。

对补充技术措施落实不够。冒顶前曾出现预兆，但并没有引起现场管理人员的警觉，更未采取断然避险措施。

（3）这是一起因技术管理与现场管理工作严重失误造成的责任事故。

（五）为防止类似顶板事故提出的建议

（1）工作面巷道及切眼要沿板布置，切割眼内未见底板范围内必须探清与注明位置。未见底范围全部穿鞋（大小需通过计算确定），有利于保障顶板稳定性。

（2）工作面推采方向以走向方向为主，避免工作面处于仰斜推采。

（3）在复合顶板易于冒落条件下，均宜采用手镐刷顶梁窝，超前挂顶梁，护好上顶后再放炮作业，以缩小顶板暴露时间及其悬顶面积。

（4）面对煤厚不稳定的情况，选择支柱应按最大采高要求配置，一方面有利于顶板管理，另一方面可减少丢煤。

（5）工作面支护布置选择交错式，可超前控制煤壁。

（6）凡工作面未见底和顶板破碎范围，所采用的特殊支护应沿控制线在二排以内平行布置；均打顺板、穿鞋抬板，以增强单体柱的整体性。

（7）工作面遇断层，受其影响范围，应提前编制针对性强的安全技术措施，并认真贯彻执行。

十、马村煤矿"1999.5.22"顶板事故

1999年5月22日23时，马村煤矿采煤四队在113507高档普采工作面发生一起顶板事故，伤亡1人。

（一）事故经过（见图6-8）

1999年5月22日，采煤四队4点班在113507高档普采工作面中巷向机头方向回采。

约23时，距中巷22.9m处移溜过程中，该班班长曹某发现此处有长5m范围内没有打贴帮支柱，支护强度不够，当即安排职工补打贴帮柱。在支护过程中，煤壁区顶板突然来压下沉，造成该处（长5m、宽3m、高度1.0~1.5m）冒落，正在此处检查移溜子的验收员任某在向机尾撤退时，未及时跑出冒顶范围，被冒落的煤矸埋压。事故发生后，班长曹某带领本班工人进行抢救，23日零时20分将任某救出，因伤势严重，经抢救无效死亡。

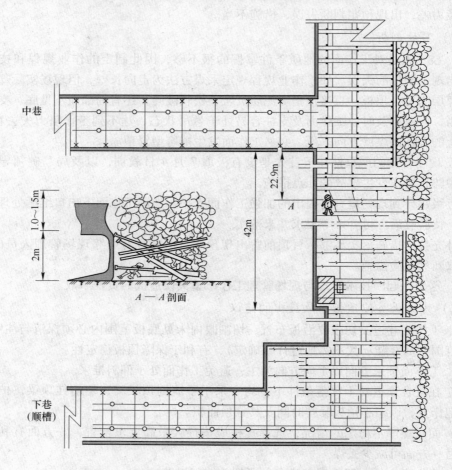

图6-8　马村煤矿"1999.5.22"顶板事故现场示意图

（二）事故原因分析

（1）直接原因：顶煤离层冒落，埋压致死任某。

（2）重要原因：

1）工作面地质构造比较复杂，裂隙比较发育，割煤后没有及时支设临时贴帮支柱，形成局部空顶，造成顶煤离层，导致突然来压发生冒顶。

2）现场管理松懈，班长、质量验收员、安全员没有发挥应有的作用，对支柱迎山无力、初撑力低、无贴帮支柱、支护质量差等重大隐患没有及时督促整改。

3）作业人员安全意识淡薄，违章指挥、违章作业。

（3）间接原因：特殊地段开采无针对性安全技术措施。

（三）事故点评

针对这起事故，可以从以下几个方面来进行分析：

（1）发生冒顶的区域恰在工作面中部地质变化带，没有进行贴帮支护的地段，距离中巷22.9m，矿山压力较大，必须制定相应的安全技术措施，并加强支护。可是，当班在生产过程中，竟然在该处5m范围未进行贴帮支护，形成局部长时间空顶，直到移溜时，方才发现隐患。由此说明，现场人员的防患意识差、责任心不强，对空顶作业可能造成的恶果认识不足；当班班长、验收员对工程质量、现场安全管理、隐患排查不严、不细；支护工的安全自保互保意识差。

（2）该工作面在过中巷期间出现地质变化，无针对性的安全技术措施，无区队干部跟班，说明区队和管理科室对工作面出现的变化重视不够，安全责任意识淡薄，安全技术管理滞后。

（3）劳动组织相对混乱。在补打贴帮柱进行加强维护期间，验收员进入煤壁侧检查移溜情况，不符合《煤矿安全规程》关于劳动组织的相关规定。

（4）事故预防和出现险情时的应急措施不力。在井下作业过程中，作业人员必须处在安全的地点，并清理好退路，无关人员不得进入施工区域。显然，当班验收员的行为不符合此项规定，致使在预防不力的情况下，撤退不及，被冒落的煤埋压致死。

十一、唐山某矿 3137 采面顶板事故

（一）事故概况

2005年2月3日14时25分，唐山某矿采煤九区3137综采工作面下运皮带机头上8～13m处发生冒顶事故，将现场看溜工埋住，经抢救无效死亡。

（二）事故经过

事故当日六点班14时15分，该矿采九区3137综采工作面泵站司机发现边眼第三部运输机机尾拉起卡在第四部机头上，同时第三部运输机司机金某听到运输机有异常响声，就停机检查。金某去找班长，第二部司机和泵站司机到下运皮带机头往上8～3m处理机尾，突然发生冒顶将现场看溜工周某和泵站司机王某埋住，经全力抢救于3日22时将泵站司机救出（左髋骨骨折，两肺创伤性湿肺），4日4时12分将已死亡的看溜工扒出。

（三）事故原因

（1）直接原因。在采用锚杆支护巷道内，当运输机发生故障时，现场工人准备进行处理，突发顶板冒落将2人埋住，经抢救一人脱险，另一人遇难。

（2）主要原因：

1）矿井安全管理存在诸多漏洞，锚杆支护巷道失修严重，但并没有制定针对性维修计划，现场安全确认制度不落实，用锚杆起吊重物未引起各级管理人员高度重视。

2）安全技术培训工作存在漏洞，在采用新工艺施工前，未对有关管理和施工人员进行安全操作技术培训，致使现场人员不清楚锚网支护的标准。

3）技术管理不严不细，对处于向斜轴应力区巷道又受采动影响，锚杆支护损坏、底鼓等情况采取措施不力，导致所采取的支护措施未能起到预期作用。

（四）防范措施

这起事故暴露出锚网支护巷道的技术管理没有跟上，施工地点巷道断面随意扩大，但

没有采取针对性补救措施；没有落实锚网巷道顶板管理要求，对顶板离层没有引起重视；在处理翘机尾故障时没有进行现场安全确认。

如果对扩大断面地点加强支护，按照锚网巷道管理要求执行，在处理故障前首先进行现场安全确认，这起事故完全可以避免。

十二、2008 年 3 月 29 日张家口某矿 6107N 综采面出口冒顶事故

2008 年 3 月 29 日，张家口某矿 6107N 综采工作面上出口巷道尾部发生冒顶埋压，4 人遇难。

（一）发生事故区基本条件（见图 6-9）

工作面位于该矿首采区，6 号煤，厚度 2.6～3.2m，倾角 5°，顶板为粉砂岩 - 砂岩；工作面走向长 842m，采用综合机械化采煤法，顶板管理为全部垮落法。

（二）事故发生过程

事故当日，陆某等 4 人负责回撤工作面上出口靠老塘的戗棚子，在未打新的戗棚前就直接进行回棚作业，造成上顶冒落 4 人被全部埋压遇难。

（三）事故原因

（1）违反了"先支后回"的规定，在未架设第 4 排戗棚前就回撤靠老塘戗棚，造成冒顶事故。

（2）补充措施改变了上端头的支护形式，使支护强度降低，稳定性差。

（3）对 6107N 综采工作面上山开采安全技术措施审查把关不严。

（4）对职工安全教育及培训不到位，规程措施未落实。

（四）事故剖析

在综采工作面发生冒顶导致一次 4 人遇难的重大事故，值得深刻反思。

（1）由 61071 工作面柱状图可知，煤层顶板为粉砂岩、细砂岩，中等硬度，整体性好，属于较稳定顶板。

（2）事故地点处于全工作面顶板管理最薄弱范围，却选择戗棚支护，且采取"随支随回"方式，导致支护能力低，整体性和稳定性差。

（3）工作面上出口附近受采场应力影响，顶板处于极不稳定状态，因此综采端头支护宜为切顶支柱，以达到沿走向将该范围顶板与工作面老空相切开，使其孤立处于上端部范围；另一方面，戗棚随架随回，致使支护能力低，但其上覆岩层处于离层下沉、失稳状态；从工作面煤层底板等高线看，属于上仰回采，工作面对于老塘方向处于受拉动力状态。

综合以上因素，一旦遇到回撤棚子，则易突发巷道尾部附近的冒顶。

（4）综采工作面支护设计，应采用全工作面综采支护，不应在工作面上、下出口范围出现薄弱地段以其他支护形式代替。

十三、某矿 3197 采面回棚子冒顶事故

2012 年 4 月 22 日 11 时 30 分，某矿业公司采二区 13 水平西 1 石门 3197 采面收尾，回撤运输巷拱形棚子时发生冒顶，死亡 1 人。

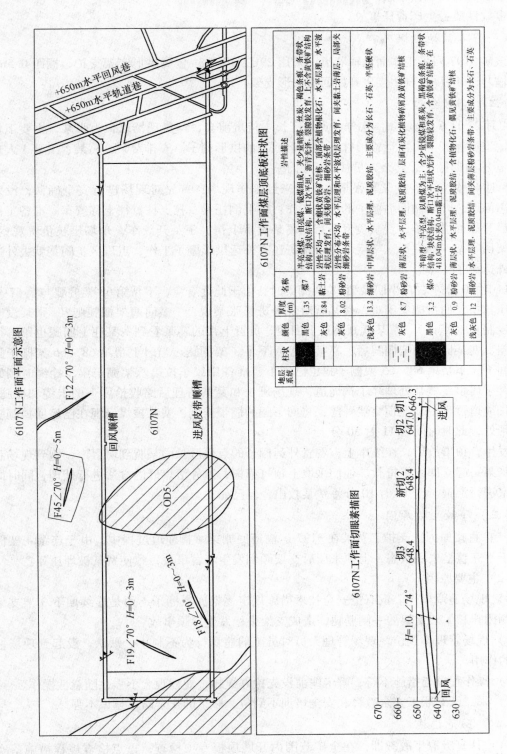

图6-9 张家口某矿 6107N 工作面平面示意图及综合地质柱状图

事故类别：顶板事故。

事故性质：生产责任事故。

（一）事故地点概况

该矿 3197 回采工作面运输巷道，采用 29U、10.4m² 金属拱形支架支护，棚距 0.5m。该运输巷于 4 月 18 日 2 点班开始回撤拱形支架。

（二）事故经过

4 月 22 日 6 点班 4 时 15 分，点班区长主持班前会，当班现场班长为张某，主要工作是运输道回撤棚子，由运输道往石门外运回下的拱形棚子。安排费某、葛某、王某 3 人在 3197 运输道回棚子，其余人员往外运棚子。

6 时 45 分左右，阎某和张某等 4 人来到工作现场，首先对现场进行安全确认，没发现隐患问题，开始做回撤棚子的准备工作：往上倒托梁、打点柱、往上移绞车。准备工作做好后开始回撤棚子，费某负责下帮，葛某负责上帮，王某开绞车，现场班长负责观察。解一架回一架，回完第三架后，由于本班还有外运拱形棚子工作，点班区长阎某就去外边查看外运棚子工作。

11 时 30 分左右，当回撤第 68 架棚梁时，由于此处有弯，下帮第 68 架棚腿与第 67 架棚梁压紧挤，回撤棚梁困难，费某就对现场班长张某说："多回两架棚腿吧？"张某没吱声也没制止（默许）。费某就开始往上回腿。负责上帮的葛某看到费某往上回腿也跟着往上回腿，费某回下两架棚腿后，葛某已经回下了 3 架棚腿。当时上帮第 68～66 架棚子腿已经回下，下帮第 68～65 架棚子腿也已回下，准备用绞车拉第八架棚子梁，拴绳时棚梁上的绊子碍事，费某处理绊子掏绳道，现场班长和葛某清理后路收拾回下的卡缆和棚腿。费某掏绳道过程中，上顶突然冒落，将回下腿的棚子推倒，费某被煤矸埋在已经回掉棚腿的下帮处，此时时间为 11 时 30 分。

发生冒顶事故后，在绞车上方看管外运棚子的点班区长阎某听到垮冒声，跑到现场和班长张某一起立即组织抢救。他们采取上顶打撞楔，往外清煤矸的方法进行处理，同时向调度室进行汇报。至 12 时 10 分将费某救出，但已死亡。

（三）事故主要原因

（1）直接原因。支护工费某在 3197 运输道回棚梁、掏绳道过程中，由于连续 4 架棚子处于不完整呈失稳状态，上顶来压后支架倾倒发生垮冒事故，致使费某被埋压死亡。

（2）主要原因：

1）现场违章操作。没有按安全技术措施规定逐架回撤棚子，而是连续回下 3 架支架的两侧棚腿和 1 架支架的一侧棚腿，造成支架失稳发生冒顶事故。

2）现场管理不到位。现场管理人员对员工的违章行为不制止、默认。没起到现场把关人的作用。

3）操作程序与措施不符，解卡缆前没先检好绳扣，规程观念不强，随意性操作。

4）采二区对职工安全教育和安全培训不到位，职工的安全防范意识不强。

（四）防范措施

（1）认真吸取事故教训，在全矿范围内开展顶板专项检查，重点检查规程措施落实和员工的操作行为，发现问题从重处理。

（2）将近几年顶板事故整理成事故案例，由公司组织对班长以上管理人员集中进行培训，提高管理人员责任意识，尽职尽责把好本班安全关口。由区科负责组织对员工安全培训，让员工认识到违章作业的危害，杜绝习惯做法和冒险蛮干行为，规范操作，自觉按章操作。

（3）严格落实规程措施，规范操作，回撤拱形支架时，要逐架回撤。先拴好绳扣，打齐点柱，解卡缆时要侧身操作防止被螺丝崩伤，回下的拱形梁要用长柄工具捞出，严禁进入没有支架的区域搜梁，观察人员要精神集中，注意观察上顶变化，有问题及时停止工作撤出人员。绞车启动后绳道内严禁人员停留和经过。

（4）加强现场管理。对员工的违章行为和不规范的操作行为要及时制止和纠正。

第二节　采煤工作面其他顶板事故案例分析

一、大隆矿"1981.1.17"顶板事故

（一）事故经过

1981 年 1 月 17 日 16 时 45 分，大隆矿 W17 - 1 S2 炮采工作面回收班班长郝某检查完回收现场，发现中间段顶板有压力不好。他安排 3 组回收，中间段是他和支护工王某、刮板输送机工杨某。回收前郝某告诉王某先打好密集支柱的戗顶子，铁腿子要用木腿替换着回收，然后就去回风顺槽抱木料。王某、杨某打了 3 棵戗顶子，用木桦代替顶子回收，回收到第 6 棵时，王某用大头镐打了 4 下，因顶板压力大铁腿没落，随即又打了一下，铁腿落了，顶板也随之落下，推倒了密集支柱，王某躲闪不及被埋住，扒出后已死亡。

（二）事故原因

（1）中间段回收处，上帮顶板掉顶，用大桦刹顶时没有接顶造成支架不牢，没有初撑力，回收时顶板冒顶，支架没起作用，推倒密集支柱。

（2）回收时戗顶子不合格，没有木梁，顶板来压时，戗顶子不起作用。

（三）防范措施

（1）回采工作面有掉顶处，刹顶一定要接到顶板，要刹严、刹紧。

（2）回收时要打好戗顶子，顶板不好，有推密集支柱危险的地点必须打好戗顶子，戗顶子一定要给木梁，严禁使用铁顶子直接戗在铁支柱上。

二、大隆矿"1981.7.7"顶板事故

（一）事故经过

1981 年 7 月 7 日 12 时 20 分，大隆矿东 - 东五段边切三角点，掘进二队队长苏某和代理技术员阎某，领着工人放完炮后准备出煤，一开耙斗机发现耙斗机的托绳轮坏了，需更换。苏队长安排阎某领着一名工人升井换新的，又安排当班班长康某、副班长邢某带领全班组人员到边切三角点处，因 6 日白班区领导发现边切三角点处的抬棚有压力，为防止出现意外，所以准备在此处再给一架抬棚。当柱窝挖好立腿子时，发现原抬棚的筋木碍事，便将筋木打掉。然后又发现靠右侧腿子后边有一小桦也碍事，副班长邢某用锯锯掉小桦，当小桦被锯掉后，上帮掉煤将抬棚腿打倒的同时，抬棚、插梁、顶板都同时冒落下来，将

康某、邢某、王某等 3 人埋在下面。经积极抢救将 3 人扒出后，王某重伤，康某和邢某当场死亡。

（二）事故原因

现场干部违章指挥，工人违章作业。在安排工人备抬棚时不安排打临时顶柱。备抬棚腿窝挖的比原抬棚腿窝深，抬棚腿形成"吊死鬼"。在打掉筋木和锯掉支护小桦时，没有观察顶板和周围的支护情况。在施工中没有清除周围的杂物，致使事故发生时不能及时退出。

（三）防范措施

（1）加强干部、工人的安全思想教育，施工中严格执行安全规程，操作规程。从思想上、措施上达到安全生产。

（2）凡是抬棚和支护的棚子，严禁用其他物件代替，必须使用合格坑木支护。

三、大隆矿"1982.4.10"顶板事故

（一）事故概况

1982 年 4 月 10 日 4 点班，大隆矿维修队在 E1－E5 段协助运送综采架子时，在工作面四角点往外第 10 架棚子处顶板冒落（长 4.5m，宽 4.2～4.5m，高 4.5～5m）将正在此挖腿窝的维修队副队长张某埋住达 2 小时 50 分钟，使其窒息死亡。

（二）事故经过

4 月 9 日 4 点班（此时综采架子已安装 45 组），往工作面运架子时，因棚梁矮过不去，维修队班长毛某与综采队张副队长擅自决定，将刮支架的棚子两侧打上顶子，将梁锯掉。4 月 10 日零点班，有人反映回风道有压力，刘某小组在距工作面四角点 6m 处给两根刹杆，一头搭在第 12 架、13 架棚梁上，另一头用单体支柱作腿托住刹杆的另一端。4 月 10 日白班（事故前一个小班），何某小组在 11 时左右，队长吕某在现场。此时正往里进的第 1 组支架在四角点往外架棚处卡住了，随即用工字钢梁架住棚梁，两头用单体支柱将第 2 架棚梁支起，架子才能过去。13 时左右，第 2 组支架运到四角点往外第 3 架棚处过不去卡住了，这时维修队工人用单体支柱把棚支了起来。当支架进到第 2 架棚时，因梁上有节子过不去，并且拉架子平车掉道，又把棚腿撞了一下，最后用反滑子将架子车退了出来。队长吕某用斧子将节子砍掉，用单体把棚梁又支了一下，第 2 组架子才过去（前后 3 次活动此处顶板）。4 月 10 日 4 点班，维修队副队长张某带领毛某小组到现场后，发现工作面后四角点外边顶板压力大，决定不进架子，拉底备棚。但综采队张副队长讲本班要进 4 组架子，张某与综采队张副队长决定维修备 1 架棚，综采队进架子，两不误。17 时左右第一组架子已拉到距四角点往外第 10 架棚处，因顶板压力大，架子车无法通过。综采人员把架子从平车卸下来，用移架梁把架子拉了进去。架子过去后，张某、毛某与小组其他人员研究备棚子（此时张某站在四角点往外 4.4m 左侧即第 9 架棚腿前）。这时张某说备完棚子支架一架也进不去了，叫毛某去工作面找综采队张副队长说明一下。毛某去工作面，其余人员去备料，在毛某等 3 人离开 5～6m 时，顶板突然冒落将张某埋住，经抢救无效死亡。

（三）事故原因

（1）领导干部安全意识薄弱。只顾生产，不顾安全，是造成此次事故的主要原因。

（2）此地点顶板压力增大，且又经 3 次活动顶板，造成顶板离层，不但不停止架子进架子处理顶板，还继续强行往里进架子。对隐患不及时处理，一拖再拖，也是导致此次事故的原因之一。

（3）施工现场管理混乱，对危险区域无专职干部负责。事故前明确指示让区干部跟班指挥生产，但维修区没认真执行，仍采用队干部跟班。

（4）自主保安能力差，此处顶板压力明显增大，还在此处停留。

（四）防范措施

（1）加强安全思想教育，提高自主保安能力。

（2）严格执行"不安全不生产"原则，不准带隐患作业。

（3）危险地段必须有专人负责指挥生产，同工人同下同上。

（4）维修巷道必须由外向里逐架进行，并加固相邻的支架。

四、大隆矿"1982.4.22"顶板事故

（一）事故概况

1982 年 4 月 22 日零点班，大隆矿采煤一队 E14 W3 采场作业时发生一起死亡事故。零点班 6 时 40 分，班长王某（死者）与工人刘某、王某分段挂梁刹顶。该处采场顶板破碎，并有一个小断层，顶板抽条。当挂第 4 棵梁时，发现顶板掉煤，刘某、王某 2 人跑出，王某因在上帮刹顶没跑出来，被煤埋住。经抢救扒出后已死亡。

（二）事故原因

（1）自主保安意识不强，安全意识差。

（2）只强调生产，忽视安全。

（3）该挂梁地点有一小断层且顶板破碎，未能及时进行维护。

（4）刹顶时没有专人监护。

（三）防范措施

（1）加强安全技术培训，认真学习"三大规程"。

（2）加强施工现场的安全管理，发现隐患及时处理。

（3）认真执行敲帮问顶制度，处理隐患要有专人监护。

五、大隆矿"1988.6.16"顶板事故

（一）事故经过

1988 年 6 月 16 日四点班，大隆矿 645 采煤队炮采工作面从机头向机尾放炮开帮，当开帮、出煤、推刮板输送机、打正规支柱工作结束后，开始回柱放顶。回柱放顶工作分为 5 组，每组 2 人分段作业。汪某（死者）与王某在第 4 组，回收段长度 10.5m，当安全员胡某在检查放顶工作时，发现汪某负责地段没打戗顶子，督促汪某、王某 2 人补打戗顶子后回收，然后到其他段检查去了。安全员离开后，汪某、王某 2 人仍没打戗顶子继续回收。在 21 时汪某回收最后一颗支柱时，顶板突然来压，将棚子推倒，随即冒落将汪某埋住，顶板冒落面积 3m×2m，冒落高度 2m。事故发生后，现场人员立即组织抢救，22 时 15 分扒出汪某，经现场抢救无效死亡。

（二）事故原因

（1）下帮戗顶子不全，按作业规程规定，下帮一个顶子必须打一个戗顶子。本班回收时，下帮的戗柱没有打全。

（2）死者王某不按作业规程要求去做，违章作业，是发生事故的主要原因。

（3）安全员现场发现隐患后，没有在现场亲自督促整改。

（三）防范措施

（1）个别职工有章不循，没有严格执行作业规程和有关规定。

（2）加强工作面质量，打齐戗顶子和临时支柱，做到回收前每一柱一戗。

（3）加强干部、职工安全思想教育，树立安全第一的思想，严格按"三大规程"要求去做，保证工作面质量。

（4）杜绝"三违"，确保安全生产。

六、大隆矿"1988.10.11"顶板事故

（一）事故概况

10月11日白班，大隆矿采煤队采煤工霍某与另外两人一组，回收工作面回风三角点支柱。该工作面为炮采面，采用0.8m顶梁，2.3m支柱，见四回一。9时15分，当霍某用大头镐回工作面后三角点最后一排靠里的一棵支柱时，柱锁刚刚打缩后，顶板突然冒落将其埋在底下，其他两人随即组织抢救，9时25分将霍某扒出，抬到地面经抢救无效于10时45分死亡。

（二）事故原因

（1）该工作面断层较多，由于断层的影响，回顺三角点第三排支柱打在斜坡上，当顶板来压，第三排支柱下滑，失去支撑能力。

（2）回收作业前没打戗顶子。

（3）作业人员在回收作业时，后退路线有障碍物。

（4）回收敲打柱锁时用力过猛。

（三）防范措施

（1）加强职工安全思想教育和安全技术培训，严格按作业规程和操作规程去做。

（2）当工作面地质条件发生变化时，应及时制定补充措施，加强支护质量。

（3）杜绝作业中的"三违"行为和不正确的做法，提高职工作业中的自主保安能力。

七、小青矿"1989.3.24"片帮事故

（一）事故经过

1989年3月24日下午3时，小青矿综采队副队长赵某跟班，主持了班前会，班前会上首先强调了安全生产和加强工程质量，接着讲了上个班的情况：工作面机头还有6块板的炮没有放，18块板的煤没外运，刮板输送机坏了正在处理，之后带班班长孙某分工下井。

入井后，一部分人配合2班处理刮板输送机，一部分人待命。副队长赵某和班长孙某检查工作面的情况，经检查除发现过渡段后边硬帮上有点伞檐外，没有发现其他情况。这

时刮板输送机已修好，撤出人员准备放炮，放完炮后，开始挂梁子出煤。在出煤过程中，第一组李某发现有漏炮，便告诉孙某，孙某布置放炮员重新放炮。刮板输送机停机，放炮员冯某把炮放完后警戒解除。孙某走到机头检查发现还有一炮漏掉并告诉放炮员继续放了，同时告诉李某把崩倒的顶子扶起来。这时另一组3人方某、肖某、刘某等着干活，当时刘某坐在距刮板输送机边300mm左右的地方面向硬帮，肖某坐在距刘某1m远的地方，抱着锹面向老塘背靠硬帮坐着，右肩前有一棵顶子。当坐下3～4min，刘某发现靠机尾方向开始片帮掉煤，马上就站了起来，肖某坐的地方也跟着片帮掉煤，有一个大约400～500mm的大块砸在他的腰臀部，将肖某埋住。

事后经现场调查，在机头方向向里30m处出现7m长的片帮，片帮的地段共有5棵临时柱，片帮后推倒了4棵（其中1、2、3、5棵被推倒，第4棵顶子没倒），肖某正被埋在第4棵顶子下侧，右肩顶在第4棵顶子上呈半坐式，铁锹压在右大腿下，锹把压在右臂上，抢救出时已死亡。

（二）事故原因

（1）职工队伍人员新、素质差，缺乏自我保安能力。

（2）工作面空顶时间长，造成煤壁松动片帮。

（三）防范措施

（1）加强对职工的安全思想教育和安全培训工作，增强职工安全技术业务素质，牢固树立起安全第一的思想，提高自我保安能力。

（2）严格执行"三大规程"，加强对顶板的支护质量，认真做好"敲帮问顶"和防片帮工作。

（3）强化现场的安全管理，对空顶时间较长的地段必须采取有效的措施，防止类似事故的发生。

八、小青矿"1989.7.28"顶板事故

（一）事故概况

1989年7月28日11时，在小青矿S1N02号采煤工作面距机头16m处，开帮放炮撬完煤后，支柱工任某同另一工人在翻打上帮临时支柱时，顶板落石（1000mm×700mm×250mm）砸在任某的背部和左腿上，造成多发伤、肝破裂、创伤失血休克，经抢救无效死亡。

（二）事故原因

（1）死者任某没有按照作业规程和操作规程的规定进行作业，没有进行先打后翻，违章作业。该人入矿只有5个月，安全技术素质低，自主保安能力差。

（2）事故发生地点煤壁的上部有落差0.25m的小断层，顶板比较破碎。

（3）跟班队干部发现此处险情后虽有安排，但没有在现场指挥，没有采取具体的安全措施。

（三）防范措施

（1）加强安全思想教育，树立安全第一的思想，做到不安全不生产。

（2）对职工特别是新上岗职工要加强安全技术培训，提高工人的安全技术素质和自

主保安能力。

（3）教育工人严格按照作业规程和操作规程作业。

（4）在遇有顶板破碎、危险地段作业时，队干部必须亲自在现场指挥作业。

九、大明一矿"1989.8.27"顶板事故

（一）事故经过

1989年8月27日夜班，大明一矿611采煤队支柱工董某和刘某负责回收上班留下的5棵支柱。3时许，5棵支柱已经回出4棵，当回收第5棵支柱时，由于顶梁被顶网包住，此时，董某违章作业，将顶网剪开200mm后将顶梁回出。这时，顶板发生漏矸石，刘某开始清矸石，清完矸石后于3时7分走出现场取料。当刘某刚刚走出四五米时，听到董某大叫，发现董某被顶板突然冒落的矸石埋住。后迅速组织人员清矸石，于3时55分将其扒出，但已窒息死亡。

（二）事故原因

（1）回收工董某回收时违章将顶网剪开200mm，致使回收后顶板发生漏矸石，是造成事故的直接原因。

（2）同董某一同回收的工人刘某对董某违章剪网不加制止，是造成事故发生的间接原因。

（3）当班跟班干部对上班余下的5棵支柱的回收工作重视不够，现场管理不到位，也是造成事故发生的原因之一。

十、大隆矿"1990.5.12"顶板事故

（一）事故概况

1990年5月12日，大隆矿采煤工作面，4点班郭某某和郭某被分配到该工作面距机头38.5m处出煤。因上班放炮后罐笼装满只出完48m，还有22m煤没有出完无法打正规支柱，并有3棵顶梁没有铰接，只在一棵端头打了一棵临时支柱。郭某某先维护一下自己分段处，就用大头镐敲铁腿准备挂梁，柱腿缩后顶板掉下一块锅底状的自滑面石头（长1.3m，宽1.2m，厚0.4～0.6m），郭某某因躲避不及时被压在下面，因头部伤势较重，抢救无效死亡。

（二）事故原因

（1）放炮后空顶的时间较长，面积较大，并且没挂铰接顶梁打临时腿支护。

（2）带班队长陆某安全观念淡薄，对事故隐患没能及时发现和处理。

（3）死者郭某某违章作业，没按作业规程作业，翻临时支柱前没有敲帮问顶，没有执行先打后翻的原则。

（三）防范措施

（1）认真落实局部炮采工作面顶板管理的相关规定，加强采场工程质量管理，严格按作业规程施工，严禁违章作业。

（2）认真执行敲帮问顶制度，作业前要认真检查作业地点的顶板支护及安全状况，发现问题及时处理。

（3）认真执行作业规程的各项要求，在改柱作业时，要做到先打后翻。

（4）加强职工的安全教育和安全技术培训，提高职工的安全意识和安全素质。

十一、大隆矿"1991.2.11"顶板事故

（一）事故经过

1991年2月11日白班，大隆矿采煤队，在西一北六段回采工作面正常生产。9时50分在前缺口处作业的3人祁某、赵某、陈某在前缺口机头上方第一排铰接顶梁挂梁处挂梁打腿。此时工作面刮板输送机拉出一块矸石（长600mm、宽400mm、厚100mm），将机头第二排超前支护的铁腿挤倒，造成铰接顶梁掉落，从而造成前三角点处顶板冒落。冒落范围为长3300mm、宽4000mm、高2000mm。将正在挂梁作业地祁某和在缺口处出煤的赵某埋住。经积极组织抢救，于11时5分将冒落区内的祁某和赵某扒出。但因两人伤势过重，抢救无效死亡。

（二）事故原因

（1）职工安全意识淡薄，自我保护能力差。替换棚时违章作业，前缺口第一架棚子挂完梁子后，只打一个腿，在没有加水平楔子，前端没打支柱的情况下，撤掉原顺槽左侧两个棚腿，造成原顺槽棚梁正悬臂支护。

（2）工作面机头距前缺口第3排超前支护顶梁只有300mm高，工作面输送机头处漂链造成积货，拉出的大块将第3排超前支护的铰接顶梁挤倾斜，大块矸石进入运输顺槽刮板输送机后，将第2排超前支护的铁腿挤倒，顶梁掉落。在顶板压力的影响下，正悬臂处冒落后推倒三角点的支护造成冒顶。

（3）前缺口放炮出完煤之后挂梁、打腿不及时，从而造成这起亡人事故。

（三）防范措施

（1）进一步加强采场的工程质量和前后三角点工程质量的管理，严格按作业规程施工，严禁违章作业。

（2）作业前认真检查作业地点的顶板支护及安全状况，发现问题及时处理，确保不安全不生产。

（3）认真执行"三大规程"，尤其是作业规程中的各项要求，在翻棚时，要做到先挂梁，后翻棚，翻棚后立即给上正规支柱。做到不安全不生产，杜绝违章指挥，违章作业。

（4）加强前后三角点安全出口的管理，两巷支护高度不得小于1.6m。对工作面刮板输送机漂链和拉出的大块矸石要及时处理，防止类似事故的发生。

十二、小青矿"1991.10.19"片帮事故

（一）事故经过

1991年10月19日白班，队长张某主持班前会。他强调，从今天开始到月末，按矿里要求平均日产要确保400t，同时要求要保证采场工程质量，要注意安全。然后由班长马某分工，厚某被分工攉煤，于是大家更衣入井。入井后，工作面机头余15块板，于9时开始放炮，机头15块板干完后又从机尾开始放炮。放炮后本班班长马某将帮、顶检查一遍，发现距机尾38.6m处即厚某的作业地点有片帮的危险，就进行了处理；但是，由于

尚未攉煤，煤大量堆积，无法再进行处理，班长马某就干别的活去了。厚某在煤将要攉完处理有片帮危险的煤壁时，由于处理方法不当，退路选择不正确，在发生片帮躲闪时，头部撞到单体支柱三用阀上，横仰卧在刮板输送机上，双脚被片帮大块煤压住（煤块长1.5m、宽0.65m、厚0.65m）。在他身边作业的李某和王某立即打信号停刮板输送机，副队长王某立即组织大家把厚某的双脚从大块煤下扒出，送到医院经抢救无效死亡。

（二）事故原因

（1）在此处攉煤作业的厚某已发现煤壁有片帮危险，但在处理时，由于方法不当，退路选择不正确，未能做到自主保安。

（2）班长在检查帮、顶时发现该处有片帮危险，也进行了处理，但没有留下来在厚某攉煤过程中进行彻底处理和监护，没有彻底消除安全隐患。

（三）防范措施

（1）对职工继续加强安全思想教育，进一步提高安全意识。

（2）对不安全隐患要做到处理及时、彻底，不留后患。

（3）加强自主保安教育，严格要求工人按操作规程进行作业，提高工人的技术素质，提高自我防范能力，坚持"不安全不生产"的原则。

十三、小康矿"1992.7.28"顶板事故

（一）事故经过

1992年7月28日，小康矿二班综采一队准备安装26号、27号两组支架。约20时左右26号架安装完毕，27号架组装窝子也已经开好，并架设了2架抬棚刹了木桩、轨道做临时支护，但顶部没有刹严，大部分仍处于无支护裸露状态。21时20分李某等6人向26号架串刮板输送机板，准备对26号底部刮板输送机。当运到27号架已开好一窝子处时，从窝子顶板滑面处落下一块1100mm×600mm×800mm的岩块，正砸在李某的头部，造成李某当即死亡。

（二）事故原因

（1）造成这起事故的直接原因是空顶作业。

（2）李某等人安全意识差，缺乏自主保安能力。

（三）防范措施

（1）加强职工思想教育，提高安全意识。

（2）坚决执行"不安全不生产"原则。

（3）严格执行公司、矿有关顶板管理的规定。

十四、大兴矿"1992.11.15"片帮事故

（一）事故概况

1992年11月15日白班，大兴矿掘进二队处理北一采区403工作面回风顺槽吊装硐室，准备维护帮顶。工长邱某、班长孙某蹬上棚梁观察帮顶，这时发现帮顶有响动掉碴，邱某贴着帮撤出，孙某跳入棚下，上帮片落的岩石把棚推倒，将孙某埋住，经

抢救无效死亡。

（二）事故原因

（1）由于巷道受断层影响，帮顶破碎，右侧有隐蔽滑面无法发现，是造成这次事故的主要原因。

（2）班长孙某工作经验不足，观察帮顶时没有考虑退路，躲闪位置不当，也是这次事故的一个原因。

（三）防范措施

（1）在处理帮顶时，首先要认真仔细观察帮顶，并选择相应的安全退路，然后才能进入观察。

（2）要对全矿职工进行一次安全思想意识的再教育，树立"安全第一"思想，增强自主保安能力。

十五、大隆矿"1994.1.4"顶板事故

（一）事故经过

1994年1月4日5时40分，大隆矿西一采区715采场在推移刮板输送机过程中，作业人员王某、孟某推到45m时，推溜器活塞杆全部推出后，刮板输送机没有到位。他们采取用一根摩擦金属支柱做加长杆，将推溜器顶在这根支柱锁上，摩擦支柱的活柱一端支在下帮第2排一根支柱下部。孟某用双手扶着中间推溜器与支柱柱锁的接触部位，王某压推移杆，当推溜器产生压力时，中间接触部位突然向右滑移，当即将第一排正规支柱扫倒，造成顶板冒落，将王某、孟某埋住。全力扒出后，王某和孟某已死亡。

（二）事故原因

（1）受断层影响，顶板不好。

（2）违章作业，违反操作规程，用摩擦支柱作加长杆，造成接触部位不稳压，摩擦支柱滑动，扫倒棚腿，造成冒顶。

（3）有个别金属摩擦支柱初撑力不够。

（4）没有观察顶板与附近支架的变化情况。

（三）防范措施

（1）加强"三大规程"的学习，提高职工安全生产意识。

（2）加强培训，提高职工自我保安的能力。

（3）狠抓采场工程质量管理。

（4）坚决杜绝"三违"现象的发生。

十六、大隆矿"1994.1.7"顶板事故

（一）事故经过

1994年1月7日23时25分4点班，大隆矿队安排班长王某和7名工人去北二708继续回收剩余的21架工字钢对棚，队又安排工长白某去现场指挥。当回收完9架棚子后，开始向外爬回柱，并稳牢后，将回收点的一个滑移底座往外拉，但拉到老巷道口8m处

时，遇有一棵金属摩擦支柱的中心顶子过不去。工人李某准备将此顶柱翻掉，他先观察顶板没有发现异常，使用大头镐打了两下支柱的柱锁，支柱没动。此时，白某让大家都闪开，自己站在对棚里侧用大头镐打了一下柱锁，但支柱还没落下，他又打了一下，这时支柱突然回缩后棚梁也落下来，顶板跟着冒落，并将白某埋在下面。班长王某和现场人员立即抢救，20min 后运往医院经抢救无效死亡。

（二）事故原因

（1）施工作业人员在几次打柱锁，没有打动的情况下，本应该注意顶板有压力而采取有效地加强顶板支护的措施，他们不但不如此，反而强行缩柱，安全意识差，违章作业，最终造成顶板冒落事故。

（2）施工人员在翻打中心顶柱前，没有先备棚或再打一棵替补支柱护好顶板，造成冒顶亡人事故。

（三）防范措施

（1）施工前作业人员要认真组织贯彻学习施工项目的安全措施和规程，并在施工中严格执行，杜绝"三违"现象的发生。

（2）在翻打中心顶柱和翻棚时，必须先备棚或打好替补支柱，翻打前必须检查好顶板及附近的支护情况，人员必须撤到安全区域内，方可作业。

十七、大明一矿"1994.1.10"顶板事故

（一）事故经过

1994 年 1 月 10 日白班，大明一矿掘进队 102 班班长张某等 5 人回收东三西四段运输顺槽的铁棚，入井作业前贯彻了口头安全措施。入井后，班长张某违章指挥人员从外向内回收（违反措施由内向外回收的规定）。10 时 20 分，当回收到第 4 架棚时，张某安排 4 名工人到料场运料，自己留在现场加固木棚。10 时 40 分，当 4 名工人运料归来，发现现场发生冒顶，并将张某埋压在内，便立即组织人力抢救，于 11 时 45 分方将其扒出时，张某已窒息死亡。

（二）事故原因

（1）班长张某安全意识差，违章指挥，是造成此起事故的主要原因。

（2）张某在无人监护的情况下一人作业，也是造成此起事故的主要原因。

（3）队领导平时对职工安全教育不够，且回收作业时无书面措施，是此起事故的间接原因。

十八、晓明矿"1995.1.3"顶板事故

（一）事故经过

1995 年 1 月 3 日零点班，晓明矿北一采区东九段四层综采工作面采煤机运行到 80 号支架处时，采煤机牵引部发生故障。白班检修班包机组长王某等 4 人到达工作面后，准备打开采煤机牵引部上盖进行检查，这样需要到工作面上帮作业，此处采高为 2.55m，支架的护帮板打不起来，所以支架与工作面煤壁之间有 0.9m 的空顶。王某用手锤敲了几下顶板，认为顶板没有问题，因此就没有按照作业规程规定采取临时护顶措施，就与董某站在

煤壁和采煤机之间准备打开采煤机牵引部上盖。但这时，突然从顶板落下一块长 2.4m、宽 0.6m、厚 0.25m 的岩块，砸在王某的头部，经抢救无效死亡。

（二）事故原因

（1）包机组长王某在工作面上帮作业时，没有采取临时护顶措施，空顶作业，是发生事故的直接原因。

（2）作业人员安全意识差，自主保安能力不强，存在侥幸心理，冒险作业是发生事故的重要原因。

（三）防范措施

（1）加强对综采工作面的顶板管理，严格执行作业规程，杜绝空顶作业现象。

（2）切实加强对全体职工的"三大规程"和自主保安教育，提高整体安全意识。

（3）强化作业现场的安全监督检查，及时消除不安全隐患，制止"三违"行为。

十九、大隆矿"1995.4.11"顶板事故

（一）事故经过

大隆矿东二 706 采场当时已推进 120m，支架煤层顶板为 1.5m 厚泥质胶结页岩，且该顶与细砂岩之间有 0.1m 厚煤线随采随落。4 月 10 日开始明显周期来压，煤帮超前片落并超前冒顶，在 44 号支架至 46 号支架处超前 3m。

为了控制顶板恢复生产，4 月 11 日工人路某等 4 人对 44 号至 46 号支架前冒顶处进行刹顶控制顶板。44 号、45 号支架前顶板刹完后，在刹 46 号支架时，路某站在浮煤上用铁锹对帮顶捅了捅，找了找浮石，然后支设了 2 架棚子和 2 棵木排。13 时 30 分，在上第 3 棵木排时，路某在先，其他 3 人在后抬一棵 4m 长的圆木往上举。这时从帮顶片掉下一块 660mm×400mm×200mm 的岩石，打在路某头部前额处，前额骨塌陷，在送往医院的途中死亡。

（二）事故原因

（1）没有认真执行敲帮问顶制度，在刹顶时只是路某用铁锹捅了捅浮石，没有真正把隐患排除，致使作业时落石发生事故。

（2）在刹顶作业过程中，队干部也在现场，没有认真检查隐患，便组织作业，在作业时又没有认真进行监护。

（3）职工自主保安能力不强。

（三）防范措施

（1）严格执行敲帮问顶制度，隐患未排除之前不得作业。

（2）在处理冒顶作业时，要认真执行作业规程规定，防止突发事故发生，刹顶作业前要选择好退路清理好脚下杂物。

（3）加强对职工的安全技术培训，增加职工的安全意识和自主保安能力。

二十、大兴矿"1996.11.7"顶板事故

（一）事故经过

1996 年 11 月 7 日白班，大兴矿综采准备队在南一 702 工作面清煤，打靠帮顶子，护

顶作业。中午12时左右，队长董某在检查工作面时，发现91～93号架间煤壁片帮严重，便安排班长李某抓紧打两个临时顶子。李某接到任务后马上带领工人殷某在93号支架前做打临时顶子准备工作。同时李某把帮顶找了一遍，并将一个小伞檐和碎石用撬棍撬了下来，看没有问题后，就让殷某挖柱窝。12时20分左右，当殷某正弯腰挖柱窝时，93号架前梁与煤壁间顶板抽条，掉下一块1.7m×1.0m×0.3m的岩块，砸在殷某的腰背部，将其面朝下砸倒，着地时腹部垫在另一岩石块上，造成腹部与内脏严重损伤，经抢救无效死亡。

（二）事故原因

（1）该工作面使用的ZY－5600型液压支架，其工作阻力不足，护帮板强度不够，不能有效地支护煤壁，属半空顶状态。虽然采取了打靠帮点柱超前支护措施，仍不能有效地控制顶板，是造成顶板抽条砸人事故的直接原因。

（2）班长李某和工人殷某现场经验不足，自主保安能力差。在片帮处作业，只简单地处理一下顶板碎石和伞檐，没有认真检查顶板是否离层，在无人监护的破碎顶板下施工是造成事故的主原因。

（3）使用ZY－5600型支架进行大采高开采，在该矿属首次，对大采高顶板活动规律掌握不够，缺乏经验，工作疏忽大意是造成事故的间接原因。

（三）防范措施

（1）认真吸取事故教训，教育全矿干部、工人牢固树立"安全第一"的思想，强化安全教育，增强自主保安意识，按规程要求作业，坚决做到不安全不生产。

（2）严格现场管理，对现有的液压支架要加强维护，初撑力要达到规定要求，控制顶板下沉量和煤壁片帮，机道侧作业要认真检查顶板，并采取安全可靠的护顶措施，严禁空顶作业。

（3）强化职工安全技术培训，提高职工技术素质，掌握大采高工作面的顶板活动规律，采取切实可行的顶板管理方法和防止事故措施，确保安全生产。

二十一、晓明矿"1997.8.14"顶板事故

（一）事故经过

1997年8月14日白班，晓明矿维修一队一班的工作是在S3404运输顺槽开始拆T型金属棚，架设木棚3架。4点班班前会上，班长都某安排焦某小组7人接白班继续进行拆换支架工作。并强调，在拆棚之前要把上山方向的3架棚（背板对棚）每侧打上一根戗顶子，并打牢固，然后再翻一组对棚，架一架木棚，同时贯彻了作业规程。

焦某带领该组人员到作业地点后，观察前后支护没有发现问题，便叫李某等5人去运料，他和副组长王某开始翻架棚。木棚架完后，焦某在上山方向右侧刹顶，金某负责递木样，王某在上山方向左侧刹顶，李某等2人负责递木拌。在顶板就要刹完时，李某发现顶板掉渣，便大喊"不好，快撤"，随即就向上山方向跑去，同时听到身后"轰"的一声，冒起一股烟，顶板冒落，9架棚子被推倒，冒落范围为7.0m×3.8m×2.3m。在清点人数时，没有发现焦某和王某，江某立即向矿调度打电话汇报，经局矿领导会同干部、职工奋力抢救，至24时将2人先后从冒顶区扒出时，均已死亡。

（二）事故原因

（1）施工人员没有按要求对上山方向的3架棚打戗顶子，违章指挥并违章作业是事故的直接原因，也是主要原因。

（2）对在特殊地点施工从队领导到工人都没有引起高度重视，没将该处作为安全工作的重点，管理、检查不力。

（3）作业规程编制不认真，贯彻不严肃。规程中对有坡度的巷道施工防止支架倾倒的安全措施不够具体，缺乏针对性。

（三）防范措施

（1）认真吸取事故教训，教育全矿干部、职工牢固树立"安全第一"思想，消除松懈麻痹思想，强化质量标准化意识，坚决执行"不安全不生产"原则。

（2）加强技术管理，定期对在用的作业规程和安全措施进行全面复查，凡是与施工现场实际不符的一律重新修改补充，切实起到指导施工、保证安全的作用。

（3）严格现场管理，加强工程质量，严格监督检查，凡是与规程不符的一律停止施工。

（4）加强职工培训，不断提高职工的安全技术素质和自主保安能力。

二十二、南桥煤矿"1998.5.4"顶板事故

（一）事故概况

1998年5月4日早班，南桥煤矿采煤二队在14510工作面机头施工缺口，发生冒顶事故埋压2人，1人脱险1人死亡。

（二）事故经过（见图6－10）

1998年5月4日，南桥煤矿采煤二队早班班长王某带领李某、冼某施工14510工作面机头缺口。3人进入工作面机头缺口做好准备工作，布置炮眼完毕。这时工作面其他人员已经收工升井，按"作业规程"应该边放炮边维护顶板。但他们并没有按规程要求去做，而是将装好的炮一次性放完，并违章在大面积空顶下擩煤。由于空顶时间较长，顶板上一块长2m、宽1m、厚50～300mm的石块突然冒落，将正在擩煤的李某、冼某当场埋压，经抢救冼某脱险，李某不幸死亡。

（三）事故原因

（1）直接原因：空顶作业，发生冒顶事故。

（2）重要原因：

1）大面积（4.7m×2m）空顶，班长王某违章指挥，工人李某、冼某违章作业。

2）盯面安监员南某擅离职守，工作责任心差，使现场失去监督管理。

（3）间接原因：

1）"作业规程"及安全技术措施贯彻不力，安全教育抓的不够，职工"安全第一"思想树立的不牢。

2）现场管理松懈，管理人员责任心不强。

（四）事故点评

这起事故首先是在没有严格按照作业规程要求施工的情况下发生的。班长王某身为生

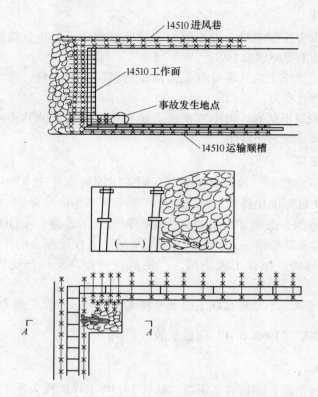

图 6 – 10　南桥煤矿"1998.5.4"顶板事故现场示意图

产现场的安全第一责任者，应该知道"三大规程"中"严禁空顶作业"的规定。可是王某却为了提前完工，进行违章指挥，使李某和冼某在大面积空顶的条件下，冒险作业，导致冒顶伤人。同时，《煤矿安全规程》规定：职工有权制止违章作业，拒绝违章指挥。而李某和冼某在接受违章指挥时，对自己应有的权利不明确，没有有效地行使自己的权利。由此说明，该矿在对职工的日常安全教育方面存在严重漏洞，对职工的安全教育和培训抓的不严、不细、不全面。

　　这起事故发生在其他人员已经收工升井以后，即交接班这个特殊时段，作业人员心理慌张、注意力不集中、情绪急躁，极易出现误操作和违章行为。这就要求我们必须加强交接班期间以及其他特殊时段的安全管理，制定并严格执行交接班安全管理制度。

　　盯面安监员组织纪律性不强、素质差，在现场的安全监督检查不力。在盯面范围内有人员作业时，安监员必须盯面在现场，对出现的任何隐患有督促整改、落实的责任，对出现的任何"三违"，有制止、处罚的权利。而该盯面安监员提前离岗，使隐患和"三违"行为没有得到及时有效遏制，从而导致事故发生。

二十三、小青矿"1998.8.30"顶板事故

（一）事故经过

　　1998 年 8 月中旬以来，小青矿 W1W707 工作面伪顶逐渐增厚，压力大、顶板破碎。8月 30 日白班，采煤机从 60 号架向机尾推进至 88 号架时，75 号至 85 号支架之间发生冒顶。冒顶高度1~2.5m、宽2m左右。队长王某组织人员运料刹顶，安排工长段某带领部分维护前后头人员，在81~85号架处刹顶。班长孙某带领另外维护前后头人员，在81~85号架处刹顶。15时左右，大部冒顶区已刹完顶。因木料用完，队长王某安排大部分人员去运料，部分人员休息。15时25分左右，孙某、王某、周某3人在运顺，用完班中餐后回到工作面。周某去到85号架下加固木垛。孙某、王某来到79号、80号架下，孙某手拿大头镐，向煤壁看了几眼，就越过刮板输送机，在手扶80号前梁观察顶板时，突然"轰隆"一声，顶部掉下几块矸石。王某急忙闪开后，发现孙某趴在了刮板输送机上，一块500mm×100mm×200mm矸石，压在孙某的腿上，一块1000mm×400mm×500mm矸石，将孙某的头部挤在刮板输送机沿上。王某当即喊来工友搬开矸石，将孙某救出进行抢救。因孙某已重度颅脑挫裂伤、左肱骨骨折，经抢救无效死亡。

（二）事故原因

（1）孙某本人安全意识不强，在无队干部安排、监护的情况下，违章擅自进入空顶下作业是事故的直接原因。

（2）伪顶厚，顶板破碎，压力大。在周期来压时没有采取防止冒顶的相应措施，造成冒顶，是本次事故的主要原因。

（3）处理冒顶时，执行安全措施不严格，接近完工，急于干完，忽视了安全。"安全第一"的思想不牢，是本次事故的根本原因。

（三）防范措施

（1）严格采场管理，在伪顶厚、顶板破碎情况下，采取打锚杆、锚索等有效的防冒顶措施；周期来压时，控制好顶板，防止冒顶，不留隐患。

（2）一旦发生冒顶，处理时要严密组织，统一指挥，严格执行"一工程一措施"，把安全措施贯彻到每个职工。

（3）加强安全思想教育，不断提高职工的技术素质和操作技能，增强自主保安能力。

二十四、朱家河煤矿"1999.11.6"顶板事故

1999年11月6日凌晨2时21分，朱家河煤矿采一队11501工作面机尾5m处发生顶板事故，致1人伤亡。

（一）事故经过（见图6-11）

1999年11月6日零点班，采一队跟班副队长安排张某等3人在机尾茬作业，当机组在机尾割煤后，张某等3人进行移主梁，打贴帮支柱，移溜子时煤壁侧有浮煤，张某即进入煤墙侧清理浮煤。2时21分，顶板突然来压，推倒支架，顶煤（7.0m×2.5m×1.5m）随之垮落，将张某埋压，经全力抢救无效死亡。

（二）事故原因分析

（1）直接原因：顶板来压推倒支架，顶煤冒落将张某埋压致死。

（2）主要原因：

1）工作面煤层结构复杂，节理发育，顶板松软、破碎，难支护，且11501开切眼于1995年底形成，已放置4年，加之多处冒落，虽经处理，但顶板完整性被破坏。技术措施针对性不强。

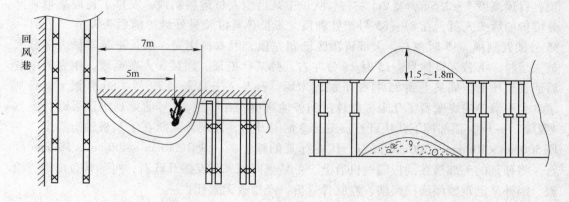

图 6－11　朱家河煤矿"1999.11.6"顶板事故现场示意图

2）职工违章作业，操作不规范。

3）隐患处理不及时，支护质量差，现场管理不到位。

（3）间接原因：

1）职工安全教育不够，"安全第一，预防为主"的方针树立不牢，"自保互保"意识差。

2）没有严格执行业务保安制度。

3）新工人较多，技术素质差，施工组织不细致。

（三）事故点评

这起事故发生在朱家河煤矿刚刚试生产的第 6 天，在这起事故中，假如我们能够做到以下几点，就能够避免此次事故的发生：

（1）在初采前进行严格验收，及时了解巷道的围岩、支护等状况，发现不安全情况，及时根据现场实际情况制定有效的安全技术措施，并认真落实。

（2）加强对新工人的教育和培训，增强职工的自主保安意识，规范职工在现场的实际操作程序，并能够做到对周围顶板、支架、煤壁等情况的随时观察，发现顶板来压能够及时撤退。

（3）提高现场管理人员的总体水平及安全意识，随时注意观察作业地点周围环境，发现顶板来压、煤壁片帮能够及时撤退作业人员。

二十五、某矿顶板事故案例分析

（一）事故经过

2001 年某月某日夜班，某矿综采队在某工作面生产，接班后，班长安排陈某和李某在机尾负责端头维护及回料工作，采煤机割完两个机尾后，2 人进行回密集处单体，李某在一旁监护、观察顶板，陈某进行回料。当在回贴上帮单体时，上帮煤壁突然折帮，将陈某及其所打单体全部扑倒埋住。班长立即组织现场工作人员进行抢救，并汇报调度室。凌晨 5 时 15 分，陈某被扒出，但因被单体支柱挤压造成窒息死亡。

（二）事故原因

（1）由于 2235 工作面上帮受 2233 工作面采空区影响，上部压力较大，在陈某回撤贴帮柱时，违章进入护身点柱外操作，并在操作前未进行敲帮问顶，由于煤壁片帮，将陈某埋住，导致窒息死亡。

（2）现场作业人员安全意识淡薄，自保互保意识差，附近作业人员监护不力。事故职工违章进入危险区域作业，附近作业人员没有有效制止。

（3）现场管理不到位。现场施工时，管理人员没有按照作业规程的规定对作业地点进行加密护身支柱，支护质量差。

（三）防范措施

（1）认真吸取此次事故的教训，按照事故处理"四不放过"的原则，从导致事故发生的各个因素深刻反思；全面落实安全生产责任制；要举一反三，查找和有效消除事故隐患，避免类似或其他事故的发生。

（2）加强顶板管理，完善劳动组织，进一步明确各工种岗位安全生产责任制。严格落实"三大规程"在现场的实施，杜绝无支护、特殊条件下无加强支护现象的发生。

（3）进一步加强职工的安全教育和培训工作，切实提高职工的安全意识和自主保安能力。

二十六、21105 采煤面顶板事故

（一）事故经过

李某是一名采煤工，2001 年的某天，在 21105 采煤工作面一人回柱放顶。刘某看到提醒他单人不能回柱放顶，李某说没事，就接着回柱放顶。当他把正在受压的支柱给回了，只听"噼里啪啦"一声，李某被冒落下的矸石压成重伤。

（二）事故原因

（1）李某安全意识不强，违章回柱放顶，没有对压力大的支柱进行先支后回，是造成事故的直接原因。

（2）刘某没能制止李某的违章回柱放顶行为，是造成事故的间接原因。

（3）李某安全生产业务知识差，是造成事故的间接原因。

（三）事故责任划分

（1）李某违章回柱，不听劝告，对事故应负直接责任。

（2）刘某没能强行制止李某的违章回柱，对事故应负主要责任。

（3）队长、书记对安全生产管理、教育不到位，负有领导责任。

（四）事故防范措施

（1）加强职工安全教育，提高安全意识，杜绝违章作业，特别是特殊作业更应该加强。

（2）严格落实互保联保制度，使互保联保真正落到实处。认真执行监护制度。

（3）在回柱放顶前要先打好切顶柱，对承载大的支柱回撤时，要做到先支后回，尽量采用远距离回柱。

（4）回柱人员要将工作现场清理干净，保证回柱时后路畅通。

（5）区队要加强管理，规范职工安全行为。

（五）事故教训和感想

在特殊情况下作业，必须有人监护才能作业，在有安全保证的情况下进行作业，否则

安全根本没有保证，会给自己、家庭、企业和社会带来经济损失及社会影响。所以为了我们的家庭幸福，千万不要违章作业。

二十七、白水煤矿"2002. 1. 16"顶板事故

2002年1月16日4时，白水煤矿采一队17502机采工作面机尾发生冒顶事故，伤亡1人。

（一）事故经过

如图6-12所示，17502机采工作面后部，煤层走向倾角较大，实施仰采，由于地质构造复杂，煤层松软，采煤过程中煤矸冒落，处理时顶没有背实，且采高偏大。

1月16日零点班，采一队按照正常生产程序安排生产。4时机组割完煤，换梁时发现此段掉矸，表现出支护无力的状态。班长立即组织人员抢修，在抢修无效的情况下，立即撤出人员，但是老空区侧的王某反应迟钝，撤之不及，顶煤冒落推倒支架，被埋压窒息死亡。

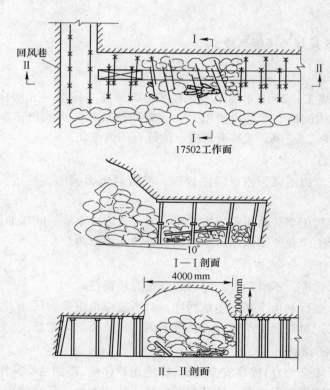

图6-12　白水煤矿"2002.1.16"顶板事故现场示意图

（二）事故原因

（1）直接原因：顶煤冒落推倒支架，王某某被埋死亡。

（2）重要原因：

1）顶煤矸漏空，背顶不实，为安全生产埋下了隐患；

2）发现此段支护无力，加固处理措施不力，没有按由外向里的程序进行；

3）王某疲劳作业，前一天零点升井后，未休息去县城为儿子寄钱购物，疲劳致精力不足，在遇到险情时反应迟钝，躲避不及。

（3）间接原因：

1）现场管理不到位，班组长、安全员盯防经验不足，责任心不强，处理隐患时组织混乱；

2）安全技术措施存在漏洞，针对性不强；

3）遇地质变化带后，未采取队干跟班制度；

4）有重生产轻安全思想。

（三）事故剖析

造成"2002.1.16"顶板事故的主要原因有：一是工作面在仰采期间发生漏顶，在采高偏大的情况下未能将顶部背实，致使支架处于失稳状态（老空不实）；二是在生产过程中调整原支护时的防范措施不得力，没有采取先加固、支护，后调整原支护的办法进行，从而造成顶煤离层冒落推倒支架，发生事故。仔细分析这起事故，从区队到班组，首先是管理上重视不够，重生产轻安全。在发现严重的安全隐患后不及时采取有效措施进行调整，依然是该开帮就开帮，这种行为直接导致接顶本就不实的支架进一步失稳，使煤顶离层。

在此种情况下，隐患已经形成，如果当班队长能够予以足够重视，制定有力的安全技术措施，采取安全的、合理的支护方案，并安排有经验、技术熟练的老工人进行操作、处理，通过现场监督，事故依然可以避免。但是采煤队传统的管理模式，限制了队干部在现场安全协调指挥生产的能力，使指挥渠道不顺畅，下达的指令和进行的安排不够科学、合理，造成没有经验的王某在毫无思想防备的情况下，被冒落的顶煤及支架埋压致死。

这起事故带给我们的教训是：在处理隐患的过程中，一定要制定严密、科学的安全措施，领导干部要亲临现场进行指挥、指导，保证政令畅通，并要进行严密的现场监督；对可能发生的一切情况进行预想预知，同时采取有效的预防措施，防止事态进一步扩大。

二十八、马村煤矿"2002.9.3"顶板事故

2002年9月3日，马村煤矿采煤二队零点班在115506炮采工作面发生一起顶板事故，伤亡1人。

（一）事故经过

如图6-13所示，2002年9月3日，采煤二队零点班在115506炮采放顶煤工作面中部偏机头段回采，7时40分左右在第7茬移第3根副梁时，跟班副队长冯某突然发现顶板掉碴，并伴有异常压力响声，立即招呼作业地点的工人迅速撤离。作业现场的两名工人和当班正在帮助注液的副班长及时向机尾方向撤出，冯某和班长郭某向机头方向撤退，在撤退过程中发生大面积推垮型冒顶（长16m、高2.5～3m），冯某被推倒的柱梁和顶煤埋压，工人郭某被砸伤腿部。事故发生后，矿领导迅速组织人员采取可靠措施进行抢救，约12时将冯某救出，但由于胸部受到严重创伤，不久死亡。

（二）事故原因

（1）直接原因：大面积推垮型冒顶，发生埋压致人死亡事故；

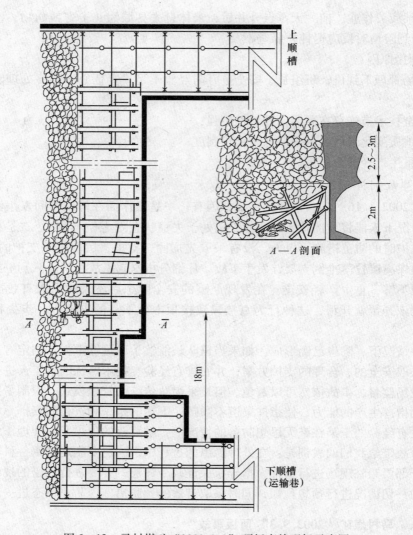

图 6-13　马村煤矿"2002.9.3"顶板事故现场示意图

（2）重要原因：

1）支护质量差，特殊支护不全，支柱数量不足，个别梁间距超过作业规程要求，支护强度不够，导致离层顶煤在矿压作用下发生了滑移，推倒支架发生冒顶。

2）工作面投产验收把关不严，现场管理存在严重漏洞，安全隐患未及时整改落实。

（3）间接原因：

1）作业规程审批把关不严，初采初放安全技术措施针对性不强；

2）区队在组织工人学习作业规程时重视不够，致使个别职工未经培训就上岗作业，工人对重大灾害事故的预防及避灾知识掌握不够。

3）安全生产责任制没有得到有效落实，初采初放领导小组成员工作责任心不强，监督检查不力，未及时认真监督做好安全隐患的整改落实工作。

（三）事故点评

发生这起事故的最直接的原因是支护质量低劣、支护强度达不到要求，造成推垮型冒顶，所以这起事故的核心应是支护质量和支护强度的问题。采煤工作面的支护强度设计和支护质量验收制度，是作业规程的主要内容，必须明确规定。显然，马村煤矿采二队在组织职工学习作业规程时，是否组织了考试，是否使每位职工都真正明白作业规程的要求；在工作面作业的过程中，是否真正按照作业规程要求进行作业；在质量验收过程中，是否进行了严格把关；初撑力是否按要求进行了测试，并达到规程要求；这些问题都值得探究。

支护质量是实现采煤工作面安全的最基本、最根本保障，来不得一丝马虎，否则，就会酿成恶果。该事故工作面初采初放期间，存在支柱数量不足、特殊支护不全、工程质量差等重大隐患，本就不具备继续生产的条件，应立即停产整顿，而初采初放领导小组却未采取任何措施，任其生产，在发生事故时，现场无小组成员跟班。

由此事故我们可以看出，假若现场操作人员在操作过程中，发现支柱数量不够，不具备安全生产条件时，拒绝生产，这起事故就可能不会发生；假若班组长在不具备生产条件下不违章指挥工人生产，这起事故也不会发生；假若当班质量验收员和安全员中的一人，对这种不具备安全生产条件而进行违章生产的行为及时予以制止，这起事故也就不可能发生；假若矿初采初放领导小组真正发挥其作用，这起事故也就不可能发生。从这起事故我们还可以看出，"安全第一"的思想在各级人员中树立的还不牢固，重生产、轻安全的现象还十分严重，安全管理的各项制度还没有真正落到实处，安全工作的各道防线还没有真正发挥作用。

二十九、朱家河煤矿"2003.3.19"顶板事故

朱家河煤矿 12502 工作面形成于矿井基建时期，当时施工切眼机尾段，多处顶煤冒落，顶部采取木垛绞架背顶。2003 年 3 月初采一队搬到该面进行生产。2003 年 3 月 19 日凌晨 2 时 10 分，工作面机尾 9m 处发生顶板事故，伤亡 1 人。

（一）事故经过（见图 6 - 14）

2003 年 3 月 19 日，工作面已初采 3 个循环，机尾 30m 严重超高，采高达 2.5m。零点班出勤 47 人，值班队干部主持召开班前会，会上强调：工作面正在初采阶段，机尾 30m 超高，以前有冒顶现象，条件很差，安排有经验的人在机尾作业，煤机割煤时，必须降低采高，走一节槽子就要停下来及时支护。班长安排分为 10 个茬，方某、赵某、杨某为一茬，被分在机尾最后 5 节槽子。23 时工人更衣下井，到工作面后，跟班副队长张某、刘某，班长姚某和安检员对工作面进行了检查，安排各茬工人维护。24 时左右，煤机开始从机尾 20m 处向机尾割煤。采取前进一节槽子，就停下来移梁支护的方法进行。当煤机割到距机尾 4m 处停机支护，跟班副队长刘某和班长姚某及安检员帮着移完顶梁，姚某在煤机处监护顶板，安检员和刘某协助赵某和方某在采空区侧打带帽切顶支护。突然间，姚某看到顶板掉砟（2 时 10 分），就立即大喊快跑，并和安检员、刘某、赵某、方某向机尾撤出，杨某撤之不及被随之冒落的顶煤（长 4.2m、宽 5m，厚 3m）埋压。正在处理顺槽溜子的跟班副队长张某闻讯赶来，立即组织抢救，大约一小时将杨某救出，经医院全力抢救无效死亡。

（二）事故原因

（1）直接原因：生产区间前后绞架支护随着推采已离层的顶煤失稳，推倒支架冒顶，

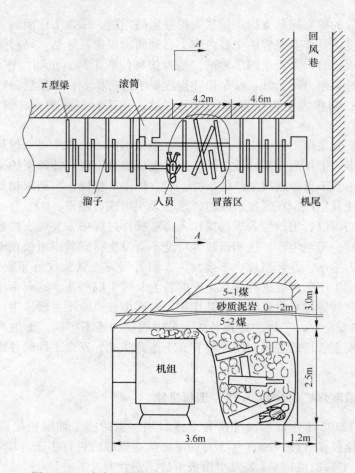

图 6 – 14　朱家河煤矿"2003. 3. 19"顶板事故现场示意图

杨某撤退不及被埋压致死。

（2）主要原因：

1）此段前后为绞架区，支架稳定性差，推采时没有针对性的安全技术措施。

2）初采时，严重超高未采取有效措施，支护强度低。

3）违章指挥、违章作业，未按照"作业规程"支设戗柱、戗棚等特殊支护，贴帮柱数量不足。

（3）间接原因：

1）该工作面形成时间较长，并且切眼机尾段在施工期间多处顶煤冒落，特别是冒顶区前后都是绞架支护。

2）初采初放期间现场管理较差，隐患处理不及时、不到位。视重大隐患于不见，强行生产，存在重生产轻安全思想。

3）初采初放安全技术措施中，对绞架区支护没有针对性安全技术措施，技术管理存在漏洞。

4）职工安全素质低，自保意识、避险能力差，冒险作业，"安全第一"思想树立不牢。

5）班前会质量差，布置工作不细致，泛泛而说，针对采高超高、原绞架支护段存在的隐患没有强有力措施。

（三）事故剖析

针对朱家河煤矿"2003.3.19"顶板事故，分析事故症结，吸取事故教训，防止此类事故再次发生。

12502 工作面是在矿井基建时形成，放置时间较长，工作面顶部已有木垛绞架，煤层顶板离层、断裂、破碎。初采初放期间，机尾 30m 段采高达 2.5m。工作面当时仅推采了 3 个循环，进度也只有 1.8m。针对这些情况，假如在初采初放之前就对机尾 30m 段的隐患进行了彻底处理；假如管理人员在审批安全技术措施时，能够严格把关，对机尾特殊地段制定了专门的现场安全技术措施；假如我们能从思想上高度重视 12502 工作面的初采初放，严格执行初采初放期间管理干部现场跟班制度；假如能认真做到对机尾 30m 段支柱初撑力的监测，保证支柱初撑力达到规定值；假如对工作面采取了及时的贴帮支护和特殊支护，杜绝了支柱的超高使用，支护强度也达到要求；假如跟班队长、班长、安检员 3 人中，有一人责任心强，做到对工作面的认真检查，这些隐患就一定能查出，"2003.3.19"顶板事故也就不会发生。让我们时刻牢记这起事故的教训，在日后的初采初放中，切实加强现场安全管理，实现煤矿安全生产。

三十、白水煤矿"2005.4.6"顶板事故

2005 年 4 月 6 日 16 时，白水煤矿预备队 22514 工作面机尾段发生冒顶事故，伤亡 1 人。

22514 工作面回采时切眼已形成 5 个月，机头低机尾高倾角 150°～160°，机尾与顺槽连接处在原掘进时已冒顶，高约 3.5m，长 2.5m，处理冒顶绞架 18 层。

（一）事故经过（见图 6-15）

2005 年 4 月 6 日早班推采第二茬帮，预备队领导在班前会上泛泛地强调："初采初放期间注意安全，保证安全生产"，随后职工就入井作业。崔某与其他两位同事被安排在机尾段作业。13 时炮后主梁全部移完。移副梁时崔某在机尾煤帮侧（中柱）看护顶板，其他两位同事偏机头侧由低向高移副梁。16 时左右换到第 6 根副梁，听到顶板上部有较大响动。崔某立即喊声"跑"，3 人就同时向机头方向撤离，崔某躲避不及被埋压，经抢救无效死亡。

（二）事故原因

（1）直接原因：上部顶板（3.0m×2.0m×0.6m）离层，推倒支架，造成冒顶致崔某埋压致死。

（2）重要原因：

1）切眼曾经冒顶高约 3.5m、长 2.5m，处理冒顶时绞架 18 层，加之此处倾角 150°～160°，初采初放对顶板控制没有针对性的安全技术措施。

2）现场工程管理不力，管理人员责任心不强，管理责任不实，重点区域盯防不到位，没有抓住薄弱环节。

3）坡度段支柱与底板间无麻面，架眼与顶板接茬处未采取连接支护和对棚六柱，支

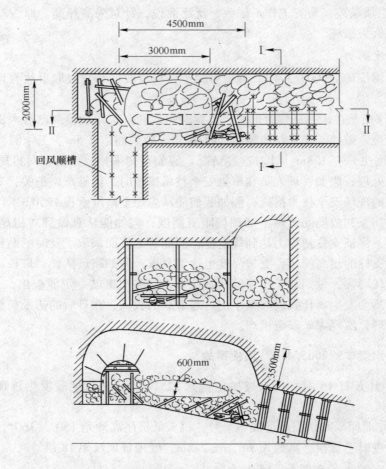

图 6－15　白水煤矿"2005.4.6"顶板事故现场示意图

护无力。

（3）间接原因：

1）开工前没有组织规范的工程验收，急于生产。

2）区队安全管理不严不细，班前会工作安排空泛没有针对性，典型的重生产轻安全，存在走形式的现象。

3）职工自保互保意识差，识别问题能力差。

（三）事故剖析

分析这起事故的发生过程，可以看出，当时该组 3 人在施工时，移副梁放顶作业的操作是基本到位的——"3 人一体，1 人监护，2 人作业"，符合作业规程的规定。可是，事发突然，监护人（受害人）崔某及时发出口令，使其他 2 人得以及时撤离，而本人却躲避不及造成事故。以当时工作面机尾的地质条件和支护状况来说，应该是不具备安全生产条件的。可以说，该工作面形成时间太长及匆忙生产是造成此次事故的主要原因。大环境不良，是生产过程中重大隐患存在的根本性因素。如果从管理上能够意识到这一点，各级领导、专业科室及区队队干能够真正认识到这一重大隐患的存在，而不是单纯地将验收工作当作走过场。

把该负的安全责任真正承担起来，采取积极、有效的技术方案去加以解决，一定会将掘进期间遗留下来的隐患提前消除。其次，任何过程的安全管理，都需要现场具体的作业人员和管理人员根据实际情况加以解决。该面正处于初采第2个循环，工作面煤层倾角较大、底板光滑、支柱初撑力不够等隐患未及时处理，造成顶板离层是必然的。当时工作面虽然有科室管理人员和区队队干跟班，操作、监护也基本到位，但是未能采取及时有效的加固支护措施，移副梁放顶时本身就降低了支护强度，使主梁失去了副梁的依托，且老空垮落使顶板处于动压状态。由此可以说明，现场制定有效的应急措施和方案，也是日常管理中应着力加强的一个重要方面。

三十一、晓明矿"2007.5.28"冒顶事故

（一）事故经过

2007年5月28日白班，早7时，由综采队机电队长刘某主持召开白班（巷修班）班前会（通常由队长主持，当时队长正在井下，便委托刘某主持班前会）。刘某在班前会上详细安排了本班的工作任务和安全注意事项。本班任务是在端头前挑顶作业，另一项任务是给超前支护。巷修班班长邱某将本班9人分成两个小组，一组由他本人带领2人负责挑顶，另一组由组长李某带领负责给超前支护。8时许，邱某带领员工到达工作面。随后邱某按照队长张某的安排在端头支架前顶板打眼、挑顶。但由于顶板眼硬，邱某决定先回撤顶板上一根失效折断 $\phi180 \times 4000$ 圆木，再打眼。邱某和工人马某将圆木摘下来后，邱某喊其他工人过来将圆木趁运顺没拉变电列车前，运到超前支护外。此时，工人刘某主动来到前端头和马某一同抬原木往外走（刘某在前，马某在后）。9时36分，当2人经过转载机起桥段时，马某发现此处顶板掉砟、来压，立即喊"扔！跑！"，随后马某转身向工作面方向撤出。此时，顶板冒落（约长5.7m、冒落高度2.8m、冒落宽度4.7m），而刘某却因躲闪不及，被矸石埋住。经过施工人员的奋力抢救，在14时44分救出，经抢救无效死亡。

（二）事故原因

1. 直接原因

（1）综采队没有严格按N2409作业规程施工，超前支护的长度和支护强度不足，没有及时补打超前支护，导致冒顶事故。

（2）综采队对孤岛煤柱形成的压力集中区存在冒顶事故隐患没有认真排查，在没有采取有效的加强支护情况下，思想麻痹，仍安排人员在此区域作业，导致巷道冒顶亡人事故发生。

2. 重要原因

冒顶区位于孤岛煤柱形成的压力集中区，综采队没有及时有效的加强运顺及运输联络道顶板支护，受开采动压影响，造成顶板离层，是导致冒顶的重要原因。

3. 间接原因

（1）综采队对员工安全思想教育不到位，个别员工安全意识淡薄，思想麻痹，忽视安全工作重要性。

（2）综采队没有认真执行岗位安全确认，事故隐患没有及时排查并处理，为事故留下了隐患。

（3）死者安全意识不牢，业务素质较低，自主保安能力不强。

（4）矿有关管理人员和跟班人员没有认真执行走动巡查，没有及时发现超前支护长度不足，也没有安排零点班施工人员及时补打超前支护，安全生产管理不到位。

（5）当班安检员虽然发现并向综采队队长现场提出超前支护长度不足，但没有立即停止作业，并阻止人员通过未加强支护区域，现场安全监督、检查不到位。

（三）防范措施

（1）认真贯彻，严格执行"安全第一，预防为主"方针，在落实上下功夫，增强执行力。贯彻、执行好"三大规程"及上级安全管理有关规定，加强安全隐患排查、治理工作，消灭事故隐患，确保安全生产。

（2）严格执行规程，严格按措施施工，各级管理人员及安监人员要加强规程、措施落实情况的现场监督检查，坚决杜绝不按措施施工。

（3）工作面立即停止生产，对运输顺槽及旧巷及时采取补强措施，同时，加强工作面过旧巷期间工作面顶板管理，防止工作面再次发生掉顶事故。工作面要备足刹顶材料，确保万无一失。

（4）加强广大干部、职工安全思想教育和安全知识培训，提高全员安全意识和自主保安能力；加强全员"三大规程"学习，提高员工的预防和处理事故的能力。

（5）全矿停产一个原班进行整顿，各系统开展自检、自查活动，控制生产节奏，消除事故隐患，确保安全生产。

三十二、顶板矸石引起支架倾倒事故

（一）事故经过

2007年8月10日，中班2210工作面，班长分配完任务后，开始割煤。由于工作面顶板破碎，而且倾角较大，采煤机割煤过后，顶板就"哗哗"地往下掉矸。采煤机从机头向机尾方向割煤，这时王某正在采空区侧清煤，采煤机司机秦某叫王某先躲开，王某就躲到了支架里帮。采煤机过后，顶板突然掉了一片矸石，一块矸石正巧砸在了液压支架的操作手把上，大立柱突然下降，王某急忙跳到了上一架支架内，险些被挤伤。

（二）事故原因分析

（1）王某安全意识淡薄，在顶板较为破碎地段没有及时跟机拉架，造成掉顶，是险些造成事故的直接原因。

（2）跟班队长对顶板破碎地段，没有特殊专盯，是险些造成事故的间接原因。

（三）事故责任划分

（1）王某安全意识淡薄，没有及时跟机拉架，对险些造成事故负直接责任。

（2）跟班队长负有现场管理不到位、措施落实不到位的责任。

（四）事故防范措施

（1）加强职工安全教育培训，提高自我保护意识，杜绝违章蛮干现象。

（2）煤机过后要及时拉架护顶，防止顶板悬空面积过大和时间过长，造成冒顶。

（3）对于过断层或顶板破碎地段，要制定专项措施，并认真落实执行。

（五）事故教训和感想

通过这次事故，教训是深刻的。我们在今后的工作中，无论做任何工作，都要加强自我防范意识，在任何情况下都不能盲目大意，工作时要认真落实安全技术措施，观察好环境，搞好事故预想，加强事故防范，才能保证安全生产和自身安全。

三十三、石下江煤矿顶板事故案例分析

（一）事故经过

（1）事故发生单位：邵阳市石下江煤矿。

（2）企业性质：国有煤矿。

（3）事故发生时间：2007年9月9日12时20分。

（4）事故发生地点：Ⅱ下 – 1222工作面Ⅱ块段南平巷（–99m）巷道式采煤工作面。

（5）事故类别：顶板。

（6）事故伤亡情况：死亡1人。

（7）直接经济损失：36.5万元。

（二）事故单位概况

（1）煤矿基本情况。石下江煤矿位于邵阳市洞口县石江镇川石村境内。1973年扩建建井，1980年12月建成投产，设计生产能力15万吨/年，实际生产能力15万吨/年。

石下江煤矿原为邵阳市属直管煤矿，现隶属于邵阳市长安煤业集团公司。矿井由原煤炭部长沙设计研究院设计，国有制企业，现有职工650人，矿长刘芳前。

石下江煤矿依法取得了有关证照。采矿许可证由湖南省国土资源厅核发，证号4300000531493，有效期为2005年11月至2006年11月。过期，正在办理延续手续。煤炭生产许可证由湖南省煤炭工业局核发，证号D180505005Y1，有效期为2005年12月6日至2009年11月7日。安全生产许可证由湖南煤矿安全监察局核发，有效期为2005年6月20日至2008年6月20日。工商营业执照由湖南省工商行政管理局核发，注册号4300001100144（1–1）。矿长资格证号0010347，矿长安全资格证号20020329。

该矿开拓方式为斜井多水平开拓方式，采用上、下山开采。矿井生产水平为±0m水平至–160m水平，采用集中暗斜井开拓，±0m水平以上采用采区上山开采。

该矿主采Ⅱ煤，煤层倾角20°～400°，煤厚2～3.5m，平均厚2.75m。煤层直接顶板为灰色页岩，砂质页岩，局部为粉砂岩，属Ⅱ级顶板。底板为灰黑色粉砂岩、砂岩，局部为页岩，该矿瓦斯等级为低瓦斯矿井。

该矿属低瓦斯矿井，相对瓦斯涌出量7.32m³/t，采用一井（生产井）进风、两井回风的混合式通风系统，矿井在两个风井各安装有离心式抽风机2台，矿井总进风量1000m³/min，负压750～850Pa，井下工作面使用轴流式局扇压入式通风。煤层有自燃倾向性，属Ⅱ级自燃煤层。煤尘有爆炸危险，爆炸指数为48.18%。煤种为高挥发分、高发热量优质长焰煤。

该矿水文地质条件复杂，矿井溶洞水、断层水和裂隙水发育，属大水矿井，正常涌水量560m³/h，最大涌水量1280m³/h。

（2）事故地点概况。事故发生在Ⅱ下－1222工作面Ⅱ块段南平巷（－99m）巷道式采煤工作面。

Ⅱ下－1222工作面机巷沿走向断层掘进，开门标高－122m，掘至开切上山位置时，标高为－99m。在工作面中部揭露一条斜交正断层和一条走向逆断层，煤层的连续性受到破坏。经矿研究决定，将Ⅱ下－1222工作面划分为两块段采煤，两个小工作面间的断层煤柱采用巷道式开采。编制了《Ⅱ下－1222工作面回采作业规程》。

Ⅱ下－1222工作面Ⅱ块段南平于2007年9月4日开门掘进，至事故发生时止，已掘进22m，并与－110m上山贯通了，退后2m开始采煤。煤层倾角450°～500°，厚3m。安装了两台电溜子。

（三）事故发生经过及抢救经过

2007年9月9日中班（8时至16时），值班长王某组织召开进班会，安排副班长曾某和大工刘某、龙某，小工宁某等4人去Ⅱ下－1222工作面Ⅱ块段南平巷（－99m）掘进。曾某未参加进班会。

9时，曾某、刘某、龙某3人先到达作业地点，开始打炮眼。王某在现场负责监管。当打第一个炮眼，钻进1.3m（钻杆长1.8m）时，发现煤层松软，接着又打了3个1m深的炮眼。值班安全员杨某，进行了瓦斯检查。爆破后，与－110m上山贯通了。退后2m向上开始采煤，并加固了支架。

第2次打了4个炮眼，爆破后，形成了长1.8m×宽2m的空顶区。值班队长谢某离开工作面协助更换变速箱，曾某等人负责出煤。王某待变速箱换好后，又返回工作面协助作业人员将煤出完。

第3次继续打眼放炮，共打了两个炮眼，放响了一个（另一个未装药）。曾某等人出完一半煤后，电溜子又发生故障，王某又组织人员排除故障。当处理好溜子故障后，王某对曾某等人交代，"你们从现在起一次只能打一个炮眼爆破一个，不能多打，慢慢来，注意观察顶板压力"，随后离开了作业地点去下面扒煤。此时杨某又来检查，向曾某等人说："打炮眼时要注意安全，不要进入采空区内。"随后离开作业地点另去别地检查。

12时20分，当出完第3次炮后余煤，准备第4次打眼放炮时，曾某首先用钻杆戳了几下煤壁。龙某说："不安全，不要打"。曾某说："到里面打还安全些"。突然煤壁垮落，龙某安全撤退，刘某双腿下肢被煤矸埋住，曾某被关。

事故发生后，刘某立即用双手将煤矸扒开抽出双腿，安全脱险，与龙某大喊曾某，曾某应答，"我在平巷以里"。刘某、龙某2人急忙去回风巷看冒顶情况，并要小工宁某去喊人来援救。

王某等人到达事故地点后，立即大声喊曾某，"你的位置在哪里，可不可以开溜子"。曾某应答："在支架下面，尽快开溜子"。于是启动了溜子，但溜子接连发生故障，在更换变速箱时，突然听见"轰"的一声巨响，发生第2次冒顶，再次喊曾某，已无回音。

矿调度室接到事故报告后，立即启动了应急救援预案，迅即派救护队下井抢救。由于在抢救过程中连续发生冒顶，抢险工作难度大，经过近16个小时的奋力抢救，于10日4时，将遇难者曾某抢救出来，但已当场死亡，至此，抢救工作结束。

（四）事故性质及原因

（1）直接原因：

1）Ⅱ下－1222工作面Ⅱ块段南平（－99m）采煤工作面开采三角残煤，煤层厚度增大，倾角变陡，且位于相互交叉的断层附近，压力集中，顶板破碎，易于垮落。

2）作业人员冒险进入采空区内空顶作业，顶板来压，崩煤垮顶，导致被关。

（2）间接原因：

1）现场施救措施不力。井下作业人员在抢救过程中没有采取有效措施控制顶板，急于救人，迅即启动电溜子，发生第二次冒顶，引起事故扩大，将被关人员埋住致死。

2）现场安全监管不到位。监管人员没有及时要求作业人员及时支架，对作业人员空顶作业制止不力；平巷与上山贯通后，未及时督促作业人员加强支架，盲目开门采煤，选用巷道式开采不合理。

3）矿井机电设备管理混乱。电溜子在生产、事故抢救过程中多次出现故障，不能正常运转，延误了事故抢救。

4）矿井安全教育培训不到位。作业人员安全意识淡薄，只顾多出煤，不重视安全，违章作业。

（3）事故性质。事故联合调查组经调查分析，认定本次事故为责任事故。

（五）防范措施

（1）要认真吸取事故教训，深刻反思，举一反三，提高认识，坚持"安全第一、预防为主"的安全生产方针。采取有效措施，强化现场安全管理，坚决做到不安全不生产，隐患不排除不生产，措施不落实不生产，防止类似事故再次发生。

（2）切实加强顶板管理。开采三角煤、残留煤柱时，一定要严格落实批准的安全措施，及时支架，架设牢固，禁止乱采乱挖，禁止空顶作业。要坚持正规采煤，严禁乱采滥挖。

（3）狠抓现场安全管理，及时排查事故隐患。现场监管人员必须认真、仔细检查，及时发现和消除事故隐患，及时查处"三违"行为。

（4）切实制订操作性强的应急救援预案，定期开展演习，让每一位作业人员熟悉救援步骤、措施、方法和注意事项，禁止盲目抢救，以免引起事故扩大。

（5）切实加强机电设备管理，及时维修电溜子，决不能带病运行，维修不好的，要坚决更换。

（6）强化安全技术培训，提高全员安全素质，增强职工的自主保安能力，提高按章操作的自觉性。

三十四、石灰冲煤矿"2008.5.3"顶板事故案例分析

（一）概述

（1）企业名称：浏阳市金刚镇石灰冲煤矿；

（2）事故发生时间：2008年5月3日6时15分；

（3）事故发生地点：－23m水平北暗斜井2煤2下山回采工作面（－73m水平）；

（4）事故类别：顶板；

（5）事故伤亡：死亡1人；

（6）直接经济损失：40.5万元。

（二）事故单位概况

（1）事故矿井概况。石灰冲煤矿为股份制私营企业，始建于 1993 年，设计能力 1.0万吨/年，后经改扩建矿井设计能力提升到 3.0 万吨/年。矿井采用平硐－暗斜井开拓方式，抽出式通风，安装了 2 台 15kW 轴流式主要通风机，2 台 200kW 的变压器，2 台柴油机作为备用电源（1 台 200kW、1 台 250kW），矿井购置了 1 台专用探水钻（电机7.5kW），第一级暗斜井采用 1.0m 矿用绞车提升，第二级暗斜井采用 0.80m 矿用绞车提升。

矿井现有两个生产水平，其中 －23m 水平主要采区位于矿井南翼，主采 2 煤和 3 煤，有 2 个回采工作面。－64m 水平主要采区位于矿井北翼，布置了 2 个沿煤下山（1 个 2 煤下山、1 个 3 煤下山），均已形成负压通风系统。

矿井安全管理机构健全，由袁立辉任矿长、负责全面工作；由陈志军任生产副矿长，负责矿井生产管理工作；尹云任安全副矿长，负责矿井安全管理工作；聘请刘守清为技术员，负责技术管理工作；矿井下设 3 名专职安全员（李友成、何光要、何建明）兼瓦斯检查员，矿井实行三班生产。每班作业时间为 8h，矿领导对中班和晚班进行轮流带班下井，早班由安全员和承包队长值班。矿井下设 5 个采煤队和 2 个掘进队，事故队为刘守刚采煤队。

（2）矿井持证情况。该矿证照齐全。其采矿许可证号为 4300000720382，煤炭生产许可证号为 204301810080，安全生产许可证号为（湘）MK 安许证字〔2005〕0613G1 号。矿长袁立辉依法取得矿长资格证和矿长安全资格证（湘煤安字第 A060017 号）。

（3）事故地点概况。事故地点位于 －23m 水平北暗斜井 2 煤 2 下山回采工作面（－73m水平）。2008 年春节后复工不久，矿方安排刘守刚采煤队在 －64m 水平掘进 2 煤 2下山，2 号下山起平后向右掘进沿煤平巷与 1 号下山贯通形成负压通风系统。然后布置回采工作面。工作面采取木棚支护，棚距为 0.7m，主要安全出口附近采取抬楼加强支护。

（三）事故发生经过及抢救过程

（1）事故发生经过。5 月 2 日 21 时 30 分，副矿长陈志军和安全员李友成召开了进班会，要求注意安全，加强支护。22 时 20 分，班长刘某、大工何某（死者）、何某、小工夏某、刘某等 5 人到达 －64m 水平北暗斜井 2 煤 2 上山掘进工作面。因 2 日晚班平巷装了3 架木棚未抬楼加固，于是刘某、何某 2 人先抬了 1 付楼将 3 架木棚抬楼加固联在一起，然后在抬楼的第 3 架木棚支护处开门，何某首先拆了 1 个地脚开门挖煤，何某拖煤，刘某在下山口扒煤。开门过程中副矿长陈某和安全员李某先后到工作面检查，并要求他们搞好支护质量，注意安全。大工刘某、何某先后轮流打眼，后由何某放炮，放炮后支棚子，当何某装第 3 架木棚时煤上山垮落，将正在平巷作业的何某埋压。

（2）事故抢救过程。事故发生后，大工何某立即组织抢救，并派刘某向上报告事故。接到事故报告后，副矿长陈志军立即带领井下作业人员过来帮助抢救并报告了地面调度室。7 时 30 分，浏阳市矿山救护队进入事故现场抢救，9 时 10 分左右将何某救出，但何某已死亡。

（四）事故原因及性质

（1）事故直接原因：

1）事故地点回采工作面煤层较松，上山开门放炮后松煤层未及时支护，悬空离层的煤、矸石在重力作用下垮落。

2）作业人员站在上山开门口操作，违章作业。

（2）事故间接原因：

1）现场管理不到位。回采工作面布置上山掘进放炮作业，在煤层较松的情况下，未随掘随支，连续放了两轮炮再进行支护；未按作业规程规定布置炮眼，放炮震松煤层空间较大，形成应力集中。

2）技术管理不到位。作业规程未设计巷道布置图，未明确上山开门位置应距采空区的距离，对采掘应力集中考虑不周；对煤层硬度不同的情况没有针对性的措施，没有规定煤层较松的情况如何处理，没有提出随掘随支的支护要求。

3）安全管理不到位。工作面布置不合理，安全管理人员下井检查时未发现煤层变松的事故隐患，未提出随掘随支的特殊要求，只是按惯例要求加强工程质量，未及时消除事故隐患。

4）安全培训不到位。作业人员安全技术素质低、准备支护材料时站在不安全的地点，违章作业。

（3）事故性质：经调查确认本次事故为责任事故。

（五）防范措施和建议

（1）加强煤矿现场管理和安全管理。在煤层较松的地点进行上山开门必须按照《煤矿安全规程》和作业规程的规定打好前探梁，随掘随支。不得连续进行放炮，只能进行小断面放炮或手工挖煤，防止上山断面扩大，造成应力集中等事故隐患。现场管理人员和矿安全管理人员应抓住安全管理重点，派专人盯守，指导和监督作业人员按章作业，及时处理可能出现的事故隐患，及时制止作业人员违章作业。

（2）加强技术管理。作业规程应对采区的主要通风巷道进行规范设计，设计巷道布置图，明确上山开门位置应距采空区的距离，充分考虑采掘应力集中的对策；对煤层硬度不同的情况制定具有针对性的安全措施，规范煤层坚硬和较松等不同情况如何区别处理，严禁空顶作业，在煤层较松的情况下必须随掘随支的支护要求。确保技术管理超前于生产管理，技术管理服务于生产管理。

（3）严格按照有关规定对职工进行安全教育培训，加强从业人员的劳动纪律教育，不断提高职工的安全意识和自保、互保、联保能力，以案说教，组织作业人员认真学习作业规程和安全技术措施，明确作业操作程序和要求，了解违章作业的危害性，有效杜绝违章行为。

三十五、朱集东矿"2014.1.14"顶板事故

2014 年 1 月 14 日 9 时 56 分，朱集东矿 1122（1）上风巷发生一起顶板事故，事故发生在综采工作面沿空留巷处，造成 2 人死亡、4 人受伤，被堵 21 人经全力救援脱险。

（一）事故经过

2014 年 1 月 14 日早班，根据综采二队和机电安装队工作安排，1122（1）上风巷有 3 班人员平行作业：综采二队采煤班卧底、补锚索和刷帮，机电班延链板机，机电安装队拆除瓦斯管路。

（二）事故原因

（1）直接原因。沿空留巷锚梁网（索）支护巷道受采动等因素影响，修巷时顶帮支护质量差，顶板离层整体切落埋压2人，堵塞独头巷道造成21人被困。

（2）间接原因。

1）现场管理不到位。施工组织不合理，独头巷道修巷工作多茬平行作业。修巷安全技术措施执行不到位，帮部刷扩没有及时完成永久支护；扩刷卧底期间，巷道两侧临时支护单体没有达到措施规定的数量。

2）技术管理不到位。1122（1）上风巷修巷方案设计类比1121（1）修巷设计方案，未采纳其中超前喷浆、深浅孔注浆加固顶板，离层围岩后再加补锚索、扩刷巷帮的方案；修巷安全技术措施依据修巷设计编制，没有采纳设计中要求的撕帮时超前20m布置两排单体支柱方案。

（三）防范措施

（1）重新编制修巷支护设计和修巷安全技术措施。

（2）沿空留巷锚梁网（索）巷道修巷时，必须采取架棚或挑棚等加固措施。

（3）严格按照设计、安全技术措施施工。独头巷道维修必须由外向里施工，严禁多茬平行作业。

三十六、慈林山煤业公司夏店煤矿"2014.8.27"顶板事故

2014年8月27日8点班，慈林山煤业公司夏店煤矿综采队在3112工作面进行设备调试，当采煤机割透机尾向机头方向返刀停机处理后滚筒缠网时，在支架还未拉出、逼帮板也未打起存在空顶的情况下，未敲帮问顶也未进行临时护帮护顶的情况下，作业人员近煤墙作业，造成机尾三角区煤墙片帮事故，致使1人死亡。

此次事故再次为安全生产敲响警钟，安全生产形势依然严峻，回采工作面顶板管理仍然存在薄弱环节，强化回采工作面顶板管理势在必行。

为深刻吸取此次事故教训，进一步强化回采工作面安全管理，坚决杜绝回采工作面顶板事故的发生，确保矿井安全高效生产，现提出以下要求：

（1）吸取顶板事故教训，积极开展事故案例教育活动。这起事故充分暴露出职工违章作业现象严重、安全意识薄弱、现场监督检查不力、安全监管不到位等现象依然存在。对此，各矿必须认真吸取教训，积极开展事故案例教育活动，举一反三，引以为戒，坚持"安全第一"的思想不动摇。

（2）强化基础管理，做好岗位人员培训工作，全面提升干部、员工岗位素质。各岗位要全面深入学习岗位标准化作业标准和作业规程等顶板管理基础知识；转岗人员参与作业前，必须严格经过转岗培训，实现达标上岗、持证上岗、安全上岗，严禁不达标、未持证、不安全人员上岗作业，充分吸取此次事故教训。

（3）强化回采工作面顶板管理，提高两端头、两巷超前支护强度，做到精细管理、重点管理。加强工作面支架初撑力管理，支架初撑力不低于泵站压力的80%，达标率不低于支架总数的90%，过渡支架初撑力必须达标；两端头、两巷超前支护应改用端头支架、超前支架等支护强度较高的支护方式，逐步淘汰支护强度较低的支护方式；重点突出对综采工作面近煤墙、三角区、顶板破碎区、采空区等危险系数较高区域的顶板管理，严

格执行"敲帮问顶"和"安全确认"制度，杜绝任何"三违"作业行为，做到事前预防、事中监管、全程可控，杜绝各类顶板事故发生。

（4）强化作业现场安全监管，做到责任明确，监管有效。重点突出对综采工作面近煤墙、三角区、顶板破碎区、采空区等危险系数较高区域作业的安全监管。以上区域作业必须有跟班副队长、安全员现场监管，共同确认作业环境安全的前提下，确保各项措施到位后方可作业。

（5）强化超前管理，做到措施超前，部署周密。各环节作业前必须超前考虑，防微杜渐，进行周密布置，做到措施不完善不作业、采取措施不到位不作业、安全监管不到位不作业，将安全工作超前部署，以大超前的思维作为安全工作的抓手。

（6）认真贯彻上述要求，做到整改落实到位，切实引起重视。

要认真开展顶板管理专项活动，深化推进顶板治理工作，扎实开展顶板治理隐患排查，对现有工作面进行全面检查，做到不留空当，不留死角。特别针对回采工作面近煤墙、三角区、顶板破碎区域、采空区等危险区域作业环节进行认真排查，制定有针对性的顶板管理措施，并将顶板管理工作作为安全检查的重点内容。

第七章 巷道顶板事故及案例分析

第一节 巷道典型事故

一、1991 年 9 月 24 日某矿 7490 下开拓工作面顶板事故

1991 年 9 月 24 日 17 时 45 分，开拓区 7490 下工作面开工不久，突然一声闷响，顶板大面积垮落，将 6 名工人压住，另有 2 名工人被堵在冒顶区以里。后经抢救被堵 2 名工人确认为轻伤，被压埋 6 人死亡，该起事故造成财产损失 8 万多元。

（一）工作面概况（见图 7-1）

按工程设计，7490 为该矿井 13 水平延深工程，开拓工作面自 12 水平开始，沿 9 煤层顶板下山施工掘至 13 水平，全长约 404m，事故发生前已掘至 326m 位置，煤层倾角 12°左右，厚度 10m 左右；伪顶为黑色泥岩厚 0.4m，直接顶为深灰色砂质泥岩具有水平层理，厚 3.5m。巷道净断面 10.4m² 拱形，采用 25U 可缩性型钢支护。

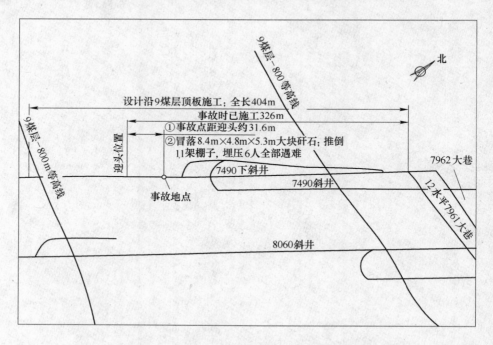

图 7-1　1991 年 9 月 24 日某矿 7490 下开拓工作面底板事故示意图

（二）事故经过

7490 下每日三班掘进施工，事故前，7490 下施工至 290m 处前后曾出现支护偏离方

向质量问题，矿决定暂停前掘，对问题棚子予以整改，并且已进行 4 个班次。事故当班工作即在该斜巷 294.4m 处继续整改不合格棚子。当班 16 时 15 分，施工小队共 9 名工人到达斜巷上部，小队长安排工作后，各赴岗位，其中 1 人在斜巷上部开绞车，其余 8 人去改棚子。16 时 30 分开工后，先往下松一辆空车至改棚子处装上一班剩下的煤、矸，在将要装完时，3 人在车侧装煤，5 人在矿车上方向下攉煤。突然一声闷响顶板大面积垮落（冒落范围长 8.4m、宽 4.8m、高 5.3m），导致新改 11 架拱形棚子全部被催倒，将毫无察觉的 6 名正在攉煤和装煤工人压埋，另外 2 名装煤工被堵在冒顶区以里。事故发生后，位于斜巷上口绞车司机发现局部通风机异响，立即顺下山跑到事故现场察看后，迅速向区、矿调度室汇报。矿领导迅速组织抢救工作，救出被堵在冒顶区以里 2 名工人，但被埋压的 6 名工人不幸遇难。

（三）事故原因

（1）直接原因。改棚子安全技术措施对掘进时伪顶局部冒落处及该处有躲避洞的现场情况缺乏针对性条款，现有措施又未落实，施工采用通常做法，因此前 4 班所新改的棚子初撑力不强，稳定性不够诱发了隐伏在支架上方的大块锅底状矸石（长 7.4m，宽 4.5m，厚 3.2m，约重 280t）突然掉下将新改 12 架棚子中 11 架催倒，造成重大顶板伤亡事故。

（2）事故主要原因：

1）由于矿压作用使导线点移动，而现场技术、管理人员误用偏离的 3 根相合的方向线继续往前施工，致使 12 架棚子连续偏离方向线，又未及时采取相应措施，不得不重新改动 15 架棚子，形成事故的起因。

2）各级领导安全意识淡薄，思想麻痹，忽视该段巷道曾发生过冒顶情况和现场实际，对沿用的改棚子措施未能认真研究与补充，且已有措施中有针对性的条款也落实不力，如第一班改棚子时未贯彻措施。

3）安全管理工作有较大失误

一是从矿到区、队均未认真贯彻执行国家颁布的相关规定，在布置工作时未认真布置安全工作。

二是矿、区现场安全管理者不够尽职，改棚子过程中矿、区领导曾多次到现场，但对已有措施未落实问题，除 1 名安监人员外（但也未在现场监督落实），其他人员全未提及，属于多人、多层次安全管理不够尽职尽责而造成的事故。

三是现有措施所规定的做法，其重点内容各班在现场均未落实，施工安全管理、现场管理、技术管理均不到位。

4）工程质量意识不强，方向线使用不严谨，对错位棚子纠偏不及时。

此外，经调查核实，在发生该起事故前，除现场作业人员外，矿、区、队各级有关管理人员也曾到过改棚子现场检查，未曾发现顶板状况异常，未见来压现象，对于现场冒落的大块矸石以目前国内检测手段难以发现。在此方面也是事发前各级管理人员思想麻痹没有采取有力防范措施，以致酿成该起最大事故的客观原因。

（四）防范措施

（1）在全矿范围内开展反事故活动，深刻接受教训，强化"安全第一"意识，引导广大职工对安全工作的反思，在更深层次提高各级领导、管理人员和每个职工的安全理念。

（2）加强开拓、掘进施工方向线的管理。在有条件的巷道中采用激光定向仪和新型双线指示激光仪，并按规程布设 3 组十字线，坚持按期校核。使用导线掘进的巷道必须补 4 根线，并在使用过程中坚持班班检查核对，发现任何一根偏离，必须当天找测量人员校核，否则停止前掘及架棚作业。

（3）进一步严格工程质量。按新工程质量标准狠抓落实，从操作、检查、验收层层把好关，严格要求，堵塞漏洞。发现不合格品要按原则严肃处理。在重新套改棚子时必须制定严格安全技术措施。支架需要横向移位时要先棚新支架再回老支架，不准增大空顶面积，保持支护整体性与稳定性。

（4）加强安全技术管理和现场管理，认真落实各级干部安全生产责任制，强调干部到岗到位，尽职尽责。在技术管理方面，要健全规程、措施的审批制度，措施要规范、明确、具体；技术人员要跟踪管理到现场，狠抓落实。在现场管理方面，行政管理人员必须熟知措施内容，严格执行措施，做到不安全不生产。

（5）事故在改棚子过程中发生，要深刻认识改棚子存在的危险性，要指定技术人员管好方向线，为保障工程质量做好相关基础工作。

（6）加强顶板管理，举一反三，检查现有工作面顶板管理安全情况，还要组织有关人员学习顶板管理方面知识，提高有关人员管理和技术水平。

（五）对这起事故的剖析

该起重大顶板多人事故是在对巷道已有支护进行改动过程中发生，故应从以下几方面汲取教训：

（1）改棚子前必须认真对施工段顶板和支架的实际状况作认真了解，结合现场实际编制相应安全技术措施并认真贯彻落实。

（2）所改动棚子的上顶及两帮较空，与支架接触不实，已使上覆顶板岩层处于离层状态，且暴露悬空时间较长，具备大面积整体冒落的可能性。

（3）实际上该处 9 煤层直接顶为浅灰色砂质泥岩，伪顶厚 0.4m，整体性较差，易失稳冒落；直接顶与老顶分界线附近呈水平层理易离层。

（4）前 4 班改动的拱形支架，初撑力低，卡缆松，支架未接顶未插背实，棚间没有撑子整体性差，柱窝未垫实影响支架的初撑力等，这些都没有落实，说明技术管理和现场管理安全第一的意识十分淡薄。

二、晓南矿"1991.9.3"顶板事故

（一）事故概况

1991 年 9 月 3 日 20 点 30 分，晓南矿东一采区 722 开切眼掘进，放炮后冒顶，埋住谷某、汪某 2 人，救出后谷某左腿受伤，汪某经抢救无效死亡。

（二）事故经过

9 月 3 日晚 7 点班，作业人员先对 722 开切眼的支架做了加固，按规定打好了中心顶子，便开始放炮，放炮后进行敲帮问顶，挑好安全顶。在出煤过程中，顶板突然来压，随即产生了冒顶，6 架棚梁脱落（棚腿未动），将谷某、汪某 2 人埋住，谷某于 22 时 40 分

救出，左腿受轻伤，汪某于 0 时 10 分救出后，经抢救无效死亡。

（三）事故原因

（1）客观原因。该事故从客观上讲，因为 722 开切眼顶板复合层达 1～1.5m，压在了支架上面，又是使用 4.8m 长工字钢梁，产生较大挠度，承受不了顶板如此厚度复合层产生的压力，再经过放炮的震动，使较大范围复合层整体与直接顶板脱离，完全压在棚梁上，将棚子压垮。

（2）从主观上也存在下述问题：

1）当班班长黄某对复合层顶板重视不够，放炮后检查不细，对临时支架加强维护力度不够，没有及时发现冒顶征兆。

2）上一个班班长陈某，已经有人向他反映发现两架棚子来压下沉，陈某检查以后，没有采取措施进行处理。当班侥幸没有发生事故，下班的时候也没有向接班人员交代，没有引起接班人员的重视。

（四）防范措施

这起事故给我们留下了深刻的教训。在施工中，要不断加强检查，注意工程质量，发现隐患，及时处理。为此要采取如下防范措施：

（1）爆破作业在放炮前、放炮后要指派专人检查周围的安全状态，严格检查棚子的质量和加固的程度，跨度大的棚子，每架不少于 5 根劲木，刹帮顶要严实，楔子齐全打紧。

（2）跨度较大的棚梁，要打上双排顶子，靠近工作面的棚子，要先打单排顶子加固，防止放炮时摘掉棚梁；发现隐患，不等不靠，处理完善再作业，更不能凭侥幸，把隐患留给下班。

（3）顶板的复合层要一次拿掉，以减少对棚子的压力，宁可出现高顶，多刹坑木。

（4）进一步落实各级干部安全责任制，做到责权分明，工班组长在施工地点要认真交接班，既交代生产也交代安全，杜绝只顾当班不顾下班的本位主义。

三、河北某矿 1992 年 1 月 23 日 -800 水平翻笼硐室爆浆伤人事故

1992 年 1 月 23 日 6 点班，河北某矿 -800 水平翻笼硐室，发生喷射混凝土支护体脱落伤人事故，砸死 1 人，砸伤 1 人。

（一）工作面简况（见图 7-2）

事故工作面位于 -800 水平井底车场，翻笼硐室设计断面：宽 7.8m，高 5.6m，采用锚杆喷浆支护，拱基线以上部位增加钢筋网，喷浆厚度不少于 200mm。事故发生在施工的开拓工作面，采用分 3 个台阶的施工工艺，二掘一喷作业方式。

翻笼硐室于 1992 年 1 月 15 日夜班第一次喷浆封闭围岩，16～17 日夜班又各喷了一次浆，基本达到了成巷的支护厚度。按工程设计和作业规程，在硐室内右帮设一宽 3.5m，高 3.5m 的操作控制室，并已于 21 日 6 点班开始施工，22 日夜班对控制室喷浆，并顺便把与控制室相联的翻笼硐室喷浆加厚达到成巷标准。至此翻笼硐室先后总共喷浆 4 次，浆体厚度为：较薄处 300mm，最厚处 500mm。

（二）事故经过

1992 年 1 月 23 日 6 点班，开拓一区副区长刘某在班前会上讲了安全事项，还特别强

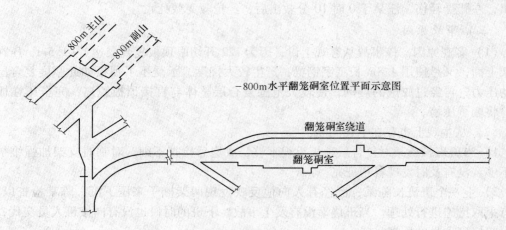

−800m水平翻笼硐室位置平面示意图

翻笼硐室绕道

翻笼硐室

事故位置放大平面示意图

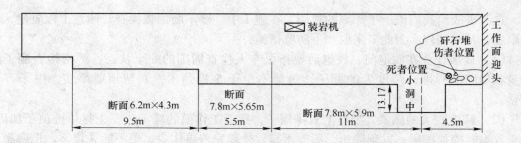

图7−2　河北某矿1992年1月23日−800水平翻笼硐室爆浆伤人事故示意图

调了翻笼硐室的施工，断面大，右帮岩石条件不太好，要防止矸石滑落伤人。之后，布置当班生产任务，分配杨某等共14人到翻笼硐室扒矸石，崩底。杨某接受任务后带领其他人员下井去工作地点，队长卢某也随同大家到达了翻笼硐室。首先进行具体工作分工，检查现场安全情况，未发现异常问题后开始打眼，安装绳揪进行耙矸。当把右帮矸石耙清，需耙中间部位矸石时，绳揪位置不合适，需向中间倒一点。队长和组长共同去了右帮察看是否见底及倒揪位置，刚到右帮迎头位置，突然从翻笼硐室右帮墙与控制室联接处劈下浆体，其中最大一块（1.6m×1.1m×0.5m）将2人砸着，现场其他作业人员发现后，一面积极组织抢救，一面打电话向矿调度室汇报，要求救护队进行急救。矿领导及救护队得知情况后立即赶赴现场抢救，但终因伤势过重，组长杨某当场死亡，队长卢某被砸成右肱骨粉碎性骨折，右胫骨骨折，胸壁骨搓伤，软肋骨骨折，定为重伤。

（三）事故原因

（1）直接原因：浆体强度未达到要求，浆体脱落伤人。

（2）主要原因：

1）喷浆材料不符合要求，对喷浆材料质量把关不严，材料管理存在漏洞。

2）现场施工工艺安排存在缺陷，掘控制室与喷永久浆间隔时间短。

3）现场施工质量管理有缺陷，喷浆前找掉不细，没有打锚杆。

4）"安全第一"思想树得不牢，职工的安全观念淡薄。

（四）事故教训

（1）安全第一责任者必须牢固树立安全第一思想，坚持安全工作压倒一切。

（2）严格把好喷浆材料质量关。

（3）必须严格按施工工艺规定进行作业。

（4）认真执行敲帮问顶、找掉制度。

（五）防范措施

（1）以这次事故为鉴，组织职工认真开展反事故活动，查找安全隐患。

（2）要加强对职工的安全教育和技术培训，提高职工安全意识（明确工程质量与安全的关系），提升员工操作技能。严格按规定作业，提高光爆及锚喷工程质量。

（3）在特殊工程及工程特殊部位，采取钢筋网加固锚杆措施。

（4）喷射混凝土要求使用525号普通硅酸盐水泥和大沙、小矸，并严格按配比要求施工。

四、大兴矿"1992.12.30"顶板事故

（一）事故经过

大兴矿南一404运输顺槽由煤科总院总体设计，进行大断面锚网钢带支护掘进试验。于1992年12月21日开始施工，到12月30日14时发生冒顶事故时掘进11m，给钢带15根。30日14时10分工人正在打最后一个锚杆眼时，工长山某发现顶板掉矸，就大喊"不好，快跑！"在工作面的人员都往外跑。顶板冒落后将门某和解某压在长7.6m、宽4.3m、厚2.0m的岩石下面。当时立即调动人员进行抢救，于16时17分将门某扒出，又于17时15分将解某扒出，2人经抢救无效死亡。

（二）事故原因

（1）项目试验准备不充分，一些技术参数未作测定，如锚杆拉力试验，药卷的性能，岩石硬度、岩性、巷道围岩松动圈等。对这种支护形式是否适应，只是从理论上推测，都没有从实践上验证。工人对这种新工艺还不了解、不掌握的情况下就开工，也是造成事故的一个原因。

（2）在煤巷里掘大跨度平顶锚网钢带支护从未搞过，实验项目要求时间紧，对工人操作培训不充分，工人在施工中部分工艺跟设计要求有出入，如帮网没挂，顶板不平，锚杆深度不一致，使设计支护强度削弱，也是一个发生事故的原因。

（三）防范措施

（1）要从设计入手，将一些参数测定出来，选择参数要大些，保守一些，有可靠的把握性。

（2）施工工艺和质量是关键，必须加强。

（3）对地质情况进行及时描素和预测，必须变化和采取有利措施。

（4）加强对工人的技术培训工作。

五、1996年9月2日河北某矿三采中部运输斜石门开拓工作面冒顶事故

1996年9月2日13时37分，河北某矿开拓区三采中部125～75运输斜石门发生一起

冒顶事故，造成3人死亡。

（一）工作面简况（见图7-3）

事故发生于三采区中部125～75运输斜石门开拓工作面，该工作面采用金属拱形支护，25°上山施工，耙岩机装岩，已施工133.4m。工程穿过9煤层煤岩整体性差，局部（距工作面迎头45～63m）存在插背不实，支护未接顶等质量问题，在处理该段范围支护质量时发生冒顶事故。

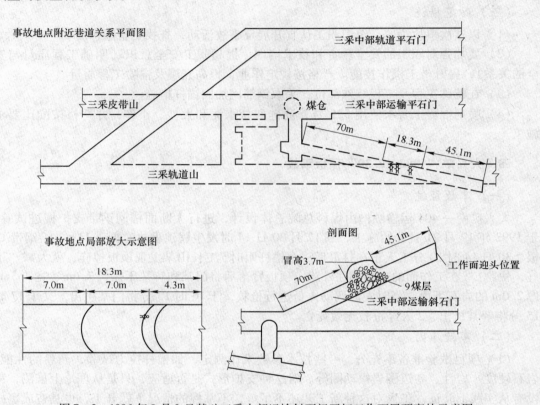

图7-3　1996年9月2日某矿三采中部运输斜石门开拓工作面冒顶事故示意图

（二）事故经过

1996年9月2日6点班，开三区副区长王某安排班长蔡某带领组长田某等12人去三采中部125～75运输斜石门掘进，并对耙斗机后面个别退山的棚子进行处理，背板较稀部位进行插背。到工作现场后，安排3人在工作面后方处理不合格棚子，其余7人在工作面迎头进行掘进工作，1人负责打信号。大约在12时工作面迎头掘进放炮后，副区长安排班长蔡某等3人去后路处理几架退山棚子，并插背漏粉棚子。约13时30分副区长听到处理棚子处传来一声巨响，跑上前去发现发生了大冒顶，冒顶长度18.3m，达到最大冒落高度，将现场3人埋压，把工作面迎头7人堵在冒顶区以里。经矿领导立即组织抢救，被堵7人全部脱险，被埋压3人死亡。

（三）事故原因

经现场勘查与调查分析，认为造成该起冒顶事故原因是：由于三采区中部125～75运输斜石门掘进穿过 95 段遇顶板破碎，加之工程质量存在严重问题，如曾发生局部冒顶，且所打木垛未接实上顶，插背不严实等，再受到工作面迎头多次放炮震动影响，使顶板长时间悬空并已产生离层，煤体松散易下漏，在插背小板时上顶大块矸石（3.1m×2.5m×2.0m）断裂，失稳下滑冒落将支架砸垮，导致推垮性冒顶。

（四）对这起事故的剖析

（1）这起事故与 1991 年 9 月 24 日某矿 7490 开拓巷道改动支架发生冒顶事故有相似性（开拓质量问题引发、二次整改、顶空、帮空、顶板离层、拱形支架稳定性、整体性较差），教训深刻。

（2）严重违章指挥，违章作业典型实例。上山独头巷道安排掘进与后路巷修同时作业发生了冒顶，属于既埋住人，又堵住人重大责任事故。

（3）上山岩巷在过煤层前，必须以严格控制顶板为前提，制定针对性和可操作性强的安全技术措施，提前准确探测过煤层的位置与范围，逐架进行支护，上顶、两帮插严背实，支架打好撑木，保障整体性和稳定性；缩小棚距，控制爆破，防止顶部倒三角区顶板失稳、冒落。

六、唐山某矿东一采区 11 槽上山冒顶事故

2000 年 2 月 15 日 19 时 25 分左右，唐山某矿东一采区煤 11 上山，开拓工作面发生压垮型冒顶事故，死亡 2 人。

（一）工作面简况

如图 7 - 4 所示，事故工作面为采区上山，位于该矿 1 水平东翼 1 石门，设计长度

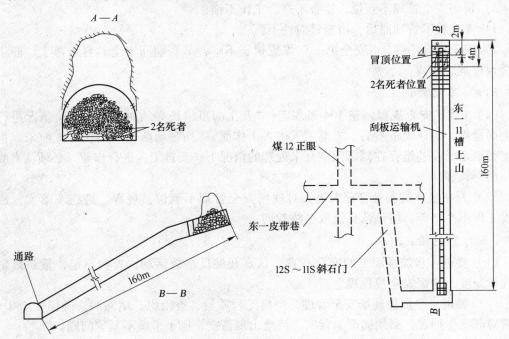

图 7 - 4 唐山某矿东一采区 11 槽上山冒顶事故示意图

340m，事故当日已掘至160m处。沿11煤层，采用炮掘施工。巷道平均倾角20°；采用10.4m^{2}金属拱形支护，棚距0.6m，棚子搭接长度0.4m，卡缆间距0.3m；每架棚子撑木5个，铁支拉板3个，卡缆扭矩150N/m。巷道净宽4.4m，净高2.7m。作业规程规定：煤层松软破碎时采用超前半圆木撞楔护顶，支架间用背板插严背实。

（二）事故经过

2000年2月15日该矿开拓区4点班，工人在班长王某带领下于16时40分左右到达工作面接班。之后，班长布置当班工作，然后开工。首先进行找掉、插背棚子、护顶、紧固卡缆等迎头工作，然后接溜子、打眼、装药、放炮。由于煤层松软只打了底部炮眼及柱窝眼，右帮6个眼，装了6卷药；左帮8个眼装了10卷药。约18时40分响完炮后，开始棚第一架棚子，工人王某等3人负责左帮，于某等4人负责右帮（包括找掉、护顶、攉煤、挖柱窝、架棚、插背等掘进作业）。约在19时25分，当迎头作业人员把柱窝清好准备立棚腿架棚时，距迎头第4、第5架棚子上顶突然来压。棚子相应下缩，背板脱落，上顶煤矸冒落，将组长王某和另一名工人埋压。经当时现场立即组织抢救，分别于20时48分和21时20分将2人扒出，但已因窒息死亡。

（三）事故原因

（1）直接原因。在煤层松软条件下掘进施工中，由于巷道局部顶空，加之巷道内存在个别卡缆紧固力不足，故在顶板突然来压后，在冲击载荷作用下，棚子被压缩，背板脱落，导致压垮型冒顶，将迎头附近正在作业的2人埋压，并因窒息死亡。

（2）主要原因：

1）现场规程措施不落实，棚子支护质量差；

2）现场安全管理不到位，检查不严，工作不细；

3）安全技术管理滞后，措施针对性不强；

4）安全教育不够，"安全第一"思想树得不牢，节假期间安全教育未落实，职工的安全规程观念淡薄。

（四）事故教训

（1）《煤矿安全规程》第104条规定："开工前班组长必须对工作面安全情况进行一次全面检查，确认无危险后，方准工人进入工作面。"而现场队长王某在开工前未严格执行规程规定，在巷道存在局部顶空且未处理的情况下，安排工人进行作业。必须认真吸取这一沉痛教训。

（2）开拓区负责安全管理人员，对现场安全管理不到位，规程、措施不落实，班末验收工作不严格等，应该认真汲取事故教训。

（五）防范措施

（1）要进一步加强职工的安全教育，认真开展反事故活动，查找不足，重新修定各项规章制度，增强安全规程观念。

（2）要进一步加强现场安全管理，严格工程质量，查隐患，堵漏洞，确保安全生产。巷道局部发生抽冒，必须插严、背实，严禁出现顶空，棚子卡缆不紧等问题。

（3）努力加强技术管理，切实做好规程与现场兑号与落实，当现场出现地质变化时，必须及时发现并编制相应补充修改措施，做到反映及时，针对性强，措施制定严密、可靠，具有可操作性，上级技术主管部门切实把好审批关。

（4）严格落实安全生产责任制及班末验收制度。在施工中要努力搞好现场检查，及时清除安全隐患，坚持做到隐患未排除不生产，措施未落实不生产。

七、唐山某矿 3201 乙大巷开拓工作面顶板事故

2000 年 5 月 4 日 2 点班，唐山某矿开拓二区三水平 3201 大巷开拓工作面发生冒顶（掉矸）事故，致 1 人死亡。

（一）工作面简况

如图 7-5 所示，唐山某矿 3 水平南翼 3201 乙大巷是从 3 水平井底车场通往南翼的两条主要大巷中的一条，巷道沿 12 煤层底板岩石层位布置，岩层倾角 5°~6°的一条，巷道沿 12 煤层底板岩石层位布置，岩层倾角 5°~6°，岩层层理发育，岩性为中粗砂岩。巷道设计断面宽 3.8m，高 3.16m；采用锚喷支护，锚杆间排距 1m×1m，喷射混凝土厚度 70mm。采用钻眼爆破、一次成巷施工方法，CHT10-2F 液压钻车打眼，配合 ZCY-30B 皮带转载后卸式铲斗装岩机排矸，3t 矿车运输。在事故发生时已施工 2750m。

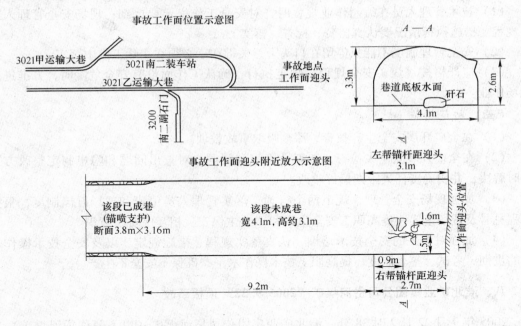

图 7-5　唐山某矿 3021 乙大巷开拓顶板事故示意图（单位：m）

（二）事故经过

2000 年 5 月 4 日 2 点班，该工作面为喷浆班，在组长周某带领下共 9 人到 3201 乙作业。当组长行至距工作面迎头 20m 处时，发现装岩机与喷浆机位置呈并列状态，影响施工作业及行人，便准备启动装岩机错开并列现状。此时 3 名工人都往工作面迎头方向走，并且老工人韩某在前，工人王某和赵某在后但超过了韩某。当王某走到距迎头 4m 处并向后瞭望行走的装岩机时，忽听到一声响，发现韩某躺在道心子（两条轨道之间）里，身旁有两块重约 200kg 和两块 100kg 矸石，再近前看发现韩某已被砸伤。组长迅速组织抢救

并汇报矿调度室，但终因伤势过重，抢救无效死亡。

（三）事故原因

（1）直接原因。由于6点班掘进班末，未将锚杆打至迎头，导致因空顶时间过长，空顶距离超过作业规程规定，造成空顶区内岩石掉落将刚刚接班的工人砸伤致死。

（2）主要原因：

1）现场管理不到位，管理人员安全意识及规程观念差，责任心不强，对规程措施在现场未能落实。6点班班末在现场超空顶距离，迎头无支护情况下换班，违反规程规定，严重违章作业；2点班组长作为当班该工作面的安全第一责任人，在到达作业地点后首先应该进行现场安全确认，然后才能让其他职工进行作业。

2）技术管理存在漏洞，作业规程中对空顶距的规定不够严细。

3）开拓二区安全管理不到位，安全生产责任制落实不好，有关班末汇报、交接班程序不规范，对规程措施要求不严，出现问题解决不力。

4）开拓二区对职工安全教育不到位，矿对开拓线的安全管理监督、指导不力。

（四）事故教训

（1）技术管理人员在编制作业规程时，对安全工作一定要严细；现场安全管理人员对规程、措施执行情况要认真监督、检查、落实。

（2）安全管理制度不能只停留在口头上，关键在于必须在实际工作中落实。

（3）应严格按《煤矿安全规程》规定执行，确认工作面没有安全危险时，方准进入现场作业。

（五）防范措施

（1）在全矿开展安全生产教育，深刻吸取事故教训。

（2）在全矿开展安全大检查，查安全隐患和漏洞，对查出问题和隐患制定整改方案及时解决，并明确责任人限期搞好整改。

（3）加强现场安全管理，规范两个行为，落实管理人员值班和现场盯岗制度，狠抓规程兑号及现场落实；提高职工安全生产和"自主保安、相互保安"意识。

（4）加强对职工的安全技术培训，认真落实规程、措施规定，以及安全技术操作规程的贯彻、考试、签名制度；提高职工技术操作水平，确保不安全不生产。

八、淮北矿业集团公司岱河煤矿"2005.9.22"顶板事故

2005年9月22日2时38分，淮北矿业集团公司岱河煤矿（以下简称岱河煤矿）Ⅱ10采区Ⅱ3108下风巷掘进工作面迎头发生一起重大顶板事故，造成3人死亡，1人重伤，1人轻伤，直接经济损失70多万元。

（一）事故经过

（1）事故发生时间：2005年9月22日2时38分；

（2）事故发生地点：Ⅱ3108下风巷掘进工作面迎头向后9m范围；

（3）事故及抢险经过。

2005年9月21日晚，掘进一区技术员王某召开当班班前会，布置生产任务，二队当班出勤9人。23时50分左右，Ⅱ3108掘进迎头第一次放炮，22日0时30分左右，工作

面第二次放炮。2 时 38 分，风巷迎头律某等 3 人正在打锚杆（后面准备出第九车货）时，自迎头向后巷道顶板突然垮落（冒长 9m、冒高达 5m）。

9 月 22 日 2 时 44 分，矿调度接到掘进一区二队当班工人刘某汇报，Ⅱ3108 下风巷掘进工作面迎头突然冒顶，正在迎头作业的 5 人被埋堵。

接到事故报告后，矿立即组成了以矿长为总指挥的抢险指挥部，并向有关部门汇报事故情况，淮北矿业集团救护队也立即赶赴井下参与抢险。

3 时 20 分，现场指挥部决定从冒顶上方进入迎头救人，边支护边向前搜寻被埋人员，并与被埋人员喊话联系，由于冒落高度达 5m，长度达 9m，宽度达 3m，且冒落物均为岩石，清挖工作非常困难。至 22 日 22 时 23 分，遇险人员律某在迎头右侧被救出。抢险人员继续搜救，至 23 日 1 时 17 分，将左侧张某救出。

经现场仔细搜寻和敲击呼叫，没有回音。23 日凌晨 2 时，抢险指挥部决定沿巷道底板施工巷道搜救被埋人员。至 24 日 5 时 38 分，又将刘某扒出，9 时 51 分将甄某扒出，11 时 16 分将另一位工人刘某扒出，但 3 人全部遇难。

（二）事故性质及事故原因

（1）事故性质。这是一起掘进迎头地质条件发生变化，放炮后顶板离层、裂隙进一步发育，在打锚杆眼振动诱导下，锚网支护失效，顶板突然大面积垮落的责任事故。

经分析，发生这起顶板事故的直接原因有以下四个方面：一是采掘压茬时间短，该风巷的顶板仍处于顶板活动不稳定期；二是在掘进迎头有一条落差为 0.5m 的正断层，断层面横向切断迎头顶板；三是迎头顶板岩石（岩性为属裂隙发育的块状泥岩）已处于原Ⅱ3108 工作面采空区老塘水浸蚀区域内，裂隙进一步发育；四是在顶板锚固加固梁上方形成离层，巷道中顶锚索已处于受拉的临界状态。在放炮后，打锚杆时的震动诱导下，支护失效而发生大面积冒顶。

（2）事故原因：

1）该风巷锚杆支护设计未委托锚杆技术公司或科研院校进行锚杆支护设计；对老塘侧采取工字钢支护，设计缺乏依据。

2）未及时分析确认该掘进工作面迎头顶板受隐伏构造、老空区水浸蚀、顶板离层对锚网支护强度的影响，也未采取相应措施。

3）未认真落实作业规程、技术安全措施的编制、审批、执行制度。区（队）施工技术员擅自更改巷道锚网支护设计参数，措施审批时把关不严；对现场存在的地质条件变化、个别锚杆质量差等问题，未引起足够重视、未向有关部门及时汇报，也未采取改变支护形式或对原巷道加固的措施。

4）矿井接替较紧张，采掘压茬时间短。矿井 1~8 月份计划产量 880000t，实际产量 991851t，超计划 12.7%。Ⅱ3108 工作面收作仅 4 个月，就安排Ⅱ3108 下风巷施工，巷道顶板仍处于顶板活动不稳定期。

5）未认真执行锚网支护的监测监控制度。矿未配备相应的专业监测人员负责锚网支护效果的监测工作，矿井抽检制度落实不到位。

6）安全生产责任制落实不到位，对作业规程的落实监督不力。虽然现场检查已发现迎头顶板破碎、巷道片帮、个别锚杆盖板不贴岩面等问题，但未及时反馈到有关部门、未引起矿足够重视，未采取相应的措施。

（三）防范措施

为认真吸取本次事故教训，防止同类事故的重复发生，建议采取以下防范措施：

（1）加强技术研究，提高对沿空锚网巷道顶板危害性认识，对沿空送巷巷道顶板受小断层、水浸蚀及采动影响后顶板产生的离层裂隙，要进一步加强研究分析工作，以提供科学合理的支护参数。

（2）认真执行关于煤巷锚杆支护的有关规定，根据地质条件的变化，选择适当的支护形式和参数，对特殊地段要及时改变支护形式，从源头上把关，严防顶板事故的发生。

（3）加强安全生产技术管理工作，进一步落实各级安全生产责任制，严格执行安全技术措施编制、审批制度，提高对沿空掘进顶板受上工作面采动影响后产生的顶板裂隙、位移及荷载的重新分布规律的认识，合理地确定设计参数，制定科学的措施，从源头上消除安全隐患，确保矿井安全生产。

（4）进一步提高安全生产意识，真正摆正安全与生产的关系。采掘接替发生矛盾时，要从安全的角度合理安排生产，同时要加强现场安全生产管理，及时排查和认真分析、处理生产过程中出现的安全生产隐患。

（5）加强巷道掘进施工期间的工程质量管理。加大锚杆监测制度的落实力度，对施工期间顶板监测信息和地质情况变化要及时收集整理，向有关部门反馈，以修改确定合理的支护形式，确保施工安全。

（6）进一步落实各级安全生产责任制，真正把各项安全制度和措施落到实处。要高度重视生产过程中出现的安全问题，加大对规程、措施落实的监管力度，及时消除安全隐患，确保矿井安全生产。

（7）认真总结、吸取事故教训，进一步加大对巷道锚网支护设计，施工质量的监督指导力度，防止类似事故的发生。

九、白水煤矿"2006.3.13"掘进工作面顶板事故

（一）事故经过

2006 年 3 月 12 日早班，白水煤矿某掘进队班前会由队长主持，当班出勤共 12 人，带班副队长蒋某，班前会上向工人贯彻了 21107 下顺槽作业规程，同时重点强调了安全注意事项。到达工作地点后，带班副队长蒋某要求本班正常掘进而且不能低于 4 排，安排掘进工张某和高某在迎头工作面打眼，其他人员出碴、刷帮、打帮锚。大约到 14 时 10 分左右放炮结束，到 16 时 20 分左右迎头已支护了 2 排，前面剩不到 1 排的道，班长赵某说用风镐往前再开 1 排，两排一块支护，当即就安排张某和高某在迎头用风镐掘进。由于一直没有采取临时支护措施，顶板没有及时得到加固，岩石发生离层，顶板突然掉下 1m ×0.8m×0.5m 的大石块，将站在迎头用风镐掘进的张某砸伤。

（二）事故原因

（1）放炮后，没有认真执行敲帮问顶制度，顶板存在离层，安全隐患没有及时得到处理的情况下空顶作业严重违章，是造成事故的直接原因。

（2）掘进工张某在进行风镐掘进前，也没有进行敲帮问顶工作，空顶作业，是造成事故的直接原因。

（3）迎头空顶时没有严格遵照《作业规程》规定对顶板进行临时支护，严重违章作业，是造成此事故的间接原因。

（4）掘进队安全生产观念不强，对职工教育不到位，不能认真贯彻执行相关的规程及措施，是造成事故的间接原因。

（三）事故责任划分

（1）班长违章指挥工人冒险作业，负直接责任。

（2）职工张某在未敲帮问顶的情况下违章作业，负主要责任。

（3）队长、书记对职工安全教育不到位，负领导责任。

（四）事故防范措施

（1）严格执行敲帮问顶制度，危石必须挑下，无法挑下的，应采取临时支护措施，坚决杜绝空顶作业。

（2）掘进工作面坚持使用好前探梁，做好超前支护。

（3）加强职工的安全教育，提高安全防范意识。

（五）事故感想

在掘进工作面施工时，要严格执行敲帮问顶制度，不能心存侥幸心理。正规使用前探梁，宁肯停工停产，绝不违章冒险，一切按规定办事，不断增强安全防范意识，才能确保安全生产。

十、白水煤矿"2006.3.13"顶板事故

2006年3月13日7时20分，白水煤矿掘二队在17507下顺槽综掘工作面发生一起顶板事故，伤亡1人。

（一）事故经过（见图7-6）

2006年3月13日零点班，掘二队在17507下顺槽综掘工作面施工。当班安排施工两个循环。第二循环割完煤约7时左右，发现顶板由煤转为碳质泥岩。接着按作业程序移设前探梁，进行临时支护。右手侧前探梁悬吊正常，当悬吊左手侧前探梁时，由于第一根锚杆丝外露短无法悬吊，就将前探梁第一道链子悬吊在第二根锚杆上。按规定背上两根方木和6根搪材，然后进行锚杆施工。由于巷道较高，锚杆机易发生倾倒，班长李某安排杨某进工作面与其余2人一起施工顶锚杆，7时20分左右施工第3锚杆眼时，顶板突然来压，班长喊快跑，瞬间顶板压弯并分开前探梁垮落，杨某避之不及被埋压，经抢救无效死亡。

（二）事故原因分析

（1）直接原因：顶板整体冒落，压垮前探梁，致杨某被埋压死亡。

（2）重要原因：

1）临时支护没有进行科学验算，支护方式存在缺陷。

2）前探梁材质差，管子锈蚀严重。

3）前探梁悬吊位置不当，接顶不实。

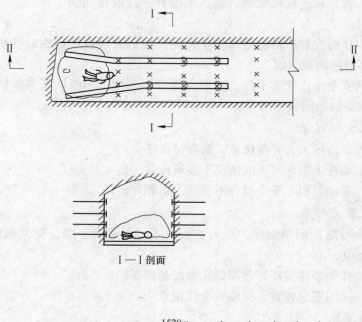

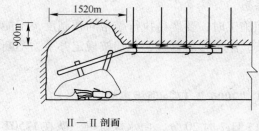

图 7-6　白水煤矿"2006.3.13"工作面顶板事故剖面图

（3）间接原因：

1）现场监督检查不严，纠正违规行为不力。

2）出现地质变化，认识不足，防范措施不到位。

3）职工培训不严不细，操作过程人员站位不当。

（三）事故点评

"3·13"顶板事故的发生首先是因为前探梁钢管被压弯曲变形、几近折断；其次是顶部一块完整的石头沿滑面冒落，将工作面迎头完全覆盖。尽管前探梁的材质有问题，但即使是符合要求的前探梁，也可能会出现重量更大的岩石将其压弯。这就说明，其本质在于锚杆支护巷道采用前探梁临时支护方式就存在问题。根据事后对作业规程和临时支护更改措施的检查发现，临时支护的强度没有进行切合实际的验算，同时，更改临时支护方式和锚杆的锚固端形式较为随意，支护用品的检验、验收执行不到位，技术管理措施不力。

假如锚杆支护强度真正符合实际要求，锚杆就不会脱落；如果临时支护方式切合实际、强度符合要求、背顶紧实，作业人员就能够及时撤退；如果工序组织合理、作业人员站位正确、退路畅通,作业人员就不会被埋压。

此起事故教育我们,在技术管理方面应加强制度管理和过程规范,现场管理方面应着力于应急防范,要求操作前一定要有预防和避灾意识。如果杨某在工作时有避灾意识和防范经验,就不会站在锚杆机以内协作打眼,从而迅速逃生,避免悲剧发生。因此,煤矿职工在学习专业知识和安全规定的同时,要不断提高实践中认知危险源的能力和水平,增强避灾意识,着力防范。而现场管理人员也要在各环节作业中提升专业技术水平,提高对地质变化的认识和判断能力,以安全防护为主,对各环节的施工制订临时的安全技术措施和应急防范措施,加大执行力,以实施保落实,以确认保安全。

十一、唐山某矿 –950 暗井下车场开拓顶板事故

2006 年 9 月 16 日 6 点班,该矿 –950 暗井下车场清扫斜巷开拓工作面发生冒顶事故,死亡 1 人。

(一)工作面简况

该矿 –950 水平暗井下车场清扫斜巷为开拓工作面,岩石掘进,倾斜巷道,采用炮掘施工,掘岩机排矸,锚喷支护,三班作业方式。

(二)事故经过

2006 年 9 月 16 日 6 点班,班前会上安排杨某等 5 人到 –950 水平暗井下车场清扫斜巷进尺,主管三班的队长曾某约在 7 时到达工作面,先检查迎头情况,组长杨某等人约 7 时 10 分到工作面,先组织对工作面的安全确认,填写确认牌板后开工,先找掉,而后由曾某开眼,鲁某操风锤,翟某扶架子打锚杆,打了 5 根锚杆后进行卧底,之后由曾队长领钎,翟某、鲁某分别在两帮打完全茬炮眼,装药、放炮后验炮,由鲁某找到,之后打揪、耙岩、装车。在排矸期间,队长曾某操作耙岩机,鲁某在其后侧用矿灯辅助耙岩照明。当装满一车矸石后,鲁某见用大耙够不到槽口左帮矸石,就让曾某暂停耙岩,他到迎头去用锹撬撬再耙,鲁某去前面撬矸,曾某则在耙岩机附近清理散落的矸石。约过了 10min,曾某听到槽口有响动,抬头一看槽口没有灯亮了即跑过去,才发现鲁某在距迎头 1m 多处,头向里,面朝下,趴在巷道左帮,身体左侧一块大矸石靠在身上,曾某即清理鲁某身旁矸石,将鲁某抱到安全之处,喊人救护,并向开二区及矿调度室汇报。救护队和医生赶赴现场进行急救,但终因抢救无效死亡。

(三)事故原因

(1)直接原因:

1)现场已打上的锚杆不能有效支护顶板。

2)作业人员找掉不细,且没有及时进行锚杆支护。

3)作业人员违章进入尚未支护地点作业,被掉落矸石砸伤。

(2)主要原因:

1)现场管理不到位,安全技术措施不落实,锚杆规格及角度不符合规定。

2)安全管理不到位,对已确认发现工程质量问题及安全隐患未及时采取有效补救措施解决或消除,就进入下道工序冒险作业。

3)各级领导安全管理和生产管理不到位,未能及时提供合适的施工器具;员工的规

范操作意识差。

4）安全监督检查工作存在漏洞，现场安全技术措施不落实，监督检查不到位。

（四）防范措施

（1）认真开展反事故活动，汲取教训。

（2）各专业督导组和基层单位要积极组织现场安全排查，规程、措施对号工作，针对现场问题搞好整改。

（3）落实安全生产责任制，加强层次管理，确保安全管理工作兑现。

（4）开拓、掘进工作面在施工中必须要依据巷道断面大小，配套长短钎子，否则不能进行施工。

（5）对现场管理人员进行安全培训，搞好安全管理及安全确认工作。

十二、大兴矿"2007.7.12"顶板事故

（一）事故经过

2007 年 7 月 12 日零点班，大兴矿岩掘队在 N2406 瓦斯道工作面掘进施工，跟班干部万某、班长李某和安检员吴某。3 时 45 分，放完当班第一遍炮，组长周某在班长李某的监护下找净帮顶后，2 人将工作面迎面牵引滑轮吊挂锚杆打完。4 时，李某安排周某、赵某、吴某、韩某链顶板网，这时验收员吕某叫韩某随其进入空顶区给顶锚杆画点。4 时 05 分，顶板沿新暴露的滑面突然脱落一岩块（2.5m×1.1m×0.37m），将吕某挤砸倒在左帮下，救出后送至医院确认其已经死亡。岩块掉落时，韩某被压倒在浮矸空隙之间，救出后检查为胸部及左腿擦伤。

（二）事故原因

（1）直接原因：吕某、韩某违章作业，在工作面无任何支护的情况下擅自进入空顶区。

（2）重要原因：

1）炮眼施工违反作业规程规定，左顶板炮眼打偏，爆破破坏了顶板的完整性，滑面的出现，更加减弱了顶板的承压能力，因工作面爆破震动，使顶板岩石出现裂隙，岩块呈悬臂状态，离层脱落。

2）爆破后工作面没有采取前探支护措施。

（3）间接原因：

1）对职工的安全思想教育不到位，吕某、韩某没有执行"安全第一、预防为主"，存在侥幸心理，违章作业。

2）现场跟班干部、班长、安检员不坚持原则，没有制止违章行为。

3）爆破后对顶板观察不细，没有发现地质滑面，没有严格执行敲帮问顶制度。

（三）防范措施

（1）加强对职工的安全思想教育，继续开展安全生产大讨论活动，吸取教训，举一反三，坚决做到不违章作业。

（2）从操作上精细管理，严格执行规程，提高施工质量，杜绝不按规程要求施工的现象，消除事故隐患。

（3）掘进、维修工作面严格执行超前别顶措施，对照规程逐项排查，严格监督检查。

（4）加强生产过程中的隐患排查，对照规程措施逐项确认，提高规程措施的落实率。

十三、辽宁省北票煤业"2012.5.21"顶板冒落事故

（一）事故经过

2012年5月21日，辽宁省北票煤业有限责任公司台吉煤矿四井发生一起顶板事故，造成4人被困，其中2人获救、2人死亡。北票煤业有限责任公司由原北票矿务局改制而成，为民营股份制企业。该矿属生产矿井，核定生产能力18万吨/年。

（二）事故原因

该矿−590m水平西一石门机巷掘进工作面位于采场应力集中区，采用梯形木棚支护，因支护强度不够，掘进放炮后顶板冒落，导致事故发生。

（三）综合防护措施

（1）要做好敲帮问顶和临时支护工作，严禁空顶作业和随意放大循环进尺。

（2）永久支护设计要科学合理，确保足够的支护强度。

（3）支护材料的规格、质量要符合设计要求，尤其是锚杆支护材料，要保证每一批次的材料质量均符合设计及相关规定。

（4）要坚持做好班组工程质量验收工作，确保每个循环、每个班次的工程质量、工作量符合设计和作业规程的要求。

（5）要定期观测、检查巷道顶板支护情况，锚杆支护巷道要做好离层指示仪的安装、观测和汇报工作，随时掌握顶板支护状况。

（6）要超前掌握工作面的变化情况，要及时掌握掘进工作面前方的地质构造、动压影响、岩性变化、立体交岔、采空区、贯通等影响顶板管理的异常因素，并提前制定针对性的安全技术措施和应急预案。

（7）要及时掌握工作面每班的动态情况，在班前会上要把每班的工作重点和安全要点落实到位。

（8）坚持做好职工安全技术培训工作，通过危险源辨识、事故案例教育等活动，提高职工的认知判断能力、安全警惕意识和危险处置能力。

十四、遵义县平正乡野彪一号煤矿"2012.6.6"顶板事故

（一）事故概况

2012年6月6日6时48分，遵义县平正乡野彪一号煤矿发生一起较大顶板事故，造成4人死亡。

野彪一号煤矿隶属贵州思瑞丰矿业集团有限公司，为证照齐全的生产矿井，设计生产能力9万吨/年。

（二）事故原因

（1）事故直接原因：10503采面2号切眼掘进工作面未及时支护顶板，工人空顶作业，顶板冒落导致事故发生。

（2）事故间接原因：

1）煤矿技术管理差。在掘进工作面煤层厚度、倾角发生变化后，未及时调整施工方案和加强顶板支护。

2）煤矿现场安全管理混乱。未严格执行已批准的安全技术措施，循环进度超过规定且未及时支护顶板；在未采取临时支护的情况下，违章指挥工人空顶作业。

3）公司对安全措施审查把关不严。对 10503 采面遇地质构造后重新开掘切眼的安全措施未严格审核，批复后也未及时进行监管。

4）驻矿安监员未认真履行工作职责。发现 10503 采面 2 号切眼掘进工作面的安全隐患和违章作业行为后，未汇报，未处置。

（三）防治对策分析

1. 前期加强对地质构造的调研和分析

进行煤矿开采之前，首先要对矿区范围内的地质构造进行调研和分析，重点调研煤层顶板的变化情况，其岩性、煤层结构等情况，并且将能够影响到顶板变化的地质因素、分布区域等要在采掘图上标注，并且随时补充、修改。

2. 采用合理的支护方法

煤矿由于所处的地理位置不同，其煤层的储存条件以及顶板的特点都是不同的，应该根据实际的岩层情况，坚持使用前探梁，应用松动圈理论，对支护方法改进，增强对围岩的应力检测。巷道放炮之后，首先进行临时支护，尽量降低空顶时间；合理选择工作面的支护方法，据其顶、底板的力学性质；特殊的区域范围可以采用锚喷的方式，或者可缩性的支设，联合的支护方法等多种方法提高顶板和巷道的稳定性和安全性。

3. 加强安全教育和培训，提高安全意识

预防煤矿顶板事故最基本的就是要提高煤矿各员工的安全意识，加强相关从业人员的安全教育和培训，组织员工学习正确的操作规程及法律法规。通过安全教育提高其安全生产的自觉性，并且积极主动地做好预防煤矿顶板事故的各项工作。并且定期对员工培训顶板事故的危害、预防等内容，将顶板事故消灭在萌芽状态，扼制顶板事故的发生。

4. 建立完善的安全生产管理规章制度

要依据煤矿安全生产的相关法律法规，结合矿井的实际情况，制定切合实际的安全生产管理制度，对各个岗位等都有明确的岗位职责规定，有现场跟班制度、矿井检查养护制度等，做到环环相扣预防煤矿顶板事故，发生疏忽有"法"可依。

5. 加强现场管理

通常发生煤矿顶板事故时，都是在采掘工作面，因此，现场管理做得好很大程度上能够预防煤矿顶板事故。首先，安全管理层必须对矿井的煤层、结构、顶板等的情况做到了如指掌，定时巡查每个工作面时，能够及时发现顶板管理存在的隐患，及时整改，排除隐患；一线的采矿人员应当具有一定的技术和素质，我国的很多中小煤矿的一线采掘人员都是未经培训的工人，也一定程度上加大了煤矿顶板事故发生的几率，在进行采掘工作时能够预防顶板事故；指定专人在安全地点观察顶板的情况，一旦有事故预兆，及时排除或者通知撤离人员。

除此之外，还有加强顶板支护技术措施的落实，实时的应用新的采掘技术，合理安排开采方法，加强地质测量工作等方法来积极有效地预防顶板事故的发生。

十五、承德某矿顶板死亡事故

2012年7月2日10时30分，承德某矿井下6140采区1807水平掘进工作面发生一起顶板事故，死亡1人。

（一）事故经过

7月2日6时50分，开拓二队副队长郑某召开8点班班前会，主要讲安全操作规程，安排当班任务。之后，郑某带领王某、陈某和刘某3人来到180水平掘进工作面，查看现场情况后，安排王某等3人在顶上打1个炮眼，两帮挖好柱窝，架上1架金属拱形支架，清理干净浮渣。安排完工作后，郑某就离开了该工作面。因为现场风锤的水管不够长，王某安排陈某去3207水平的掘进面找2根水管，王某和刘某二人清理工作面浮煤和淤泥两矿车。第二个矿车装满后，刘某推车去外车场，并在车场等空矿车，王某在工作面迎头找掉。10时30分，陈某从320水平掘进面返回工作面，看到王某跪趴在迎头无支护处底板上，后脖子上压着一块600mm×300mm×300mm的矸石，安全帽掉在迎头左帮，喊他不吱声，身边有一根1.2m长钎杆和一把镐，钎杆上有新掉落的浮矸。陈某急忙把压着王某的矸石搬开，将王某向外拖到金属拱形支架下面，看到王某的鼻子和嘴上全是血。10时42分陈某向调度室汇报事故。11时2分，救护队员到达事故现场，对王某进行紧急救治后，送承德市第六医院。11时50分，经抢救无效死亡。

（二）事故原因分析

直接原因：6140采区180水平掘进工作面作业人员王某违章作业，在无人监护的情况下，站在迎头空顶区域使用短钎和手镐找掉过程中，被掉落的矸石砸伤致死。

间接原因：

（1）现场施工人员违章作业。在无人监护的情况下，单人使用不符规定的工具找掉。

（2）安全规程流于形式，现场安全管理有漏洞。开工前跟班副队长、安全检查员都在现场，未认真排查、治理作业现场存在的使用点柱临时支护时间较长的顶板安全隐患。

（3）生产管理不规范，工作安排随意性大。不经请示批准，不采取有效措施，跟班副队长擅自临时安排已长时间停工的掘进工作面复工；对违章作业行为监督制止不力。

（4）技术管理不到位，作业规程学习贯彻有漏洞。《6140采区180水平掘进工作面作业规程》中，没有制定采用金属拱形支架支护巷道施工过程中的临时支护措施；仅对开工当天到班人员进行了作业规程的学习贯彻，没有对休班及后调入人员补充学习贯彻，造成陈某、刘某均没有学习作业规程就上岗作业；作业规程在现场未落到实处。

（5）安全教育培训不到位。职工安全意识差，自主保安和相互保安做得不够。

（三）事故防范和整改措施

（1）立即开展全面的安全隐患排查治理活动，重点加强顶板专项检查，对各区队顶板管理达不到要求或不符合采掘作业规程要求的地点、部位全面进行整改，确保安全生产。

（2）强化安全管理，确保岗位责任制的落实。各级管理人员要严格落实岗位责任制，堵塞安全管理漏洞，高度重视顶板管理工作，摆正安全与生产的关系，牢固树立不安全不生产的理念。

（3）加强技术管理。严格规程、措施编制和审批程序，补充完善相关内容，增加其针对性和可操作性，加大规程、措施学习贯彻力度，确保其在现场落实到位。

（4）强化对职工安全教育、培训工作。加大"三大规程"学习贯彻力度，全面提高职工自主保安和相互保安意识，进一步规范职工操作行为，杜绝违章作业现象。

十六、神华亿利能源有限公司黄玉川煤矿"2013.9.16"顶板事故

2013年9月16日23时54分，神华亿利能源有限公司黄玉川煤矿216上02胶带运输顺槽掘进工作面，在进行支护作业中发生一起顶板事故，造成3人死亡，1人受伤。

（一）事故发生经过

2013年9月16日15时，项目部综掘一队队长张某申组织召开班前会，中班10人参加了班前会，要求补打帮锚杆和顶锚索后再掘进。16时20分，10名作业人员到达掘进面，班长张某建安排康某启动掘进机，开始掘进。同时安排工人蒋某、施某、高某开始支护顶锚杆、锚索，张某平、景某支护帮锚杆、挂帮网，王某、蒋某、刘某负责开胶带输送机。20时30分，已经完成了4m全断面掘进后，开始在巷道左侧掘进。掘进了4m后，掘进机移到右半面掘了一刀，约23时54分，顶板突然冒落发生了事故。事故发生后，张某建、景某、张某平、施某4人被冒落的煤矸掩埋。

（二）事故原因

1. 直接原因

216上02胶带运输顺槽综掘工作面接近DF6断层，顶板出现破碎，施工队在没有及时采取加强支护措施情况下，连续3个班未按作业规程规定进行支护（共欠14根顶锚索，32根帮锚杆），违章掘进，导致大面积顶板冒落，造成3人死亡，1人受伤。

2. 间接原因

（1）项目部安全管理不到位，现场安全管理人员配备不足，领导带班下井制度执行不严，安全培训不到位，无证上岗，工人违章未及时制止。

（2）上级单位对所属黄玉川煤矿项目部安全监管不到位，对存在安全管理人员配备不足、安全培训不到位没有及时改正。

（3）黄玉川煤矿安检人员配备不足，安全检查不到位，对榆林胜利公司黄玉川煤矿项目部安全监管不严，工人违章无人及时制止。

（4）施工队对黄玉川煤矿地质条件复杂、新建矿管理基础薄弱等实际情况未予重视，未配备专职安全副矿长，安检人员配备不足。

（5）黄玉川煤矿项目部领导带班下井制度执行不严，部分安全管理人员、特种作业人员未持证上岗，没有及时发现并责令改正。

（三）防范措施

（1）要抓好采区地质情况的预测预报工作，为顶板管理提供基础资料。适时根据顶板实际情况调整支护方式，加强支护强度和质量。

（2）应总结事故发生原因，加强煤矿安全管理，根据煤矿实际管理需要配足安检人员，明确岗位责任，严格执行《煤矿安全规程》、作业规程和隐患排查制度，确保制度落

到实处。加强对外委施工队的安全管理、人员配备、安全教育培训和作业规程落实情况的监管。

（3）要加强安全监管，加强现场监督检查。要建立、健全安全生产责任制，设置安全生产相关管理机构，按照规定配足安全管理人员，严格执行领导带班下井制度，加强安全培训教育，杜绝"三违"作业。

（4）要认真吸取事故教训，加强对所属煤矿的安全监管工作，加大现场监督检查力度，认真监督落实各项安全管理制度和安全隐患排查制度，强化对基建矿井施工队伍的安全监管。

第二节　其他巷道顶板事故案例分析

一、大隆矿"1981.5.23"顶板事故

（一）事故经过

1981 年 5 月 23 日 13 时 50 分，大隆矿掘进三队在东一东五段运输顺槽掘进时，距工作面 17m 处的耙斗机司机潘某正在装岩，这时巷道左上角顶板突然掉矸，将潘某小腿埋住，接着又掉下来一块长 800mm、宽 600mm、厚 500mm 的岩石，将潘某砸倒后，因伤势过重抢救无效死亡。

（二）事故原因

（1）脱落的棚梁是临时支护，为矿用 U 型钢，拱型支护，棚子支护不符合作业规程要求，左侧棚腿歪，没有打筋木。

（2）铁梁子两端连接板焊缝强度不够，开焊，顶板来压后使该棚支护失效。

（3）安全质量管理不严，对支护棚子的安全质量检查不够。

（4）作业者安全意识差，作业前没能及时发现并排除作业现场周围的安全隐患。

（三）防范措施

（1）加强施工质量管理，严格按作业规程施工。

（2）对制造、加工的支护棚子等质量要严格把关，按质量标准验收，不合格的产品不准使用。

（3）加强安全质量检查工作，对各类安全隐患，都要及时处理。

二、大隆矿"1987.8.7"顶板事故

（一）事故经过

1987 年 8 月 7 日 8 时 10 分，大隆矿维修二队崔某等一行 9 人进入北一采区下部车场进行破砌碹工作。破砌碹断面：净高 3.1m，净宽 4.2m。在破砌碹处，旧碹破损较严重，下面已支护两架木棚，用木桩井字形木垛接碹顶。原两架木棚中有一架木棚腿影响砌碹。为此，他们在距棚腿 0.6m 处又备了一架木棚，帮顶刹好后，将原木棚翻掉，但有约 1m 厚的白砂岩伞檐没找掉（白砂岩伞檐岩石完整，未发现裂隙）。用 2 根 1.5m 长、直径 12cm 粗的圆杆，一头担在旧碹头木桩上，另一头担在新碹头的挑梁木垛上，用大小桩将伞檐刹住，并将其他空帮空顶刹好开始砌碹墙。此时最大空顶距 1.2m。14 时 45 分，顶

板突然来压，旧碹头及木垛陷落，挑梁滑动，伞檐白砂岩石滚下，推倒木棚，造成冒顶。冒落高度1.4m，冒落后最大空顶距2.2m，冒落岩石约4m³，当时砌碹工崔某站在两车中间接砂灰，被冒落的岩石块压住。现场人员立即将崔某从岩石中扒出，并送至地面医院，经抢救无效死亡。

（二）事故原因

（1）支护伞檐的两根刹杆，一头担在旧碹头朽木桩上，一头担在新碹头上部挑梁上，顶板突然来压，伞檐白砂岩石将旧碹头上部朽木碹头压落，支护伞檐两根刹杆滑动，造成冒顶，并推倒两架木棚。支护顶板岩石的两根刹杆没有起到支护作用。

（2）两根临时支护木棚，虽然用木桩接顶，但两帮没刹严，没有戗顶子，顶板岩石冒落将木棚推倒。

（3）安全思想不牢，存在麻痹大意思想。

（三）防范措施

（1）在破砌碹施工中，首先必须找净浮石，顶板刹严备实，否则不得施工。

（2）对临时木棚支护，必须用木桩接顶，同时两帮刹严，打好劲木、戗顶子。

（3）加强安全技术培训，提高各级人员技术素质，加强安全管理，提高工程质量。

（4）各级安全检查，严格执行"三大规程"，隐患不处理不许作业。

三、晓明矿"1988.3.26"顶板事故

（一）事故经过

1988年3月26日白班，晓明矿维修一队方某小组6人在南四采区东二段四层回风顺槽和东三段四层边联交岔点处拆换两架缩口抬棚梁。15时左右已基本完活，在收工前，班长方某安排进行收尾工作：有人在清理木料，有人在清点工具，有人在扫矸清道，有人在检查工程质量，加固棚子。当时局部通风机和刮板输送机都在正常运转。由于作业地点噪声太大，作业人员未听到异常响声，也未观察出顶板有异常变化。但突然间整个抬棚倒了，6根插梁全部平落下来，顶板冒落长3.8m、宽2.8m、高2.0m。造成2人死亡，1人重伤。

（二）事故原因

该事故地点为10.3m²的大断面交叉点，一侧设40型刮板输送机进行掘进出货，巷道中间铺设铁道供掘进运送物料，风筒及电缆吊挂在有输送机一侧巷道的帮上，工作现场噪声较大。

在清理事故现场后发现该处刮板输送机被顶弯达5m长，偏离刮板输送机的正常溜道0.7m，而两侧煤帮并无矿压显现。据此断定为一侧抬棚腿被刮板输送机拉出的类似木桩的物体支倒后，使整个抬棚插梁全部落下，造成冒顶。

（三）事故教训

（1）管理干部和生产作业人员的安全第一思想还不扎实，没有把各级安全生产责任制和各工种操作规程落实到生产的全过程中去，特别是在比较繁杂的条件下作业。对意外因素的干扰，缺乏相应的防范措施。

（2）工人缺乏安全技术知识，缺乏安全生产经验，自主保安能力不强。

（3）同一采区、同一煤层应尽量避免临近开采的布置，以减少煤巷大断面交叉的设计，给支护选型及巷道维修带来不便。

（4）对于铁木结构支护形式的应用范围也值得研究和探讨。

（5）该处的支护已竣工半月有余，但一受到外力的作用整个棚子就倒了，工程的质量存在较大的问题。

（6）在既有刮板输送机，又有轨道，还有局部通风机声响的繁杂条件下施工，在监视措施或以安全为主先后顺序上应有正确的选择。

（7）单位干部、班组长对意外的静态变化、动态变化心中无数，认识不足，缺乏防范措施，更没有到现场亲自把关。

（四）防范措施

（1）强化职工安全思想教育和安全技术知识教育，不断提高全体职工的安全思想意识和安全技术业务素质，做到对作业现场的不安全因素心中有数，制定有针对性的安全防范措施，把事故隐患消灭在萌芽之中。

（2）选择合理的施工方案，考虑各种不利因素，改进不合理设计，做到技术合理，安全可靠。

（3）加强巷道维修管理，严格落实井巷维修管理制度。

（4）严格工程质量验收、检查制度，不断提高工程质量。

（5）加强大断面、繁杂条件施工管理工作，安全措施必须具体、切实可行，确保作业过程中施工人员的安全。

四、小青矿"1989.1.22"顶板事故

（一）事故经过

1989年1月22日零点班，小青矿负责扩大副井下 -447 中央泵房断面的砌碹队徐某小班，接班后的主要工作量是将零点班留下的 2m 碹墙立碹胎、砌 20 行料石拱。大约午夜零时，班长徐某带领工人来到作业地点，徐某和褚某先用撬棍找了找帮顶，队技术员张某也看了一遍，看没危险后进行作业。工作时由徐某和褚某、朱某、刘某、张某翻碹胎。翻完后，褚某就和王某、李某、周某运料石，韩某和灰。工作面由徐某、朱某、张某、刘某搭跳、立碹胎。在搭跳过程中，徐某、朱某在前进右帮，张某和刘某在前进左帮立碹胎炕沿，刘某双手扶木料，张某拉锯，还没锯 1min （时间为 1 时 15 分），突然顶板来压掉块，把刘某埋住。韩某、朱某、徐某 3 人当即把压在刘某胸部的矸石抬掉。当时刘某半仰着（掉下有 6 ~ 7 块小块，大块长约 1.4m，宽 0.6m，厚 0.12m。张某、褚某也被打伤），送往医院经抢救无效死亡。

（二）事故原因

（1）该队不按规程措施作业，在补充措施没批的情况下，擅自改变支护形式，终因支护强度不够，放炮冒落近百车矸石，虽经抢修，但给顶板管理留下隐患。

（2）4 点班跟班副队长升井后交班说"帮顶没啥变化，就是正顶有道裂缝，下去检查一下"。却没有得到零点班的重视，没有坚持经常性的敲帮问顶，找掉不彻底，在刹杆不全、刹顶不严的情况下冒险作业，是事故发生的主要原因。

（3）当时中央水泵房水泵开着，没有发现顶板掉落的预兆也是事故原因之一。

（三）防范措施

（1）进一步加强职工的安全思想教育和安全培训工作，增强职工的安全意识和自我保护能力。

（2）严格按规程措施施工，措施没批下来，任何人不得擅自改变支护形式。

（3）严格执行有关顶板管理的规定，确保支护质量，正确使用前探别顶，坚持经常性的敲帮问顶，严禁空顶下或支护不完好的情况下作业。

（4）凡有顶板作业的地点必须设好专职顶板监护人，作业现场必须有跟班干部、安检员监督检查。

（5）坚持不安全不生产，隐患不排除不生产的原则，杜绝各类事故的发生。

五、大隆矿"1989.11.19"顶板事故

（一）事故经过

1989 年 11 月 19 日，大隆矿多种经营公司井巷维修组负责井下西翼采区北十二段胶带输送机道拉底翻棚工作，11 月 2 日开始施工，于 18 日已拉底修棚至胶带输送机尾三角点处。19 日白班井巷维修组负责在运输顺槽换棚 2 架，处理抬棚 1 架、拔铁腿 1 根。在 12 时 20 分左右处理最后一架棚，棚子拆完后，左帮用 φ12cm、长 2m 圆杆探顶，右帮用长 1.6m 大料探顶，探杆上用小料接顶。顶刹完后拔腿子挖柱窝，左帮腿子给上后，右帮是组长崔某和李某挖柱窝，崔某在上边挖，李某在下边挖。12 时 55 分，工人李某替换崔某。此时李某见顶板下沉，就喊李某快跑，同时李某与崔某向上跑了两步，这时顶板岩石冒落下来，将李某埋在里面，经抢救无效死亡。

（二）事故原因

（1）翻棚时临时支护不牢固，三角点的扩口棚和抬棚没有进行有效加固，顶板来压后压断临时支护并推倒抬棚，造成三角点处冒落。

（2）原木棚材质不符合要求（火烧木），木径不够粗。

（3）此三角点处有两部输送机头，一条胶带输送机，一个风机，噪声很大，不能及时发现顶板来压情况。

（三）防范措施

（1）拆棚要坚持加固前后 5m 内支架，拆棚、挖柱窝坚持设专人监护帮顶制度。

（2）对不符合要求的支护材料坚决不能使用。

（3）完善质量验收制度，对不符合质量标准的工程不予验收，要推倒重来。

（4）加强对职工的安全教育，认真开展安全培训，提高职工安全抗灾能力。

六、晓南矿"1992.7.15"顶板事故

（一）事故经过

李某是晓南矿公司残采队带班班长，1992 年 7 月 15 日 16 时 20 分，在东 -722 运输顺槽翻棚拿垛，仅剩 1.2m，由一架旧棚支撑，翻掉后架设一新棚即可前后接通。为使作业地点环境宽敞卫生，李某与另一工人用起重机拔原来的中心顶子，正巧起重机有了毛

病，随即蹲在棚下修理。该处顶板复合层较厚，已与老顶脱离，压力集中在一架旧棚上，旧棚受压歪倒发生冒顶，将李某埋在下面因窒息抢救无效死亡。这起事故原因比较简单，主要是李某本人在顶板不安全地点修理起重机。从而看出，身为带班班长的李某自主保安意识十分缺乏。

（二）防范措施

要继续不断地对工人进行自主保安教育，树立牢固的"安全第一"的思想；要强化顶板管理，在翻换棚尤其是拿垛，要根据现场具体条件，采取针对性措施，做到一人操作，另一人监护。

七、大兴矿"1993.12.30"顶板事故

（一）事故经过

1993年12月30日2时10分，大兴矿掘进四队工人在南一回风顺槽维修巷道过程中，由于受402采场动压影响，巷道顶板压力大，棚梁弯曲严重，造成顶板严重下沉，底板严重底鼓。正准备放炮处理底鼓大块时，朱某正好从里面往外通过，这时顶板突然冒落两架棚，当场将朱某压住，扒出后抢救无效死亡。

（二）事故原因

（1）在处理大块时，失修棚子没有采取临时支护，没有打临时顶子，是严重违章作业，这是造成这次事故的直接原因。

（2）朱某通过时没有认真观察顶板，也是造成这次事故的一个原因。

（3）维修后的巷道积货多，往外撤人时有影响，也是造成这次事故的原因。

（4）新工人入矿时间短，对维修巷道工作经验不足，安全意识不强，自主保安能力差，也是造成这次事故的原因。

（三）防范措施

（1）在全矿职工范围内开展安全思想教育，增强职工自主保安能力。

（2）禁止违章作业，违章指挥。

（3）今后在维修棚时，必须首先要采取临时支护措施，打好临时顶柱，否则，不许施工。

（4）加强在生产过程中的安全监督检查工作，杜绝各类事故发生。

八、晓明矿"1994.12.15"顶板事故

（一）事故经过

晓明矿北一采区东二段七层回风三角点施工完后，于1994年12月14日白班冒落，根据现场的实际情况，首先对冒顶区域附近20m内的支护进行加固，补刹帮顶、劲木，然后开始清理浮矸。15日白班，已清理好安全通路和备足处理三角点的用料。并由跟班干部、安检大队安检员和本班工长在现场指挥，工长周某亲自用长撬棍找帮顶浮石，并对冒顶区域的顶板采用无棚腿托钩棚和架棚进行临时管理，把冒顶区域内的帮顶管理好后，开始给$\phi300 \times 5600mm$的对抬棚先架设第一架抬棚，在架设第2架抬棚时，抬棚梁的右端已给完，王某与另外4名工人站在跳板上给抬棚梁的另一端，王某站在靠切眼下帮的最前

面，一只脚踏在跳板上，另一只脚蹬在巷壁凸出的岩石上，在其用力抬棚梁时，将凸出的岩石蹬下，人随之坠落后，另一块落下的岩块砸在王某的头部，经抢救无效死亡。

（二）事故原因

（1）现场指挥的队长和工长在组织给抬棚前，对帮顶找得不彻底，没有认真执行敲帮问顶制度，现场指挥不力，给事故留下隐患。

（2）施工方法不当是事故的直接原因。在三角点施工过程中，当架设完第一架抬棚后，应对周围环境进行观察，确认安全后再施工，而不应先急于架设第2架抬棚。

（三）防范措施

（1）严格执行敲帮问顶制度，抓好临时护顶措施的落实工作；

（2）对处理冒顶等特殊工程，认真编制切实可行的施工方案和安全技术措施，并落实到位；

（3）认真落实各级干部、安全管理人员的安全生产责任制，在现场做到尽职尽责；

（4）抓好对职工的安全技术培训工作，使职工的安全素质不断得到提高。

九、大明一矿"1995.7.20"顶板事故

（一）事故经过

1995年7月20日白班，大明一矿煤掘区103二队在西二西五段回风顺槽开拉切眼，工长齐某和工人于某打眼，共打了27个炮眼，由放炮员曹某装药并放炮。在放炮过程中，放炮员违反每次爆破不得超过4个雷管的规定，即第一次爆破了4个掏槽眼炮，第二次爆破了10个夹眼炮。当日14时，放炮员在第3次爆破中一次引爆了13个周边眼炮，导致三角点2根抬棚木梁和8根插梁被崩翻冒落。此时，在回风顺槽处理胶带输送机的队长赶到现场，进行了敲帮问顶，并将伞檐和浮石别掉，又见顶板光滑，便决定处理掉落的木棚。但是，由于此处顶板属于泥质砂岩，队长预测失误，在顶板没有支护的情况下，就指挥2名工人去拽压在插梁下面的抬棚木梁。这时，两块规格分别为2.7m×1.5m×0.4m和1.5m×1.0m×0.4m的石块瞬间冒落，将2名工人埋压在内，后经抢救无效死亡。

（二）事故原因

（1）放炮员违反每次爆破不得超过4个雷管的规定，第二、第三次超数量放炮，导致抬棚崩翻，是造成此起事故的直接原因。

（2）抬棚掉落后，队长处理措施不当，在无支护的情况下，指挥2名工人进入冒落区作业，是造成此起事故的主要原因。

（3）2名工人安全意识差，违章冒险作业，是造成此起事故的间接原因。

十、晓南矿"1996.5.19"顶板事故

（一）事故经过

1996年5月19日15时55分，晓南矿残采队在西二402回风顺槽与胶带输送机中巷联络道交叉点处，由于管理不善，发生了5.5m×4.8m×3.4m范围的冒顶，张某等3人被压，救出后张某当即死亡，其余2人侥幸轻伤。

当班,西二 402 回风顺槽与胶带输送机中巷联络道交叉点,顶板压力很大,支架变形严重,需对抬棚和插梁进行翻换,并将原来的"双抬棚",增加成"三抬棚"。但在架设完抬棚后,没有采取任何措施,就去回撤原有"双抬棚"。先使用起重机拉拽,"双抬棚"未动,后改用大头镐去撤抬棚与插梁间的垫木。当回撤到第 4 根插梁位置时,顶板离层下沉,把"双抬棚"与"三抬棚"同时推倒。

(二)事故原因

(1)队领导对安全工作重视不够,生产讲得多,安全讲得少,布置生产只布置任务,没有做到同时布置安全措施。

(2)新抬棚架完以后,应该采取打撑木等进行加固,由于工人的安全意识淡薄,架设完新抬棚也不加固就去回撤旧抬棚,是施工中的失误。

(3)没按规定对特殊工程制定专门安全措施,队领导也没到现场把关,任凭作业人员违章施工。

(三)事故防范措施

为了杜绝类似事故再次发生,应制定和遵守如下防范措施:

(1)加强作业规程及安全措施的管理工作,特殊工程不制定专门安全措施,严禁施工。

(2)特殊工程施工要派经验丰富的老工人作业,做到布置生产的同时要布置安全,队领导还要现场把关,杜绝蛮干现象。

(3)杜绝"小包工"的不良做法,对工人加强教育,时间必须服从安全,坚决制止完活早走的行为。

十一、小青矿"1997.3.1"顶板事故

(一)事故经过

1997 年 2 月 26 日,小青矿掘进二队 03 班开始在 W1、W710 号运输顺槽掘进施工。

掘进 30m 后,部分棚子变形严重。矿发现后,立即安排掘进二队处理,并指示掘进二队必须先修缮、加固后掘进。掘进二队根据矿里的安排,于 1997 年 3 月 1 日白班开始修缮,加固棚子。3 月 1 日三班,掘二队安排 03 班继续修固棚子,当班出勤 11 人,分两组作业。一组由跟班副工长郑某带领杨某等 3 人加固修复变形较严重的第 9 架棚(从抬棚向里数),另一组由组长尚某带领,在第 9 架棚里侧做修棚准备工作,清货和处理底板凹凸不平处。由于第 9 架棚变形比较严重,郑某等 4 人要把棚替下,由于棚的左上侧有一块 $1m \times 0.7m \times 0.4m$ 的浮石,影响替棚。郑某就安排杨某用撬棍将浮石撬下,他本人带领其他 2 人在一旁监护,并嘱咐杨某:"这儿的压力挺大,顶板不好,要加小心。"正当杨某用撬棍捅浮石时,郑某发现顶部往下掉矸石,就喊不好,快闪开!杨某未撤出便发生了冒顶事故,共推倒 9 架棚,将杨某埋住窒息死亡。

(二)事故原因

(1)职工安全观念淡薄,自主保安能力差,是这起事故的一个原因。

(2)准备修复的第 9 架棚部分帮顶桦子已拆掉,并且相邻的棚子加固不牢,是造成这起冒顶事故的直接原因。

（3）已掘巷道部分帮顶桦子刹得不实、不牢，加之顶板压力大造成棚子严重变形，也是这起事故的原因之一。

（4）掘进拉门后约5m，遇到了落差为0.8～1.0m的断层，而且该巷道顶板层、节理比较发育。又因顶板上1.5～1.7m处有一薄煤层线，致使顶板离层，造成巷道帮顶压力大，是这起事故的主要原因。

（三）防范措施

（1）井下作业场所，凡地质条件发生变化时，矿机关职能科室、生产单位都要采取相应的措施，防患于未然。

（2）强化生产现场的安全管理，认真执行"三大规程"，严格兑现施工措施，全矿各单位都要通过这起事故，举一反三，防微杜渐，查隐患、堵漏洞，做到不安全不生产。

（3）采、掘、维等各作业场所必须严格按矿井质量标准化标准施工，生产科、机电科等机关职能科室要严把工程质量关，不合格的坚决推倒重来。

（4）切实加强顶板管理，今后凡巷道架棚都要使用钢板联结，用卡子卡牢，杜绝倒棚冒顶事故的发生。

（5）加强对职工的安全教育和技术培训，提高职工队伍的整体安全意识和自主保安能力。

十二、小青矿"1998.5.29"顶板事故

（一）事故经过

1998年5月29日，小青矿综采准备队班长孙某带领4名工人在N1W410号面破碎机到工作面运输顺槽机头段拉底。由于临近棚失效，空顶面积大。孙某等人在拉底时又将抬棚腿底部拉松软，10时20分顶板突然来压将"π"型钢梁弹出，砸在孙某头部，造成颅骨严重开放性骨折，10时55分经抢救无效死亡。

（二）事故原因

（1）综准队班长孙某等人在拉底时将抬棚腿下拉松软，使支柱失去原有支撑力。在顶板突来压力作用下"π"型钢梁应力集中释放、弹出，砸在孙某头部，这是导致孙某死亡的直接原因。

（2）干部安全意识不强，思想麻痹，队长、技术员、副队长、安监等管理人员到现场后都认为顶板整体性好，忽视了该支护形式存在的问题，没有提出整改意见，留下了事故隐患。

（3）孙某身为班长，到现场后不处理存在问题就作业，拉出单体根部后，不采取相应措施。

（4）工程质量差，达不到支护强度，在铰接顶梁下加"π"型钢梁支护时，没有采取防滑、防倒连接措施。

（三）防范措施

（1）按规程规定，补全单体液压支柱，提高工程质量。在铰接顶梁和"π"型钢梁之间采取加防滑垫和防倒拉筋等加固措施。

（2）强化生产现场安全管理，严格执行施工措施。

（3）加强职工的安全教育和安全管理，不断提高职工的安全思想意识和综合素质。

十三、晓南矿"1998.6.18"顶板事故

（一）事故经过

晓南矿综掘队1998年6月18日白班生产准备班，6时30分由队党支部书记刘某主持班前会，按照生产副队长陈某写的生产指示账进行了工作安排。首先全班人员清扫西二采区701运输顺槽巷道内浮矸，然后安排人员配合本队电钳班维护更换掘进机电控箱地点的支架，最后安排打顶子和接茬安装40架棚的防倒拉筋。

白班人员入井后，先后进行了清扫巷道浮矸和电控箱处支架的加固工作，12时左右，工长姜某安排当班组长张某带领其他3人分两组由后往前安装防倒拉筋。12时32分，组长张某把后边20架棚划给孙某、王某2人由后往前上防倒拉筋；自己带领本班工人何某由划段处往工作面方向左侧逐架安装余下20架棚的防倒拉筋。组长张某未按作业规程要求和采取任何安全措施的情况下，擅自动棚，拆除劲木，用起重机调整支架，造成支架失稳，顶板下沉，瞬间推倒10架棚子，发生冒顶事故。冒落地点距离工作面40m，冒落长度9.1m，冒落高度3.3～3.5m，当场将张某、何某2人和为更换综掘机电控箱作准备工作而正拽钢丝绳经过此处的于某一起埋在下面。经多方抢救，分别于14时、15时、17时30分左右，相继将3人扒出，但由于冒顶范围大，顶板破碎，冒落严实，3人都已死亡。

（二）事故原因

（1）带领安装防倒拉筋的组长张某，在安装防倒拉筋过程中，未按作业规程要求施工。在没有采取任何安全措施的情况下，擅自动棚，拆除劲木，且用起重机调整棚子，严重违章作业。致使多架棚不能形成整体支护，失去了稳定性，在外力作用下，引发了推棚以致冒顶亡人事故，是事故的直接原因。

（2）架棚支护过程中没认真执行局的规定上防倒拉筋、达不到一次成巷，是事故的主要原因。

（3）各级干部没有认真执行局的规定，管理和检查工作不到位，是事故的重要原因。

（三）防范措施

（1）进一步加强全矿职工的安全技术培训工作，提高职工安全意识和自主保安能力，杜绝违章行为。

（2）严格执行局的各项安全生产规定，严把规程的"编制、审批、贯彻、执行"四关，做到不安全不生产。

（3）加强施工现场的安全管理，严格按《作业规程》和安全技术措施要求施工，严格执行干部跟班制度。强化现场检查的力度，严防违章指挥和作业。

十四、广西合浦县恒大石膏矿"2001.5.18"冒顶事故

（一）事故经过

2001年5月18日2时，恒大石膏矿在二水平大巷打炮眼的炮工听到210下山附近有响声，3时30分又发出轰轰响声，随后有一股较大的风吹出，电灯熄灭，巷道有些晃动。炮工打电话到三水平叫信号工滕某通知矿工撤退，但无人接电话，之后他们就撤到地面。

后来滕某自己打电话到井口后也撤出地面。地面当班领导接到通知后立即到井下了解情况。此时井下已停电，北面二水平、三水平塌方的响声不断，无法进入工作面。凌晨5时，矿方清点人员时发现，当班96名矿工中位于三水平北翼工作面的29名矿工被困，生死不明。矿方随即向合浦县有关部门作了汇报，并向钦州矿务局求援。合浦县政府有关人员和钦州矿务局救护队很快赶到现场。经过17天全力抢救，最后终因井下情况复杂，土质松散，塌方面积大，施救困难，未能救出被困人员。鉴于被困人员已无生还希望的实际情况，6月3日停止了抢救工作。

（二）事故性质和原因

这是一起由于企业忽视安全生产，严重违反矿山安全规程，有关部门监督管理不到位而发生的重大责任事故。

（1）事故的直接原因。由于主要巷道护巷矿柱明显偏小又不进行整体有效支护，加之矿房矿柱留设不规则，随着采空面积不断增加，形成局部应力集中。在围岩遇水而强度降低情况下，首先在局部应力集中处产生冒顶，之后出现连锁反应，导致北翼采区大面积顶板冒落，通往三水平北翼作业区的所有通道垮塌、堵死。

（2）事故的间接原因：

1）矿主忽视安全生产，急功近利，在矿井不具备基本安全生产条件的情况下，心存侥幸，冒险蛮干。该矿所有巷道都是在软岩中开掘，但矿主为节省投资不对巷道进行有效支护。在近2年已发生多起冒顶事故的情况下，矿主仍不认真研究防范措施加大巷道支护投入。同时，该矿又采取独眼井开采方法，致使事故发生后因通风不良和无法保证抢险人员安全而严重影响事故的及时抢救。

2）该矿违反基本建设程序，技术管理混乱。一是没有进行正规的初步设计；二是在主体工程未建成的情况下擅自投入大规模生产；三是没有编制采掘作业规程和顶板管理制度；四是主要巷道保安矿柱留设过小；五是没有制定矿井灾害预防处理计划。

3）矿井现场安全管理不到位，缺乏有效的安全监督检查。该矿虽设有安全管理机构，但井下缺乏专门的安全管理人员，井下安全监督管理工作基本由值班长和带班人员代替，难以发现重大事故隐患。

4）政府有关部门把关不严、监管不力。在该矿未经严格的可行性研究，也未作初步设计的情况下批准开办此项目，颁发各种证照。在发现该矿未达到基本安全生产条件就投入大规模生产时不及时制止。特别是在该矿发生多起冒顶事故后仍没有采取果断的关停措施。

（三）事故教训和防范措施

（1）必须严格执行矿山安全法规，不得擅自降低安全标准。恒大石膏矿没有正规设计，为节省开支，又擅自降低安全标准，留下了重大事故隐患。因此，必须严格建设项目的安全生产"三同时"审查验收制度，认真把好安全生产关，从源头上杜绝事故发生。

（2）必须强化事故隐患整改措施的监督检查。有关部门在对恒大石膏矿进行安全检查时早已发现通风系统和生产系统不完善，巷道支护不够等问题，并下达过整改通知，但整改工作一直没有落实。因此，对事故隐患的整改，必须严格要求，加强督促，一抓到底，直到整改措施落实。

（3）加强对外来投资企业的管理。一方面这类企业不服从当地政府及有关部门管理，另一方面地方政府和部门也怕影响利用外资。因此对外商比较迁就，在企业开办过程不按规定严格把关。今后，要切实加强对外来投资者的监管，坚决纠正对外来投资者在安全生产上的宽容倾向，在安全生产上对任何企业都必须严格要求。

（4）事故调查处理必须坚持"四不放过"原则。恒大石膏矿从 1999 年 9 月至 2001年 4 月已发生过 4 次顶板冒落事故，造成 5 人死亡。事故发生后，当地有关部门也进行了调查处理，但防范措施没有真正落实到位，以致又发生了这起重大事故。今后，必须严格按"四不放过"原则认真查找事故原因，从中吸取深刻教训并督促各项防范措施的真正贯彻落实。

十五、顶板冒落伤人事故

（一）事故经过

某日早班接班以后，班长刘某安排北二轨道下山掘进工作，安排大工张某和李某打眼。这时张某发现有块岩石有裂纹，就让刘某拿撬棍处理掉，李某拿起撬棍准备处理，这时班长刘某过来说："这都几点了还不赶快打眼"。李某听后就没有处理开始打眼，就在打第一个眼的时候顶板岩石落下，把李某的脚砸伤造成事故。

（二）事故原因

（1）班长刘某重生产轻安全，指挥生产中不能把安全工作放在首位，对顶板岩石开裂的隐患，没能及时进行处理，是造成事故的直接原因。

（2）李某安全意识差，对发现的隐患未能处理，就开始打眼，是造成事故的直接原因。

（3）现场施工人员对存在的隐患，未能坚持先处理后施工的原则，互保联保不到位，另外风钻的振动加剧围岩变化，是造成事故的间接原因。

（三）事故责任划分

（1）班长刘某重生产轻安全，不能及时处理隐患，对事故负直接责任。

（2）李某对发现的隐患未能先处理后施工，对事故负主要责任。

（3）现场施工人员负有互保联保不到位责任。

（四）事故防范措施

（1）加强业务知识和安全知识的学习，增强安全意识。

（2）安全管理人员及现场施工人员要摆正生产和安全的关系，不能重生产轻安全，要在安全的前提下组织生产。

（3）坚持"敲帮问顶"作业，及时找掉危岩活矸或煤，工作中要有专人观察围岩的变化情况。

（4）施工中要及时、正确使用好临时支护。

（5）施工过程中要严格控制工程质量，符合《质量标准化标准》，杜绝超、欠挖现象的发生。

（6）坚持光面爆破施工。工程技术人员要经常深入现场，认真研究爆破参数，达到最佳爆破效果。

（五）事故教训和感想

无论工作任务怎么紧，都要本着"以人为本，关爱生命"的思想进行工作，在安全与生产发生矛盾时，首要的是服从安全，发现隐患必须及时处理，然后进行施工作业。该事故的教训是深刻的，班长重生产轻安全现象严重；施工人员李某手拿撬棍都没把隐患处理掉，充分反映安全生产意识的淡漠，对自己生命的不珍惜。所以，各级人员要认真领会"安全第一、预防为主"的安全生产方针深刻内涵，关键在于超前预防，消除隐患，才能保证安全生产，保证我们的自身安全。

十六、掘进面冒顶伤人事故

（一）事故经过

2001 年 7 月 16 日夜班，某开拓队班前会由技术员主持，当班出勤 9 人，带班副队长张某班前会上向职工贯彻了北二轨下作业规程，同时重点强调了安全注意事项等内容。

到工作地点后，带班副队长张某安排本班正常掘进，让掘进工贾某和张某在迎头打眼，其他的工人先干些杂活。3 时 10 分放炮结束，班长张某安排掘进工卢某、蒋某、刘某、董某、裴某、贾某、张某 7 人轮换着出矸，贾某、蒋某用镐刷两个肩窝。到了 4 时 30 分左右，由于放炮完后，一直没有采取临时支护措施，顶板没有得到及时加固，岩石发生离层，顶板突然掉下 1m×2m×0.8m 的大石块，将站立在迎头右边的蒋某砸倒，贾某也被石块砸伤。

（二）事故原因

（1）放炮后没有认真执行"敲帮问顶"制度。未采取临时支护，导致顶板离层，顶板存在离层安全隐患的情况下没有得到及时处理，空顶作业是造成事故的直接原因。

（2）掘进工贾某、蒋某在进行刷帮工作前也没有进行"敲帮问顶"工作，违章空顶作业是造成事故的直接原因。

（3）某开拓队安全生产观念意识不强，对安全隐患熟视无睹，对上级的安全指示精神没有认真贯彻和执行，事故前几次全矿安全检查中，矿领导及安检科曾多次强调所有掘进必须按照规程作业，使用好临时支护，严禁空顶作业。但某开拓队未能按要求去做，是造成事故的间接原因。

（三）事故责任划分

（1）掘进工贾某、蒋某在进行刷帮工作前没有进行"敲帮问顶"工作，违章空顶作业，对事故负有直接责任。

（2）班长、带班队长安全生产意识差，重生产轻安全，空顶作业，对事故负有重要领导责任。

（3）某队队长、书记对安全管理规定、作业规程贯彻执行不到位，监督检查不到位，对事故负有主要领导责任。

（四）事故防范措施

（1）严格执行"敲帮问顶"制度，危石必须挑下，无法挑下时采取临时支护，坚决杜绝空顶作业。

（2）掘进工作面应坚持使用前探梁作临时支护，必须用背板背实背紧，并且要经常检查顶板和两帮及迎头的情况，发现隐患要及时处理。

（3）队长、书记是安全管理、教育的第一责任者，要加强现场安全管理与监督，提高安全防范意识。

十七、大明一矿"2003.9.20"顶板事故

（一）事故经过

2003年9月20日夜班，大明一矿生产准备队在西二西侧运输中巷回收工字钢棚。3时30分，当最里侧一架棚右帮棚腿和棚梁拽出后，在顶板尚未稳定、扬起的烟尘还未散尽的情况下，当班工长夏某就违章在巷道左侧进入工作面拽预埋的钢丝绳扣。此时，顶板发生垮落，推倒里侧4架工字钢棚，将其埋压在内，造成窒息死亡。

（二）事故原因

（1）工长夏某本人安全意识差，违章冒险作业，在回收后未等顶板稳定、烟尘尚未散尽的情况下就进入现场，是造成此起事故的直接原因。

（2）作业人员违章作业，未按措施组织施工，没有对回收地点的棚子打点柱加固，导致顶板来压推翻4架工字钢棚，是造成此起事故的主要原因。

（3）现场安全管理和监察不到位。当班跟班干部现场监督、检查不力，未尽到责任；现场安监员工作失职，对违章指挥未予制止，是造成此起事故的间接原因。

（4）施工单位工作安排不细，日常管理不到位，对职工安全教育和培训力度不够。

十八、小康矿"2005.8.24"顶板事故

（一）事故经过

2005年8月24日零点班，小康矿掘三队郭某接班后，在S2S4运输顺槽752m二条胶带输送机头处进行翻棚作业。对茬的两侧新棚间距3.08m，两茬间顶部已经贯通，里侧茬棚梁距顶板高1.5m，用木桩接顶，外侧茬棚梁距顶板0.4m。两茬间采取锚杆临时支护，打了17根锚杆。根据现场情况准备用两根4m圆木搭在新棚上然后用木垛接顶。1时开始刹顶工作，在搭设第2根正顶圆木时，顶板掉块打伤王某头部，王某撤出后，其他人员继续作业。1时30分班长郭某发现顶板掉砟，立即大喊撤人。正在作业的4名工人迅速撤离，随即顶板冒落。当时烟尘较大，班长郭某问人都出来没，里侧有人说"出来了"，顶板基本稳定后，准备打顶部锚杆时，发现赵某不见了。大家开始清砟找人，在扒开关处砟石时发现靴子，于1时48分将其扒出，发现人已窒息死亡。

（二）事故原因分析

（1）巷道变形严重，顶板围岩松动圈扩大，顶板锚杆失效造成掉顶，是事故的直接原因。

（2）掉顶事故发生后，没有认真清点人员，没有及早发现赵某被埋住，是事故发生的重要原因。

（3）顶板监护人员班长郭某，没有及早发现掉顶预兆，对顶板监护不利是事故的间接原因。

（4）第一次顶板掉块伤人后，没有引起现场施工人员的足够重视，也没有采取有效措施，是导致事故发生的间接原因。

（5）赵某安全防范意识不强，在从事刹顶工作时，没有预先选择好撤退路线，是事

故的间接原因。

（6）规程规定对头翻修相距 3m 停一头施工，规定距离近，导致两翻棚茬间掉通，造成顶板压力集中，是事故的另一原因。

（7）安检员现场检查工作不到位，没有发挥安全检查作用。

（三）防范措施

（1）在以后翻修施工时，不允许对茬相向翻修，只允许同向翻修，开茬位置要充严充实，刹好帮顶，不留隐患。

（2）加强职工安全教育，增强职工安全意识。严格执行事故抢险救援预案，认真执行人员清点制度。

（3）加强职工安全培训，提高职工技术业务素质，增强隐患排查和事故预防能力。

（4）施工地点发生险情时，停止作业，严格执行报告制度，制定安全有效措施，由矿安排专人负责组织施工。

（5）加强班组长管理，对班组长重新进行一次考核，选用安全意识强，素质好，业务精的人员担任班组长工作。

（6）加强安检队伍管理，提高安检人员业务素质，增强责任心，充分发挥安全监督检查作用。

十九、矿井北轨大巷冒顶伤人事故

（一）事故经过

2006 年 7 月 26 日中班，某巷修队在北轨大巷负责返修巷道工作。放炮后，肩窝处有一块浆皮在一根金属网的连接下未掉下来，在未进行敲帮问顶的情况下，班长就安排职工董某用风镐进行开帮工作。正当董某专注的开帮时，由于金属网不能承受浆皮的重量，突然掉下来，砸在了董某的双手上，致使董某双手拇指骨折。

（二）事故原因分析

（1）当班班长现场管理不负责，在未安排人进行敲帮问顶的情况下，就安排人员进行开帮，是造成事故的直接原因。

（2）由于施工人员安全意识不强，在未进行敲帮问顶的情况下，就开始施工，是造成事故的直接原因。

（3）施工中未进行有效监护，互保联保不到位，是造成事故的间接原因。

（4）当班没有干部在现场指挥，是造成事故的间接原因。

（三）事故责任划分

（1）当班班长违章指挥工人作业，负直接责任。

（2）董某违章冒险作业，不能做好自主保安，负主要责任。

（3）队长不能坚持领导跟班制度，负领导责任。

（四）事故防范措施

（1）加强现场管理人员的责任心培植，杜绝违章指挥、违章作业现象的发生。

（2）强化施工人员的安全意识，严格执行"敲帮问顶"制度。

（3）坚持领导现场跟班、值班制度。

（五）事故教训和感想

本次事故发生的主要原因是班长违章指挥，施工人员安全意识不强。必须加强现场管理人员的责任心，杜绝违章行为的发生，施工人员要严格按照安全技术措施进行施工。

二十、精力不集中导致冒顶事故

（一）事故经过

2006 年 7 月 3 日夜班，北二皮带巷架棚，由于任务重，班长李某叫大家抓紧架棚。到了 6 时左右，两帮的腿子挖好了，接着李某安排放顶，由于顶板压力大，岩石破裂，刘某思想不集中，光想着架棚，而忽视了安全，结果垮落的矸石砸在了脚上，造成了事故的发生。

（二）事故原因分析

（1）刘某在上班时由于思想不集中，忽视了安全，是造成事故的直接原因。

（2）班长李某作为当班的安全负责人，安全意识淡薄，管理不到位，是造成事故的间接原因。

（3）当班的跟班队长现场安全监管不到位，是造成事故的间接原因。

（三）事故责任划分

（1）刘某在工作中自主保安意识不强，重生产轻安全，对事故负直接责任。

（2）当班班长不能有效地做好安全指挥工作，对事故负主要责任。

（3）队长对职工教育不够，对事故负领导责任。

（四）事故防范措施

（1）工作应集中精力，不可忽视安全，做好自保联保。

（2）加强自身业务学习，提高自主保安能力。

（五）事故教训和感想

通过此事故告诉我们，在工作中一定要按作业规程或《安全技术措施》施工，不可蛮干，坚持"安全第一"的原则。上班前一定要充分休息好，上班时保持精力充沛，上标准岗，干标准活。

二十一、榆阳煤矿"2007.2.14"顶板事故

2007 年 2 月 14 日 10 时 30 分，榆阳煤矿通风维修队在 3102 风桥处发生一起顶板事故，伤亡 4 人。

（一）事故经过

2007 年 2 月 14 日，通风维修队早班按计划对 3102 进风顺槽风桥进行检修维护。队长张某 8 时 10 分带领 10 名工人入井。8 时 40 分进入施工地点。队长张某对施工地点进行敲帮问顶以后，安排工人把落下的大块矸石破碎后运走，然后进行支护准备工作。10 时锚杆机运送到施工地点准备打锚杆，张某（队长）发现顶板活石，在用钎杆处理时，顶部岩石（3460mm × 3100mm × 210mm）突然冒落，现场人员躲闪不及，当场将张某（队长）、李某、薛某、张某 4 人压在岩石下面。经抢救，10 时 30 分将全部遇险人员救出，并用矿 120 救护车立即送往星元医院抢救，但 4 人最终先后死亡。

（二）事故原因分析

（1）直接后果：顶板冒落造成4人伤亡事故。

（2）重要原因：

1）施工违反"三大规程"，未采取临时支护措施，空顶作业。

2）现场安全管理监督不力。

3）劳动组织不合理，施工程序存在严重错误。

（3）间接原因：

1）职工安全意识薄弱，未树立"安全第一"思想。

2）有重生产，轻安全现象。

（三）事故点评

发生如此重大顶板事故，反映出榆阳煤矿现场管理、安全监督管理、技术管理上存在着严重的漏洞，这起事故表面上看是偶然的，但全面看又有很大的必然因素。

此次事故发生在榆阳煤矿放假检修的第3天，矿级主要领导纷纷外出，对于检修的管理涣散失控，责任漂浮，没有严格执行带班制度、重点环节跟班指导工作制度，致使现场施工的随意性较大，安全生产责任制形同虚设。

现场没有安全监察管理人员监督，放弃了安全监督管理，降低了隐患排查力度，使事故隐患不断发展，劳动组织混乱，违章指挥、违章作业重复出现，处理活石时，全部工作人员没有撤出，同时处于危险之下继续工作。

技术管理也存在严重的漏洞，没有针对具体施工条件制定安全技术措施，现场施工时也没有采取临时支护措施，职工在大面积空顶下作业习以为常。

职工没有牢固树立"安全第一"思想，习惯性违章指挥、违章作业的恶习没有根除，反映出职工的安全素质、技术素质有待进一步的完善和提高。

二十二、邵东砂石镇丛山煤矿"2007.6.19"顶板事故

（一）事故概况

（1）事故发生单位：邵东县砂石镇丛山煤矿。

（2）事故发生时间：2007年6月19日11时。

（3）事故发生地点：+50m水平联络石门与Ⅱ煤层底板补充巷交叉处。

（4）事故类别：顶板。

（5）事故伤亡情况：死亡1人。

（6）直接经济损失：60.6万元。

（二）事故单位概况

1. 矿井概况

丛山煤矿位于邵东县砂石镇乌龙村境内，距邵东县城14km，距廉桥火车站9km，距320国道8km，有乡镇公路直达矿区，交通运输较为方便。

丛山煤矿始建于1983年，1985年投产，生产能力1万吨/年，为村办集体企业。2002年由邵阳市煤矿设计室进行3万吨/年的改扩建设计，工程于2002年9月动工，2003年10月投产，属"六证"齐全的合法煤矿。

矿井位于保和堂矿区西翼Ⅲ井田内，出露的地层由新至老有第四系、三叠系、三叠系大隆组、龙潭组、当冲组、栖霞组。

二叠系龙潭组为矿区含煤地层。该含煤地层共含煤三层，从上而下依次命名为Ⅰ煤、Ⅱ煤、Ⅲ煤。Ⅱ、Ⅲ煤层为矿井主采煤层，全区较稳定，Ⅰ煤为局部可采。

Ⅰ煤层：煤厚 0.6 ~ 0.9m，平均厚 0.75m，结构复杂，分叉尖灭现象普遍，煤层常见夹矸 1 ~ 2 层，为局部可采煤层。

Ⅱ煤层：煤厚 1.2 ~ 1.45m，平均厚 1.30m，结构简单，赋存稳定为矿井可采煤层。

Ⅲ煤层：煤厚 0.7 ~ 0.9m，平均厚 0.80m，赋存稳定，结构复杂，分叉尖灭现象普遍，煤层常见夹矸 1 层灰褐色黏土岩夹矸，为矿井可采煤层。

目前矿井主要开采Ⅱ、Ⅲ煤层。

Ⅱ煤层顶底板：直接顶为细砂岩、灰黑色砂质泥岩。底板为浅灰白色细 ~ 中粒长石石英砂岩，局部为砂质泥岩。

Ⅲ煤层顶底板：直接顶为灰黑色砂质泥岩，有时过渡为粉砂岩，质软，较破碎。底板为薄层状细 ~ 中粒长石石英砂岩。

矿井地层倒转，倾角 45° ~ 90°，走向南北，上部倒转向西倾斜，中、下部倒转向东倾斜。断层发育一般，其构造属中等类型。

矿井水文地质简单，其矿井充水来源有大气降水、老窑水及顶板砂岩裂隙水，其次为地表水。矿井最大涌水量 15m³/h，正常涌水量 8m³/h。

该矿 2005 年矿井瓦斯等级鉴定为高瓦斯矿井，绝对瓦斯涌出量 0.58m³/min，相对瓦斯涌出量为 21.42m³/t。煤层属不易自燃煤层；煤尘有爆炸危险性。

风井安装有 2 台 4 - 72 - 12No.10C 型离心式通风机，配套电机功率 22kW，一台工作，一台备用。矿井总进风量为 350m³/min，总回风量为 370m³/min。

该矿采用斜井开拓，暗斜井延深。主斜井井口标高 +276m，井底标高 +102m，井筒坡度 30°，井筒净断面 4.32m²。风井井口标高 +250.4m，落底标高 +204.87m，坡度 45°，井筒净断面 3.57m²。二水平暗主斜井井口标高 +102m，井底标高 ±0m，井筒坡度 30°，在 +50m 水平开有甩车道。

该矿设计为多水平生产，第一水平标高 +102m，第二水平标高 ±0m。矿井一水平已开采完毕，现在二水平生产。

矿井采用"四六"工作制，二班生产（日班 9：00 ~ 15：00，中班 15：00 ~ 21：00）；两班维修和排水（晚班 21：00 ~ 次日 3：00，早班 3：00 ~ 9：00）。

2. 事故地点概况

+50m 联络石门设计长度 33m，为矿井南翼探采Ⅱ煤层的运输、通风巷道，于 2006 年 6 月开始施工，7 月份施工完毕。揭开Ⅱ煤层后，沿Ⅱ煤层掘进了两条上山，与 +76m Ⅱ煤层贯通，构成了负压通风系统和探采工作面。

在探采Ⅱ煤层的过程中，联络石门往南 23m 处的Ⅱ煤层探煤巷受压垮塌，造成该区域通风、运输受阻。为此，矿井在Ⅱ煤层底板补掘了一条通风、运输巷，该巷于 2006 年 9 月开始施工，共掘了 36m。

Ⅱ煤层底板补充巷在离Ⅱ煤层 12m 的联络石门中开门，采用梯形木支架支护，梁长 1.6m，腿长 1.8m，柱径 φ140 ~ 160mm。该巷在开门处施工时，巷道空了顶，空顶长约

1m，高 0.5m。

（三）事故发生及抢救经过

6 月 19 日日班（9：00～15：00），＋50m 水平共安排了两个工作面采煤，即Ⅱ、Ⅲ煤层工作面各 1 个，其中Ⅱ煤层工作面共有作业人员 5 人，赵某、李某 2 人到工作面采煤，余某、李某负责推车，值班长李某。

9 时，5 名作业人员一起下井。值班长李某在＋50m 水平运输大巷中间（离Ⅱ煤 8m 处）检查发现断了一付支架，垮落矸石约 1 车。赵某向李某讲："这里由我来维修，30 元就行了"。但李某不同意。赵某、李某 2 人就去Ⅱ煤采煤，李某也一同去Ⅱ煤采煤面检查瓦斯。检查后，李某又回到＋50m 水平运输大巷，组织推车工余某、李某和值班长肖某 4 人一起来到冒顶处进行维修。当支好一架棚梁后，李某想去看棚顶情况，肖某当即进行劝阻，但李某说没事。于是踩在垮落的矸石上，将头伸过棚梁，突然顶板落下一块 400～500kg 的矸石，将李某的颈部压在棚梁上，此时为 11 时。肖某立即组织自救。11 时 30 分，将李某从棚梁上抬下来，但不幸已死亡，至此，事故抢救结束。

（四）事故性质及原因

1. 直接原因

（1）Ⅱ煤层底板补充巷交叉处围岩节理裂隙发育，强度低，易破碎；事故处巷道紧邻交叉点，在集中应力作用下，围岩破坏加剧；支架折断发生空顶后，冒落拱周边围岩不稳定，在应力变化过程中，极易发生再次垮落。

（2）值班长在修理巷道时没有敲帮问顶、及时处理松动浮矸，冒险进入棚梁上部空顶区，被突然冒落的大块矸石压住致死。

2. 间接原因

（1）巷道维修安全措施不到位。一是没有安排专门的维修人员进行修理，临时叫几个推车工维修，缺乏经验；二是临时性的维修，未落实维修措施，没有坚持敲帮问顶制度、及时处理松动浮矸，支架没有接顶。

（2）现场安全管理把关不严。对值班长冒险进入空顶区制止不力，对作业人员未处理顶板松动浮矸的行为未进行制止。

（3）安全教育培训不到位。职工素质差，安全意识淡薄，自主保安能力差，不听劝阻，冒险作业。

3. 事故性质

事故联合调查组经调查分析，认定本次事故为责任事故。

（五）责任认定及处理建议

（1）免于追究责任的人员。

李某，农民工，事故当班值班长。既不安排专业人员维修，又不督促作业人员坚持敲帮问顶制度、及时处理松动浮矸，甚至不听劝阻，冒险伸头进入空顶区，被矸石压埋致死。对事故负直接责任。鉴于其在事故中已死亡，不再追究其责任。

（2）建议给予行政处分的责任人员。

1）肖某，值班长，对李某冒险伸头进入空顶区，虽然进行过制止，但未有效阻止其冒险作业，未督促作业人员坚持敲帮问顶制度、及时处理松动浮矸，及时架设牢固的支架，且接顶严实。对事故负有重要责任，建议给予撤职处分，并予辞退处理。

2）肖某，生产副矿长。对值班长要求不严，对临时性维修缺乏有效的监管机制，顶板管理措施不到位；对职工培训教育不够。对事故负有重要责任。建议给予撤职处分。

3）肖某，矿长，安全生产第一责任者。对值班长要求不严，安全培训教育不落实，作业人员违章作业严重。对事故负重要责任。

（3）建议给予单位和个人的行政处罚。

鉴于丛山煤矿采矿许可证和煤炭生产许可证于 2006 年 12 月到期，且隐患严重并发生了顶板事故，建议依法作出停产整顿、暂扣煤矿安全生产许可证和矿长安全资格证的行政处罚。

（六）防范措施

（1）举一反三，汲取事故教训。要提高认识，坚持"安全第一，预防为主"的安全生产方针，采取有效措施，强化现场安全管理，坚决控制顶板事故发生。

（2）切实加强巷道维修安全管理。巷道维修应安排专门队伍、专门人员进行维修；巷修必须编制安全措施，临时性的巷修要严格执行维修措施。要坚持敲帮问顶制度，要落实支架牢固、背帮背顶严实，严禁空帮空顶作业，同时，对支护材料等作出明确规定，严格落实。

（3）切实加强现场管理。要加强对值班长的教育和管理，提高其责任心，带头遵章守纪，严格按操作规程办事，要严查作业人员违章行为，从严处理，对发现的隐患，要组织力量进行整改。

（4）加强安全教育培训，提高职工的自保互保意识和技术素质。所有作业人员，必须掌握基本的安全知识和技能，杜绝违章作业、违章指挥。

二十三、顶板掉矸事故

（一）事故经过

2007 年 7 月 7 日夜班，班长赵某用综掘机割好一排。当时 21309 工作面上顺槽顶板破碎，必须迅速支护，班长赵某和大工郭某、蒋某刚用锚杆机打好一根顶锚杆、钢带和金属网调整好后，准备安装第 2 根顶锚杆，验收员李某看见顶板有随时掉矸的可能，于是拿来铁丝和钳子准备连接顶网，就在此时破碎的顶板上有一块矸从未连好的顶网间掉下，正好砸在准备联网的李某胳膊上，矸块的棱角将李某右胳膊划了一道口子。

（二）事故原因分析

（1）李某个人安全意识不强，在未执行"敲帮问顶"的情况下就开始联网，是导致事故的直接原因。

（2）班长赵某安全意识淡薄，"敲帮问顶"未彻底，没有及时使用临时前探梁支护，是导致事故的直接原因。

（3）现场施工人员存在"重生产、轻安全"的现象，是导致事故的间接原因。

（三）事故责任划分

（1）验收员李某未执行敲帮问顶，违反作业规程的规定，对事故应负直接责任。

（2）班长现场安全管理不到位，"重生产、轻安全"对事故应负领导责任。

（四）事故防范措施

（1）工作面在支护前，必须进行"敲帮问顶"，"敲帮问顶"必须彻底，找到危矸活石；

（2）要使用好前探梁临时支护，并背实接顶严密；

（3）加强培训工作，搞好安全教育，提高干部职工的安全素质和业务水平。

（五）事故教训和感想

通过这一事故，使我们认识到"敲帮问顶"的重要性，操作人员要彻底的处理顶板和两帮的活矸（煤）。施工过程中要有专人观察顶板和两帮及周围环境情况，发现问题及时处理，预防类似事故的发生。

二十四、矿井架棚冒顶事故

（一）事故经过

2008年2月13日中班，某生产班班长万某指挥在2721运输巷断层处套棚施工，并分配本班职工代某、高某、石某、姜某分别负责挖好左帮棚腿背好顶的工作。放炮后职工代某撬掉了帮上的活矸石，便开始紧张地挖腿窝。过了大约一个半小时之后，第一棚棚腿窝挖好准备放炮时，突然从帮上掉下一块矸，差点砸在代某的手上，险些造成事故。

（二）事故原因分析

（1）职工代某平时不注意安全知识学习，安全意识不强，自主保安能力差，"敲帮问顶"工作不彻底，不能上标准岗，干标准活，是导致事故发生的直接原因。

（2）职工高某、石某、姜某互保联保制度执行不力，是导致事故发生的间接原因。

（3）班长对施工中存在的安全隐患没有进行有效检查处理，是造成事故发生的间接原因。

（三）事故责任划分

（1）代某没有认真执行"敲帮问顶"制度，以至突然掉矸差点砸伤自己的手，对事故应负直接责任。

（2）高某、石某、姜某3人没有去执行"敲帮问顶"，互保联保不到位，对事故应负主要责任。

（3）班长、队长平时对员工管理、教育不够，现场监管不到位，对事故负领导责任。

（四）事故防范措施

（1）严格执行《煤矿三大规程》，督促教育提高职工的安全意识。

（2）认真执行"敲帮问顶"制度，跟班队干要靠前指挥，职工要做好互保联保及监护工作。

（五）事故教训和感想

通过此次有惊无险的事故，使我们清楚地认识到安全工作不得有半点马虎，只有严格执行作业规程才能确保职工的安全，才能使我们的工作顺利进行。

二十五、潘北矿"2009.7.8"冒顶事故

（一）事故经过

2009年7月8日中班，潘北矿采煤三队在1121（1）下顺槽向外移控制台及开关车等设备，17时左右，两辆电缆车拉出以后，准备继续将开关车拉出，但开关车上方的电缆

由于顶板下沉被卡住，开关车拉不出来。现场跟班人员安排打单体柱将卡住电缆处的顶板往上撑。就在开关车准备拉出来时，开关车上方的顶板下沉并将车压住，且顶板下沉变形较明显。此时现场跟班人员安排对巷道两头打挑棚加固。约19时，发现巷道整体来压，高帮掉顶，就安排及时撤人，过了十几分钟，开关车上方顶板冒落下来（约12m×4m）。

（二）事故原因

（1）直接原因：

1）此段巷道受工作面回采超前压力的影响，顶板下沉，未及时采取加强支护措施。

2）该处改棚未严格执行先架后拆的原则，挑棚未及时支护。

（2）间接原因。该处为双硐，巷道跨度大且为构造处。

（三）防范措施

（1）加强对锚网索支护巷道检查，发现有锚杆、锚索失效，顶板下沉坠落等异常情况要及时采取加强支护措施。

（2）1121（1）工作面上、下风巷锚梁网支护段，按每隔1.5m加一排挑棚，提高支护强度。

二十六、冷水江市岩口镇岩口煤矿"2009.10.12"顶板事故

（一）事故概况

（1）企业名称：冷水江市岩口镇岩口煤矿；

（2）企业性质：集体所有制企业；

（3）事故时间：2009年10月12日19时20分；

（4）事故地点：1331工作面下块段回风巷；

（5）事故类别：顶板事故；

（6）事故伤亡情况：死亡1人；

（7）直接经济损失：38.55万元。

1. 事故发生经过

2009年10月12日16时，由生产副矿长苏某主持召开了进班会。当班共40人下井：+76m大巷砌硐4人，+130m大巷掘进（与陈家冲副井贯通）6人，+76m总回风上山维修6人，技改风井掘进6人，1331工作面下块段切眼掘进5人，1331工作面下块段回风巷维修5人（班长兼大工周某平，大工李某华，小工李某付，推车工周某林、李某军），井下生产辅助人员6人，管理人员2人（当班值班矿长苏某，安全员兼瓦斯检查员苏某）。

16时30分，作业人员开始下井。17时，1331工作面下块段回风巷维修5人到达作业地点。作业人员开始撤除原巷道老支架，扩刷断面，清理浮矸，清理完0.8m长浮矸后开始支架，由李某华支架，周某平、李某付拖运矸石。18时30分，出完4车矸石并架好2架棚子后，接着支第3架木棚，大工李某华先支好左边的柱腿，架设好顶梁，并在顶梁下方的中间打了根临时立柱。19时15分，由于加工好的棚梁、腿已用完，大工李某华退到离当头10m处砍棚梁、腿，周某平在右帮挖挂窝。19时20分，正在当头作业的李某华、李某付突然听到一声响，当头顶板突然垮落，冒落的矸石将新架设的2副支架打倒，

将正在挖右边柱窝的班长兼大工周某平淹埋。

2. 事故救援情况

事故发生后，大工李某和2名推车工立即清理矸石，小工李某跑到外面找人求救，在井底车场找到了生产副矿长苏某，安全员苏某等人。苏某安排井底水泵司机向地面报告，自己马上带人赶到1331工作面下块段回风巷进行救援。

由于巷道上部顶板破碎，扒运、清理的过程中顶部矸石不断冒落，苏某先组织人员架了2架木棚，再从木棚顶上打了8根飘尖（飘尖规格长1.8m、宽为0.12m、厚0.03m）后才将顶板控制住。

20时50分，救援人员将压在周某平身上的大块矸石抬走、顶梁砍断，将周某平救出，但在送往医院的途中死亡。

3. 人员伤亡及直接经济损失

本次事故造成1人死亡，直接经济损失38.55万元。

（二）事故原因及性质

1. 事故直接原因

（1）事故区域3煤层倾角40°，顶板为砂质泥岩，较为破碎，且受上块段采动和国庆节长时间放假的影响，支架大量出现断梁折柱，顶板具有很大的冒落危险性。

（2）作业人员周某平对新安装的支架背帮背顶不严，没有抬枋加固新、老支架，违章空顶作业。

2. 事故间接原因

（1）岩口煤矿顶板管理不到位。一是巷道维修时，没有安全生产管理人员现场盯守，没有安排专人观察顶板；二是技改工程首采工作面的回风巷仍使用支撑力小的木支护；三是对顶板破碎地段没有采取抬枋、连锁支架等加固措施。

（2）岩口煤矿技术管理不到位。编制的+50三煤回风巷维修作业规程内容不具体，没有对支护材料的规格、特殊地段加强支护措施提出具体要求。

（3）岩口煤矿安全管理人员配备不齐。一是值班长配备数量不足；二是瓦斯检查员配备数量不足。

（4）岩口煤矿对职工安全教育培训不到位，对新入矿工人培训时间少于72h；全员轮训质量不高，内容不全，职工安全意识淡薄。

3. 事故性质

经调查认定，这是一起责任事故。

（三）事故防范和整改措施

岩口煤矿必须落实企业主体责任，加强安全管理。

（1）岩口煤矿必须按照事故调查组提出的整改措施和要求进行认真整改，并制定整改方案，落实整改措施和安全技术规定；隐患整改到位后，必须严格按照要求积极进行技术改造施工，及时修改技术改造设计和安全专篇，严格按照批准的技改设计和安全专篇组织技改施工。

（2）加强顶板管理。一是科学合理选择开采方法、支护材料和支护工艺，淘汰落后的木支护和巷道式采煤方法，将支护材料和工艺改革作为防范顶板事故的关键手段；二是对因放假、长时间停产、确属技改完工投产时需要利用的巷道，要及时组织维修；三是遇到断层和顶板破碎地段，必须采取加强支护措施，编制有针对性的安全技术措施，并组织施工人员学习和落实。

（3）健全安全生产管理机构，落实安全生产管理责任。岩口煤矿必须健全安全生产管理机构，配备必要的安全管理人员，并保证持证上岗，明确安全生产管理人员的职责和义务，权责一致，奖惩分明，严惩"三违"行为。对采掘、维修作业必须安排在现场盯守的安全生产管理人员，必须有效监督和及时制止职工的违章作业行为。

（4）配齐安全生产管理人员和特种作业人员，加强对职工安全教育培训。岩口煤矿必须配齐值班长、瓦斯检查员和安全员等安全生产管理人员，同时要确保对新入矿工人72h 的入井前强制性安全教育培训，对在职职工进行上岗前培训和定期轮训，确保从业人员具备必要的煤矿安全知识，熟悉本煤矿自然灾害的特点和相关的法律法规知识，掌握本岗位的安全操作技能，杜绝违章作业行为。

二十七、涟源市蛇形山煤矿"2010.1.25"顶板事故

（一）事故概况

1. 事故发生经过

2010 年 1 月 25 日 20 时，蛇形山煤矿防突副矿长谢某主持召开进班会。当班进班 8人，分两个地点作业：−300m 水平井底水仓砌碹作业 3 人，1122 工作面机巷扩刷维修作业 3 人（大工匡某，小工周某，曾某），管理人员 2 人（带班矿长谢某，安全员兼瓦斯检查工周某）。

20 时 30 分，作业人员乘坐人车开始下井。21 时，匡某、小工周某和曾某到达 1122工作面机巷作业点，大工匡某负责扩修，小工周某负责搬运材料，小工曾某负责在 −210南大巷推车。21 时 10 分，带班矿长谢某和安全员兼瓦斯检查工周某到达 1122 工作面进行检查，检查时看到维修巷道前方出现 3 处顶梁折断，大工匡某正在进行扩修（扩修时一般采用直接拆除原有支架），维修完的巷道支护整齐，进行了抬棁加固，巷道完好。谢某交代完安全注意事项并在此处盯守 20min 后，前往 −300m 水平水仓扩修工作面进行检查。

23 时 30 分，小工周某第 4 次搬运坑木进入行人上山 2m 处时，听到 1122 机巷传来"轰隆"声，心想里面可能出事了，便跑到机巷扩修地点查看，看到机巷作业点被垮落的矸石堵塞，大工匡某被冒落的矸石掩埋。

2. 事故救援情况

事故发生后，小工周某立即跑到运输大巷找到推车工曾某，告诉他 1122 机巷出事了。然后两人又立即去外面找人来救援。小工周某在 −300 水仓处找到了值班矿长谢某和值班长（兼瓦检员），向谢某和瓦斯检查工周某报告了事故情况。谢某立即组织人员赶到 1122机巷进行救援，同时安排人员到行人下山信号室打电话向地面报告了事故情况。

23 时 30 分，地面接到事故报告电话后，生产副矿长谢某和安全副矿长曾某带领 5 名防突队员于 1 月 26 日 0 时 10 分赶到事故地点参与抢救。

抢救人员采用强行出矸的办法施救，在支好 2 架支架、出矸 12 车后发现冒落区里面有矿灯光，抢救人员轮流作业继续清挖，支好第 3 架棚子并抬好一付棁后，又继续出矸 6

车后找到了匡某，看见被一付边栌卡住颈部仰卧在巷道的右帮，其头朝外，11 时 30 分匡某被救出，救出时身体没有外伤，但人已死亡。

3. 人员伤亡及直接经济损失

本次事故造成 1 人死亡，直接经济损失 34 万元。

（二）事故原因及性质

1. 事故直接原因

（1）1122 机巷沿 2 煤布置，顶板为泥岩、砂质泥岩，抗压强度低；1122 机巷于 2009 年 9 月 30 日布置完成，由于顶板压力大，维修不及时，部分支架出现断梁折柱，具有极大的冒顶危险性。

（2）大工匡某维修作业时违反操作规程，在没有采取抬栌、架设前探支护等方式加固维修地点支架情况下，违章撤除原有支架抬栌，使得巷道顶部松动离层的矸石突然冒落，将其当场压埋致死。

2. 事故间接原因

（1）顶板管理不到位。一是巷道维修时，没有安全生产管理人员现场盯守；二是没有按照批准的技改设计施工，技改工程首采工作面的机巷仍使用支撑力小的木支护；三是扩修作业当头只安排一名大工维修作业，没有安排专人观察顶板及支架变化情况；四是平时对职工违章作业行为处罚力度不够。

（2）技术管理不到位。编制的机巷维修安全措施内容不具体，没有对支护材料的规格、特殊地段加强支护措施提出具体要求；没有组织施工人员学习和考试。

（3）安全管理人员和特殊工种作业人员配备不足。一是事故当班没有专职值班长，由瓦斯检查员兼任值班长；二是瓦斯检查员兼任安全检查员，且只配备了 4 人，数量不足。

（4）职工安全教育培训不到位。一是对新入矿工人只培训了一天，培训时间少于 72h；二是全员轮训质量不高，内容不全，职工安全意识淡薄；三是安全副矿长、防突副矿长和部分特殊工种作业人员证照过期，没有及时复训。

3. 事故性质

经调查认定，这是一起责任事故。

（三）事故防范和整改措施

蛇形山煤矿必须落实企业主体责任，加强安全管理。

（1）针对 1122 工作面机巷，蛇形山煤矿必须编制有针对性的安全技术措施，组织施工人员贯彻学习，并经考试合格，方可严格按照已批准的设计和安全措施组织巷道扩修，严禁使用木支架支护，巷道断面必须达到《煤矿安全规程》的要求。

（2）蛇形山煤矿必须按照事故调查组提出的整改措施和要求进行认真整改，并制定整改方案，落实整改措施和安全技术规定；隐患整改到位后严格按照要求组织技术改造施工。

（3）加强顶板管理。一是科学合理选择开采方法、支护材料和支护工艺，淘汰落后的木支护和巷道式采煤方法，将支护材料和工艺改革作为防范顶板事故的关键手段；二是对在用巷道必须及时加固维护，并定期巡检，发现巷道变形、支架损坏时，必须及时维修、更换；三是进行巷道维修时，必须编制有针对性的安全技术措施，并组织施工人员学习和落实。

（4）健全安全生产管理机构，落实安全生产管理责任。蛇形山煤矿必须健全安全生产管理机构，配备必要的安全管理人员，并保证持证上岗，明确安全生产管理人员的职责和义务，权责一致，奖惩分明，制定切实可行的经济处罚办法和制度，严惩违章指挥、违章作业等"三违"行为，对采掘、维修作业必须安排安全生产管理人员现场盯守，有效监督和及时制止职工的违章作业行为。

（5）配齐安全生产管理人员和特种作业人员，加强对职工安全教育培训。蛇形山煤矿必须配齐值班长、瓦斯检查员和安全员等安全生产管理人员，同时要确保对新入矿工人72h 的入井前强制性安全教育培训，对在职职工进行上岗前培训和定期轮训，确保从业人员具备必要的煤矿安全知识，熟悉本煤矿自然灾害的特点和相关的法律法规知识，掌握本岗位的安全操作技能，杜绝违章作业行为。

二十八、新化县温塘镇大同煤矿"2010.3.21"顶板事故

（一）事故经过

（1）事故发生经过。2010 年 3 月 21 日 8 时，由生产副矿长袁某主持召开了进班会。当班进班 6 人：1131 工作面补充切眼维修人员 2 人（大工康某、小工谢某），电缆线悬挂 2 人，值班长兼安全员谢某，瓦斯检查员樊某。

8 时 10 分，作业人员开始下井，8 时 30 分，值班长谢某、樊某、康某、小工谢某 4 人一起到达 1131 工作面补充切眼。首先由樊某检查了瓦斯、由值班长谢某检查了安全状况。确认安全后，康某和小工谢某开始作业，由康某在当头维修，小工谢某负责运送材料。9 时 30 分，康某维修好了一架棚后，值班长谢某和瓦检员樊某就去其他地点检查。10 时 20 分，当小工谢某第 5 次运送材料到当头时，看到康某已经拆除了一架支架，将巷道断面扩刷好，并已将两侧的立柱支好，两人商量等顶梁运上来后一起架设。

10 时 30 分，小工谢某第 6 次运送顶梁进入到补充切眼往上 6m 位置时，突然听到维修地点有顶梁的断裂声和煤炭的冒落声，看到垮落的煤炭迅速向下滑落，已经看不到大工康某。小工谢某马上丢掉顶梁往下跑，当他跑到离补充切眼下出口还有 2m 的位置时，被一根木条卡住了他的右小腿，往下滑落的煤炭立即将他腰部以下淹埋。

（2）事故救援情况。值班长谢某从其他地点检查完后准备再次回到补充切眼检查，当走到离补充切眼 20m 处，听到补充切眼内传来小工谢某的大声呼救声。跑到补充切眼下出口察看时，发现小工谢某被困在补充切眼往上 2m 处，腰部以下被煤淹埋。值班长谢某用手向外拉小工谢某，但无法拉出。随后，值班长谢某就跑出去打电话向地面汇报事故情况，然后找到在 1131 平巷内悬挂电缆的瓦斯检查员樊某等 3 人一同进入事故地点进行抢救。10 时 35 分，生产副矿长袁某、安全副矿长阳某、技术负责人樊某等 4 人赶到井下进行抢救。由于上部煤炭不断向下滑落，抢救人员就在小工谢某身后采用木板打挡，控制滑落的煤炭。12 时，将被困的小工谢某救出。

救出小工谢某后，抢救人员沿着垮塌的煤矸（切眼上部有三分之一的空间未被煤矸堵塞）爬到补充切眼口往上 8m 处架设挡板，控制住下滑落的煤炭后开始继续清理浮煤。18 时，在补充切眼口往上 4.5m 处发现康某俯卧在巷道右侧，鼻孔流血，满嘴煤灰，头朝

下，人已死亡。抢救时一共清理煤矸约 15t。

（3）人员伤亡及直接经济损失。本次事故共造成 1 人死亡，直接经济损失 43 万元。

（二）事故原因及性质

（1）事故直接原因：

1）1131 工作面补充切眼布置在 3 煤层，此处煤层厚度变厚达到 4m，倾角 28°，且春节放假后长时间停工，补充切眼 8m 以上巷道和联络平巷断梁折柱严重，巷道顶部煤矸离层开裂，具有极大的冒顶危险性。

2）大工康某维修作业时违反操作规程，在没有采取抬栌、架设前探支护等方式加固维修地点支架情况下，违章撤除原有支架，使得巷道顶部松动煤矸突然冒落，将其当场压埋致死。

（2）事故间接原因：

1）顶板管理不到位。一是劳动组织不合理，当班只安排 1 名大工在现场维修作业，没有安排专人观察顶板及支架变化情况；二是技改工程首采工作面补充切眼仍使用支撑力小的木支护。

2）矿领导下井带班制度执行不到位。一是事故当班没有矿级领导下井带班；二是井下只有 1 个维修头，但值班长未按照矿井要求在现场盯守。

3）隐患排查治理不到位。矿井没有及时安排人员维修 1131 工作面补充切眼，致使 1131 工作面补充切眼多处出现断梁折柱。

4）职工安全教育培训不到位。一是对新入矿工人只培训 4 天，培训时间少于 72h；二是全员轮训质量不高，内容不全，职工安全意识淡薄。

（3）事故性质：经调查认定，这是一起责任事故。

（三）事故防范和整改措施

（1）1131 工作面补充切眼不属于技改设计的工程项目，矿井必须停止其维修并予以封闭。确需利用和回采，必须报请有关主管部门批准修改技改设计和安全设施设计。技改设计和安全设施设计未经修改、批准，严禁矿井再次组织 1131 工作面补充切眼的维修和施工。技改设计和安全设施设计经修改、批准后，编制有针对性的安全技术措施，组织施工人员贯彻学习，并经考试合格，方可严格按照已批准的设计和安全措施组织巷道扩修，严禁使用木支架支护，巷道断面必须达到《煤矿安全规程》规定的要求。

（2）大同煤矿必须按照事故调查组提出的整改措施和要求进行认真整改，并制定整改方案，落实整改措施和安全技术规定；隐患整改到位后严格按照相关要求和批准的技改设计组织技术改造扫尾工程施工。

（3）加强顶板管理。一是科学合理选择开采方法、支护材料和支护工艺，淘汰落后的木支护，将支护材料和工艺改革作为防范顶板事故的关键手段；二是对在用巷道必须及时加固维护，并定期巡检，发现巷道变形、支架损坏时，必须及时维修、更换。

（4）落实安全生产管理责任。大同煤矿必须明确安全生产管理人员的职责和义务，权责一致，奖惩分明，制定切实可行的经济处罚办法和制度，严惩违章指挥、违章作业等"三违"行为。安排井下作业，必须有矿井领导在井下带班。对采掘、维修作业必须安排安全生产管理人员现场盯守，有效监督和及时制止职工的违章作业行为。

（5）配齐安全生产管理人员和特种作业人员，加强对职工安全教育培训。大同煤矿必须配齐瓦斯检查员和安全员等安全生产管理人员，确保防突头面有专人专头经常检查瓦斯变化情况。同时要确保对新入矿工人 72h 的入井前强制性安全教育培训，对在职职工进行上岗前培训和定期轮训，确保从业人员具备必要的煤矿安全知识，熟悉本煤矿自然灾害的特点和相关的法律法规知识，掌握本岗位的安全操作技能，杜绝违章作业行为。

二十九、沈阳焦煤清水二井煤矿"2012.5.20"事故

（一）事故经过

2012 年 5 月 20 日，辽宁省沈阳焦煤有限责任公司清水二井煤矿生产矿井，核定生产能力 90 万吨/年。发生一起顶板事故，造成 12 人被困，其中 3 人获救、9 人死亡。

（二）事故原因

（1）该矿南二采区 07 工作面运输顺槽掘进时采用锚杆、锚索挂网喷浆支护，锚索支护不及时。

（2）因遇到地质构造带顶板压力增大，原有支护方式强度不够，该矿决定采用架棚（架设 36U 型钢可缩支架）方式加强支护，但施工时未采取有效的安全技术措施，发生大面积冒顶，导致事故发生。

（三）防范措施

（1）加强现场管理。各施工单位必须严格把关现场施工质量，确保现场施工顺序合理紧凑，不拖延不强先。

（2）加强地质报告分析。各施工单位负责人必须时时掌握施工工作面的地址情况，遇到地址构造区需由技术员编订合理的采掘支护方案。

（3）根据现场施工情况选择合理的支护方式。

（4）加强工人的安全教育与培训，不得无证上岗。

三十、东源泸西煤业"2012.5.21"事故

（一）事故经过

2012 年 5 月 21 日，云南省东源泸西煤业集团有限公司红升一号井发生一起掘进工作面顶板事故，造成 7 人被困。该矿为国有煤矿、资源整合矿井，设计生产能力 9 万吨/年，其采矿范围与云南省东源泸西煤业集团有限公司云龙煤业公司一号井采矿范围在垂直方向上重叠，形成"楼上楼"现象。

（二）事故原因

（1）该矿 K7 煤层回风巷采用木支护，支护强度不够。

（2）巷道底部存在老空区；由于疏于日常管理和维护，巷道垮塌、通风阻力大。在矿长带领有关人员下井进入该巷道检查时，巷道底板陷落、顶板冒落，导致事故发生。

（三）防范措施

（1）选择合理的支护方式。要严格按照煤矿顶板管理相关规定要求，督促煤矿企业建立、健全顶板管理责任制，坚决淘汰使用木支护。

（2）加强管理与巡查制度。在隐患的排查上严禁避重就轻，对重大隐患视而不见，要建立隐患排查登记整改消号闭合措施，确保隐患消除。

（3）加强安全教育与培训。煤矿企业必须加大对干部职工安全知识、安全技能培训力度，并完善稳定职工队伍措施，保证煤矿企业有一支稳定的高素质队伍。

（4）进一步加强煤矿安全监管工作，制定切实可行的安全监管方法，通过安全监管，及时发现问题、解决问题、消除事故隐患。

三十一、福建省永安煤业小华煤矿"2012.6.17"顶板事故

2012年6月17日，福建省永安煤业小华煤矿发生冒顶事故，造成3人死亡。

（一）事故发生经过

2012年6月17日夜班（2日的零点至8点），安排对3210回风巷道进行维护，到3210回风巷口时，首先由跟班队长和安全员由外向里进行检查，查到距掘进头约40m处，发现有断梁折柱现象，决定由此开始进行维护。维护了3架棚后，巷道顶板冒落，3人被困。

（二）事故原因分析

（1）3号煤层上分层开采形成的高支承压力、动载荷造成顶板岩体节理裂隙发育，构造节理纵横交错，由于巷道支护的强度不够，很难控制直接顶的下沉（再加上更换被压坏的棚梁、棚腿时的不稳定因素），直接顶的下沉又造成顶板岩体的松动甚至破碎，当岩体结构面上的滑移超过其位移的极限值时，顶板岩体结构崩塌是造成此次事故的直接原因。

（2）在发现3210回风巷压力异常后，未及时结合本矿实际情况，采取将木支护更换为金属支护增加支护强度、棚间加装联锁装置以增加抗倒伏能力等有效措施，是造成此次事故的重要原因。

（三）结论及建议

（1）在压力较大区域的巷道淘汰木棚支护，并加强支护管理。在采用金属支架支护时，棚间要装设联锁装将各棚连成一体，以增强抗倒伏能力，保证生产安全。

（2）要对工作面布置合理规划，在采取分层开采时，采过上分层后，待其顶板稳定后再布置下分层工作面，以减少和避免上分层巷道动载荷。

（3）增强员工安全意识，认真做好员工培训教育，提高员工操作技能。

（4）增强矿井安全责任主体作用，从机构设置、人员配置、制定制度、监督检查等各个环节落实安全责任，并且要执行到位。

（5）进一步加强煤矿安全监管工作，制定切实可行的安全监管方法，通过安全监管，及时发现问题、解决问题、消除事故隐患。

（6）各煤矿企业应高度重视应急救援管理，制定行之有效的应急救援预案，对人员抢险、减少事故损失有着非常重要的作用。

三十二、云南省昭通市山脚煤矿"2012.9.5"顶板事故

（一）事故经过

云南省昭通市山脚煤矿2012年9月5日发生片帮事故，造成3人死亡。

2012年9月5日5时20分左右，云南省昭通市镇雄县山脚煤矿三水平南7伪斜至6伪斜二号开切眼维修时发生片帮事故，当班入井29人，安全升井26人，造成3人被埋，

虽经全力救出后都已死亡。

（二）事故原因

1. 直接原因

事故地点煤质松软，且多处木支柱折断，压力显现明显；作业人员更换木支柱时未加固临近支护，撤掉原有支柱后上帮煤壁垮落导致事故发生。

2. 间接原因

（1）煤矿安全生产主体责任落实不到位。煤矿安全生产责任制、岗位责任制落实有差距，安全管理不到位；未根据急倾斜煤层、煤质松软的实际情况采取合理支护工艺、支护方式支护巷道，顶板管理差距较大。

（2）煤矿技术管理不严格。361采煤工作面切眼掘进作业规程、维修安全技术措施中规定的支护形式及安全防护措施针对性不强，未明确灾害征兆及应急处理措施。

（3）煤矿现场管理不严格。带班矿领导和跟班安全管理人员履职不到位，作业现场管理混乱，未严格贯彻落实顶板管理规章制度和安全防护措施。

（4）煤矿安全教育培训工作存在差距。安全员高某无证上岗，从业人员隐患识别能力低、安全意识差。

（5）煤矿安全监管工作有差距。镇雄县煤矿安全监管部门对山脚煤矿顶板管理、技术管理、安全管理方面存在的漏洞未及时纠正。

（三）采取的防范措施

（1）各单位充分利用班前、班后会学习等形式加强职工安全技术培训和安全思想教育，提高职工的操作技能和自主保安意识。

（2）严格执行敲帮问顶制度。掘进施工、加固修复巷道等井巷施工作业时，必须由班组长站在永久支护完好，退路畅通的安全地点。使用专用工具，由外向里随时进行敲帮问顶，找掉帮顶活煤炭，直到帮顶成为完整、坚硬的煤体为止。敲帮问顶期间由跟班队干或有经验的老工人负责监护。采煤和安装回收期间，需要进煤墙进行作业时也必须严格执行以上规定。

（3）跟班队干部、班组长作为现场安全第一责任人，必须严格执行"不安全不生产、隐患未处理不生产"的原则，认真查找作业现场存在的各种安全隐患，发现隐患先处理后生产。

（4）井上井下任何施工，都必须严格按照作业规程、操作规程和安全技术措施的有关规定进行作业。严禁无规程、无措施进行开工，严禁没有学习规程措施的人员上岗作业。

（5）加强现场互联保管理，每个互联保小组必须安排一名小组长进行不定期检查互联保情况，班长对各个互联保小组进行全面检查，确保互联保真正落实到位。

（6）必须加强安全员的安全意识和责任意识教育，加强规程学习，提高自身素质，增强工作责任心。必须按照规程措施有关规定严格把关，确保现场安全监管到位。

（7）针对本起事故并结合其他同类事故案例，各单位认真组织开展事故大讨论，深刻吸取经验教训。

三十三、马关县小兴煤矿小马白井"2013.3.9"顶板事故

（一）事故概况

2013年3月9日16时36分，马关县小兴煤矿小马白井1080m水平西运输巷维修作

业点发生一起顶板事故，造成 1 人死亡。

（二）事故原因

1. 直接原因

（1）1080m 水平西运输巷布置在煤层中，巷道右帮煤层在无支护状态下脱落。

（2）作业人员未认真执行敲帮问顶制度，违章进入空顶区域作业。

2. 间接原因

（1）煤矿未严格执行隐患排查、治理和报告制度。对已先后两次发现的 1080m 水平西运输巷维修作业点巷道垮落，顶板冒落过高的事故隐患未采取有效措施予以消除。

（2）煤矿特种作业人员配备不足。矿井仅配备 1 名安全检查员，导致事故当班无安全检查员跟班检查安全工作，且未安排班组长带班。

（3）煤矿安全技术管理混乱。煤矿编制的《小兴煤矿 1080m 运输巷维修整改方案》无针对性，且未组织从业人员进行学习，导致从业人员不掌握安全措施，未严格执行敲帮问顶制度。

（4）煤矿依法管矿意识淡薄。煤矿执行煤矿安全监管指令有差距。未经批准擅自安排作业人员入井维修巷道；未严格执行领导下井带班制度，事故当班带班领导马某离矿后，煤矿未安排其他带班领导下井带班。

（三）事故防范措施

（1）切实加强现场安全管理工作。煤矿企业要切实加强对煤矿安全生产工作的督促检查力度，督促从业人员严格按照安全生产规章制度和安全操作规程要求作业，杜绝擅自变更操作顺序和安全保护措施，严禁违章指挥、违章作业。

（2）切实加强隐患排查治理工作。煤矿企业要认真组织开展隐患排查治理工作，对发现的事故隐患要及时采取有效措施予以消除，杜绝隐患长期存在导致发生事故。带班下井领导要认真履行职责，加大对重点部位、关键环节的巡视力度，全面掌握井下安全状况，对发现的违章作业行为，要坚决予以制止。

（3）切实加强安全生产教育和培训工作。要按照要求配足配齐各岗位特种作业人员，加大对特种作业人员的管理力度，统筹安排每班特种作业人员，杜绝重要岗位无人上岗、无证上岗；要提高安全生产教育培训质量，严格教育培训质量考核，确保从业人员熟知各岗位操作规程和安全技术措施，提高岗位操作技能和安全意识。

（4）切实落实安全生产责任制。要进一步健全完善主次清楚、分工明确的各级领导安全生产责任制和各职能机构安全生产责任制，杜绝责任混淆不清，要按照有关法律、法规和规章的规定，认真落实各级安全生产责任制，切实把安全生产责任落实到煤矿安全生产的各个环节、各个岗位和每一个员工。

（5）切实加强顶板安全生产技术管理工作。要严格按照《煤矿安全规程》和行业技术规范，开工前要根据巷道实际情况编制有针对性的安全技术措施，确定相应的支护方式和支护参数，合理选用支护材料，淘汰落后的木支护。

第八章　冲击地压事故及案例分析

第一节　地应力弹性释放事故典型案例

某矿自 1964 年 6 月 7 日首次发生冲击地压事故后，又发生数次类似事故，该类事故破坏性和危险性甚大，为了汲取教训，本节列举 8 例事故案例及分析（见表 8－1）。

表 8－1　典型地应力弹性释放（冲击地压）事故一览表

序　号	事故时间	事故地点	死亡人数
1	1964. 6. 7	2151 轴工作面遇断层新开切眼	5
2	1995. 6. 24	2337 采煤面运输道第七部运输机	1
3	1978. 10. 29	5257 综采面风道出口外 140m 范围	2
4	1978. 6. 11	5352 炮采面风道出口外 48m 范围	0
5	1991. 6. 13	3652 综采面风道出口外 50～150m 范围	2
6	1982. 10～1983. 2	5287 北综采面采掘期间；二西大巷和副巷	0
7	2001. 3. 19	8293 落垛采煤工作面	6
8	2001. 6. 25	1081 掘进工作面	1

一、某矿"1964. 6. 7"2151 轴工作面冲击地压事故

1964 年 6 月 7 日某矿 2151 工作面发生冲击地压，死亡 5 人。

（一）工作面简况（见图 8－1）

2151 轴工作面位于某矿 12 水平老区 1 石门东侧，5 号煤层煤厚 1.3～1.9m，平均 1.6m，倾角 5°～15°，底板为粉砂岩－粗砂岩。工作面处于局部小型向斜构造轴部，东侧为本煤层 2152 已采区；西侧有一条与工作面走向大体一致的断层，断层以西为采空区。轴运输顺槽两侧分为东、西两面，工作面长 60～80m，轴顺槽向西开新切割眼，放炮后发生冲击地压，造成 5 人死亡事故。

（二）事故经过

1964 年 6 月 7 日 20 点 20 分，切眼掘进施工放炮，当职工进入工作面迎头后，随即响了一声巨大板炮，巷道内喷满煤块，支架严重变形，上、下风巷及轴运输顺槽自工作面出口以外 35m 范围冒严，采煤工作面的全部人员被堵在里边。工作面与外部通讯中断，一度使抢救工作感到茫然，地面震感明显，地震台测定能量为 3.8 级。

这是某矿首次发生冲击地压，当时对此顶板特殊活动规律并没有认识，分析认为属于不可抗拒的自然灾害事故。

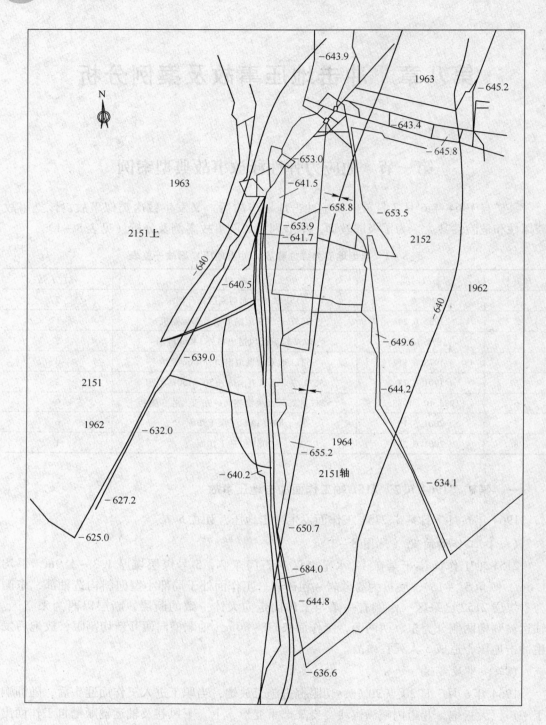

图 8-1　某矿 2151 轴工作面示意图

（三）剖析事故原因

（1）2151 回采工作面处于某矿大型地质构造的 I 断层（逆掩断层）的掩下向斜构造

范围内的又一小型向斜的轴部，而且采面西侧还与一条与工作面走向一致的断层相邻，原始构造应力聚积突出。

（2）工作面周边均为采空区（西侧断层以西亦是采空区）属于孤岛。随着推采，前方剩余煤柱面积越来越小，叠加应力作用不断强烈。残余煤柱处于弹性能极限状态，瞬时一触即发。

（3）工作面因断层而停采，新开切眼正处于原采煤工作面超前支承压力带范围，尤其又在向斜轴部且临近断层，上述数项应力叠加起来积聚趋向于弹性释放临界状态。

（4）工作面开采深度接近 700m，矿压明显最大。

（5）掘进放炮诱发事故的发生。

二、某矿"1995.6.24"2337 回采工作面地应力弹性释放

1995 年 6 月 24 日 16 点 8 分，某矿采八区 2337 采煤工作面东一中运输道第七部运输机机头处，发生应力突然释放，巷道严重底鼓，支架严重变形，巷道断面高度急剧缩小到 300mm，一名运输机司机被埋压遇难。

（一）工作面简况（见图 8-2）

某矿 2337 工作面位于该矿井 12 水平西翼 3 石门第 12 号煤层，工作面标高 -901.93 ~997.601m，走向长平均 227m，东一中巷走向长 247m，东上面倾斜长 83m。该工作面二至 11 水平，11 水平以上 1237 西下面已于 1987 年采完第一分层，至本事故发生前，西 5 分层即将收尾。1337 东面于 1991~1992 年采完第一分层，1994 年采完第二分层，下山以西未采；下至 12 水平，12 水平以下尚未施工，2337 以西尚未施工；东邻 2137 采空区，上部 1397 工作面于 1992~1993 年采完。因煤厚变化大开采不充分。0335 东面相对的 12 煤层均已采完。工作面采用倾斜分层采煤法，首采第一分层。

2337 工作面位于井口向斜轴部，岩层裂隙发育，顶板破碎，煤质较软，煤层结构

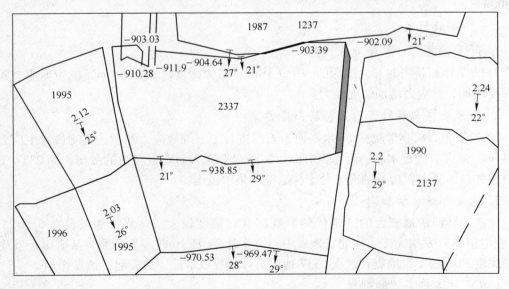

图 8-2 某矿 2337 回采工作面示意图

简单。

工作面巷道均采用 6.0m² 金属拱形支护，回采工作面采用 DZ－22 型单体液压支柱，配套 1.0m 金属顶梁，采高 2.0m，柱距 0.6m，排距 1.0m，特殊支护木垛戗梁、托板，上、下出口 20m 范围内，每隔一架打单体支柱。东一中巷铺设 7 部 30 型运输机，工作面布置 2 部运输机。

（二）事故经过

事故当日 15 时，两点班副区长召开班前会之后工人去工作面并开始工作。大约 16 时工作面下出口电钻出现故障，机电维护杨某到第 7 部溜子机头处停了综保开关电源，然后去 7 部溜子机尾处理电钻故障；另一维护王某、生产班长李某和第 7 部溜子司机崔某在围观杨某处理电钻。突然一声巨响，从第 7 部溜子机头处喷出碎煤和煤尘，冲击波将杨某等人摧倒，与此同时运输道内其他电溜司机也听到巨响并被摧倒。此时正在工作面检查支护的副区长杨某和技术员听到巨响马上往运输道走去，到第 7 部溜子机尾处，发现巷道遭破坏严重已过不去人了。马上意识到出了事故，就迅速从边眼下到二中巷，经上山正眼到一中运输道，由头部溜子往里跑到第 6 部溜子后部，但该处断面太矮，只能爬行，用灯一照，看见一个红帽子。杨某让技术员赶紧去找人并向调度室汇报，而自己先进去抢救。技术员立即跑出叫人组织人力救援，并于 16 时 50 分报告矿调度室。副区长杨某爬到第 7 部溜子机头，见第 6 部溜子司机蜷曲在第 7 部机头北帮，全身是伤已亡。

事发后，有关领导对事故现场进行勘查，并组织了事故调查与技术论证。发现事故波及范围大，造成运输道内 190m 以东－工作面下出口范围 53.8m 的 107 架金属拱形支架不同程度损坏或变形，卡缆崩断，螺母飞出，棚腿开裂等破坏。工作面出口以外的超前支护摧倒 8 棵，其余严重歪扭，其中第 3 棵在注液阀以下 80mm 处断开；事故点第 7 部溜子机头被颠起，距离棚顶仅剩 300mm，且棚梁上有被撞击痕迹，机头破损，其开关被摧出 3m 有余；受突发地应力影响该段巷道底鼓严重（由 190m 处工作面下出口），最低处巷高不足 300mm。

（三）事故原因

1. 开采深度大，原始地应力高

2337 工作面是当时开采最深的一个工作面，最大深度已达 997.6m，原始地应力随开采深度增加，其应力增加幅度较大。

2. 开采处在向斜轴部附近，局部应力集中

1992 年湘潭矿业学院在 11 水平西 5 石门进行了三维地应力测量，实测最大主应力为 85.44m，最大应力近水平、近东西方向，实测水平应力为垂直应力的数倍，而 2337 工作面位于井口西翼向斜构造轴部，处于构造应力集中范围。

3. 地应力场活动加剧

该矿与林西矿地震台的"地倾斜"观测变化幅度较大。马家沟地震台在 6 月 23 日"形变电阻率"发生突变。河北省地震中心台 6 月 24 日 16 时零 7 分测得某矿附近发生了震源深度 31m 的 2 级地震；这次 2337 地应力弹性释放事故，地震起了诱发作用。

（四）对这起事故的剖析

（1）这是一起典型的地应力弹性释放显现。事故经过前面已有叙述，特点是压力随

着巨大响声瞬间释放，能量大，具有振颤性，破坏力极大。该处发生地应力弹性释放的准确时间应为地震台捕捉的释放能量相当于2级震，其记录时间为1995年6月24日16时7分。

（2）原因之一：不可忽视的开采深度。工作面的一中巷道标高 - 977.35m，相对于地表实际深度已大于1000m，已进入深开采范围。岩层之重力作用在煤岩体之上，使煤岩层的弹性能处于抗压强度的临界状态。

（3）原因二：原始应力聚积在局部地质构造中。2337工作面处于向斜轴范围，掘进期间巷道压力大，煤炮频发说明地质构造的聚积原始应力与煤岩体中。

（4）本煤层上覆9煤层已采，部分深入到本工作面待采范围，支承压力作用在一中运输道。这是一次由综合因素共同作用所引发的地应力弹性释放显现。

三、某矿"1978.10.29"5257回采工作面冲击地压事故

1978年10月29日六点班，某矿南翼5257收尾前（边眼）发生冲击地压，死亡2人。

（一）工作面简况（见图8-3）

某矿5257对拉综采工作面位于该矿11水平南翼2北石门西侧，走向长464m，东、西两面长各150m，是该矿井可采煤层中最上一个，煤层厚度倾角平均10°；平均开采深度

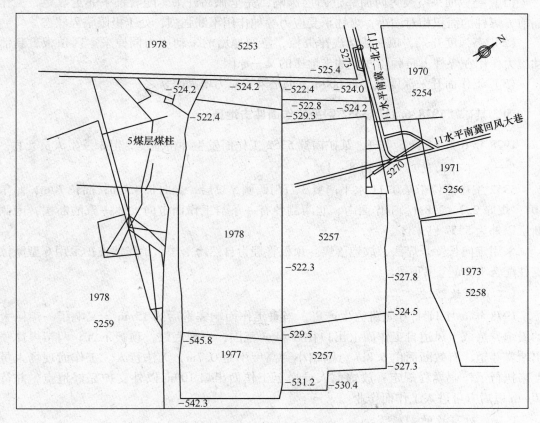

图8-3　某矿5257回采工作面示意图

约 600m；煤层顶板粉砂岩－砂质泥岩，底板为粉砂岩－粗砂岩。工作面东、北两侧为本煤层已采区；西侧有一条与工作面走向大体一致的断层；南部为已采区。

采用走向长壁综合机械化采煤法，顶板管理为自然垮落法，开采方向由南向北。

（二）事故经过

1978 年 3 月综采月产 19.5 万吨（月推进 190m），创当年全国最高纪录，在回采期间冲击地压频繁显现，可参见下面当时观测纪录：

1978 年 3 月 16 日，风道 38m 处遭受破坏，底鼓严重，煤粉充满巷道，爬行过人，煤尘飞扬；

1978 年 3 月 23 日，东、西风道 140m 程度不同被破坏，底鼓，两帮煤弹出最远达70m，煤尘飞扬；

1978 年 3 月 30 日，风道 125m 处遭受破坏，煤从一帮弹出，加固巷道的抬板被摧倒，煤尘飞扬；

1978 年 10 月 29 日，巷道底鼓道高度由 1.6m 压缩为 0.6m，支架大部被折断。两名回棚工人死亡。

（三）剖析事故原因

5257 对拉综采工作面发生冲击地压原因如下：

（1）受三面采空及另两面邻近断层影响，完全孤岛开采。随着推采邻近收尾，工作面前方煤柱的面积相对缩小，煤柱承受应力叠加作用不断强烈，处于极限临界状态。

（2）高强度开采，顶板活动规律失控，急剧递增的采动应力同原采空区顶板重新活动应力作用在煤柱上是频频发生冲击地压的又一原因。

（3）工作面开采深度已接近 600m，也是采场应力增大因素之一。

四、某矿"1978.6.11"5352 回采工作面冲击地压

1978 年 6 月 11 日 6 点班，某矿南翼 5352 工作面发生冲击地压，但未发生人员死亡。

（一）工作面简况（见图 8-4）

5352 工作面位于某矿 11 水平南翼 3 石门西侧 5 煤层，走向长 450m，面长 70m，倾角10°，煤厚 2.2~2.8m。工作面南、北两侧各有一条与工作面走向大体一致的断层，南侧断层以外为 5357 已采区。

采用走向长壁采煤法，放炮落煤。顶板管理为自然垮落法，工作面支护采用 6 型摩擦支柱配合 1.2m 金属顶梁。

（二）事故经过

1978 年 6 月 11 日 6 点班为生产班，当班工作面响完炮后约 15min，又响了一声巨大的板炮，造成上风道自工作面上出口往外 48m 范围，出现底鼓，顶板下沉，两帮煤体喷出堵塞巷道，有效断面由 6.8m 急剧缩小到高度不足 0.7m，无法行人。工作面现场人员严格执行了作业规程规定：放炮前人员撤至工作面出口 100m 以外支护完好地点，并待30min 以后方可进入工作面作业。

（三）对事故的剖析

（1）该工作面受两侧两条断层影响。从工作面平面图看出，受两侧断层影响，工作

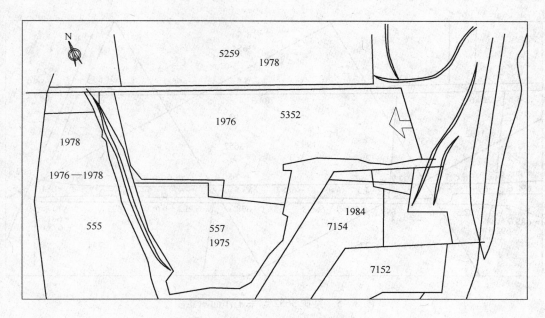

图 8 – 4　某矿 5352 炮采工作面示意图

面由南向北开始回采在 160m 范围内，面长由 140m 缩短至 118m，回采过程中采场矿压显现，断层的构造应力叠加；加之 5 煤层及其顶、底板（属于较坚硬），易于储存与积聚弹性能。

（2）煤岩体处于弹性能临界状态下遇放炮诱发了冲击地压。

五、某矿"1991.6.13" 3652 回采工作面冲击地压事故

1991 年 6 月 13 日零点 12 分，某矿 3652 综采工作面发生冲击地压，死亡 2 人。

（一）工作面简况（见图 8 – 5）

3652 综采工作面位于某矿 13 水平北翼七南石门南侧，是本水平第一个回采工作面，平均采深大于 700m，上部为 12 水平 2754 已采区，西侧为保护煤柱，尚未开采；走向长 490m，面长 90m；煤层平均厚度 2.8m，倾角平均 15°；煤层顶板粉砂岩~砂质泥岩，底板为粉砂岩~粗砂岩。

采用走向长壁采煤法，综合机械化采煤。顶板管理为自然垮落法。

（二）事故经过

1993 年 6 月 13 日零点班，发生了一起冲击地压事故。工作面上出口以外 50~150m 范围，出现底鼓、板沉，两帮煤体喷出堵塞巷道，10.4m² 金属拱形支架严重变形，其有效断面高度由 2.6m 急剧缩小到不足 1.2m，最严重处仅为 0.32m，无法行人；崩断多处卡缆，棚腿被压开裂，尤其下帮明显严重，有 62 架，占比为 98%，轨道多处被折断，小绞车从下帮颠砸到上帮棚子上，乳化液车、液泵、电气开关被掀翻和移位；当时正在该巷道外部打电话的通风员被吹出 4~5m 远。绕道内的风门被摧倒且飞出 3m 多远；上风道内 5 名正在作业人员被冲出煤粉埋压，后经抢救 3 人受伤脱险，2 人遇难。

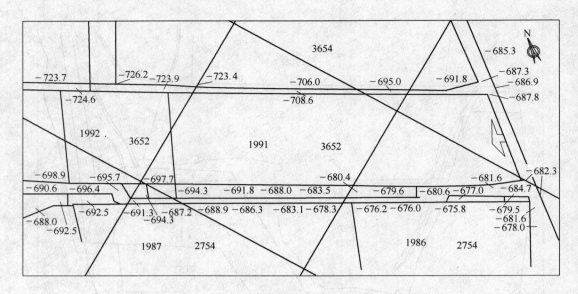

图 8-5　某矿 3652 综采工作面示意图

（三）对事故的剖析

（1）该工作面处于某矿西翼背斜与北翼向斜相转换边缘地带，存在原始构造应力积聚于煤岩体内。

（2）留设了不合理的区腿柱。该工作面与上水平相邻 2754 已采，工作面之间留有 20m 宽区段煤柱，该煤柱除受采动应力的作用又同时受 2754 采空区 2 次顶板活动的支承压力，形成叠加应力，共同作用于煤柱载体上，使煤柱处于弹性能聚积的临界极限状态下。

（3）回采强度大，采动应力递增，加速煤柱趋于承受地应力弹放的临界状态。

（4）回风道内矿工正在进行工作面超前替回（回撤拱形支架，补打液压单体柱）作业，在回打支架时，诱发了事故的发生。事故后工作面往上延长了近 20m，沿空补掘新风道，安全采完。印证了 20m 宽的区段煤柱是产生冲击地压的根本原因。

六、某矿 5287 北综采工作面冲击地压事故

（一）事故介绍

1. 工作面基本条件（见图 8-6、图 8-7）

5287 北工作面系某矿 11 水平南翼运输大巷（2~3 石门）保护煤柱（8、9 煤层合区），其上覆 5 煤层于早年先后均已开采，本煤层南、北两侧均以分式开采，使本工作面成为条带状残存煤柱。

该工作面走向长 500m，南北宽 120m，煤层厚度 11.0m，倾角 10°，可采储量约 80 万吨。

煤层赋存基本稳定，局部有落差 1.0m 以下小型正断层。煤层顶板为深灰色砂质泥岩，平均厚 14.0m，底板为砂质泥岩。

巷道支护均采用金属可缩性拱形支架，其中，运输道为 25U 型钢，净断面 10.4m²；回风道 36U 型钢，净断面 11.9m²。

采用倾斜分层综合机械化采煤法，开采第一分层，采高 2.8m。工作面支护使用 0320 – 13/3.2 型掩护支架，顶板管理采用全部垮落法。

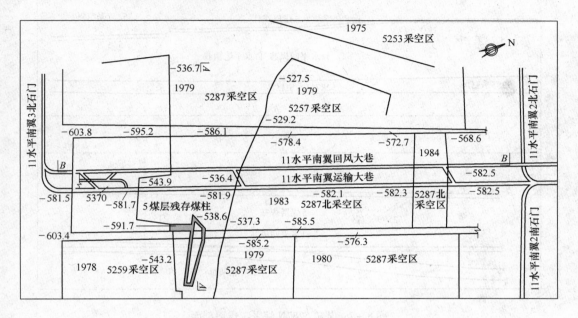

图 8 – 6　某矿 5287N 工作面示意图

2. 工作面回采前后冲击地压显现状况

从图 8 – 6 5287 北平面图、图 8 – 7 剖面图看出处于高应力作用在煤柱上，采前冲击地压频频显现简要情况（见表 8 – 2）。

表 8 – 2　某矿 5287 北冲击地压显现事故情况表

序号	发生时间	地点	诱发因素	破坏简况
1	1982. 10. 30	一西副巷		5 架棚子冒严；3 个小斗车位移
2	1982. 11. 2	二西副巷		当时将卧道工人崩起 300mm
3	1982. 11. 3 ~ 4	二西大巷	巷修作业 产生振动	支架卡缆折断；变电开关跳闸
4	1982. 11. 5	二西大巷		2 个 3t 矿车被压；3 人受伤
5	1982. 12. 24	二西大巷		颠起 3t 矿车四轮脱轨落地
6	1982. 12. 30	一西副巷		破坏电瓶车，3t 矿车落轨，设备移位，1 人受伤
7	1983. 2. 26	一曲副巷		颠起轨道；3t 矿车脱轨落地；小斗车位移

造成 11 水尺平南翼（矿井主要生产区域）运输和回风大巷压力凸显，巷道严重底鼓，轨道变形，支架被压裂、变形，巷道断面缩小速度之快使维修面临巨大困难。

巨大的冲击弹性能释放颠覆 8t 电机车，36U 型钢金属拱形支架（棚距小于 0.3m）被压缩、压裂变形，3t 矿车被劈开，巷道行人困难，突发时煤尘弥漫等。

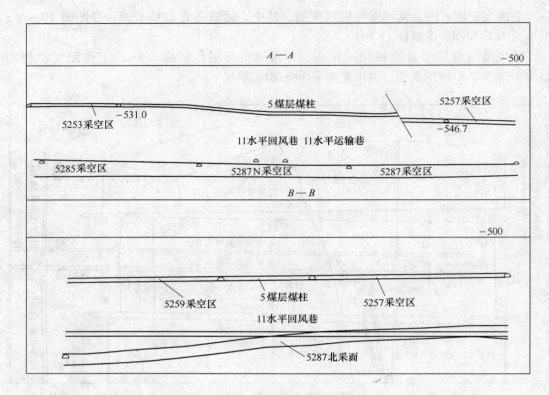

图 8 - 7　某矿 5287N 综采工作面剖面

自 1983 年 2 ~ 11 月，通过采用采前应力监测、放炮震动卸压、煤体注水和开采期间综合监测等多种综合防治措施，安全的采完第一分层工作面后，冲击地压显现消失，顺利的采完煤柱近百万吨。

（二）某矿特厚煤层孤岛煤柱实现安全开采的剖析

实践证明开采具有冲击地压危险的煤柱时，采取行之有效的安全技术措施完全可实现安全回采。

（1）采煤方法选用综合机械化，金属网下分层方式，依据矿压观测数据选择支架工作阻力，以保障采场支护可靠。即支架可安全切断悬臂顶板使其冒落，有效减小上覆岩层作用于采场支承压力，进而缩小超前支承压力作用范围。

（2）综采支架与矿压观测实现联测和动态监测，可实现依据支架工作阻力、顶板下沉速度、等数据指标控制回采速度，调整支架载荷状态，保持顶板来压应力始终在可控范围内（支架保持正常工作），确保采场超前支承压力峰值不大于围岩强度临界值。

（3）工作面巷道采用沿空布置，避免出现应力集中。

（4）巷道支护采用重型口型钢可缩性支架，并相应采取加强整体性和稳定性的有效措施，施工过程严格工程质量。实践证明可缩性金属支架能够在一旦发生冲击地压的情况下，即使断面急剧缩小，但仍可留有空间，有利于灾变后保持工作面全风压通风，加快恢复生产。

（5）工作面设备和器材均以 ϕ8 ~ 10mm 钢丝绳拴牢，避免一旦发生冲击地压出现颠覆、飞出、伤人等。

（6）矿压观测与监测。开采过程中实施矿压观测与动态监测十分必要，全程动态监测可及时掌握采场周期来压、最大应力、支架承载状况，通过分析可有效预测产生冲击地压的危险程度，为及时采取相应措施提供依据。

（7）卸压削峰。降低采场应力积聚程度，使应力峰值向煤壁内转移，并降至安全限度以内。

1）沿工作面煤壁布置钻孔，孔距1.5m，孔深6~10m，放松动炮卸压并进行放炮前后的矿压观测值对比。以检测放炮效果，有效掌握采场应力变化状况。

2）实施煤体超前注水，实测证明注水软化体，降低了煤层抗压强度25%。地应力的聚积相对降低了25%。

3）控制回采强度，依据矿压观测掌握回采进度，使采动影响在可控范围内。

（三）关于应对地应力弹性释放的建议

在采矿业，提及地应力弹性释放（冲击地压）问题，上上下下均简单采取谈虎色变态度——不准开采或不能开采，或尽量不涉及、不提及该词。但是，面对矿区已有134年开采历史，平均采深已超过800m，并且随着煤炭生产延续，开采深度仍在逐年增加，相应上覆岩层的垂直应力随之增大，发生弹性能释放的可能性也在增加。然而煤田内煤层埋藏深度达2500m，在这个向斜含煤构造内，越向深部，煤层倾角越缓，煤质越好，是国内稀有煤种，故不能轻言弃采。

多年来，为了应对地应力弹性释放，实现安全开采，从开采布局、监测手段等方面进行探索，虽然在此期间也发生过事故，但毕竟取得了一些经验。况且随着科技不断进步，技术力量的壮大，监测手段的提升，应该比以往更有条件攻克此难关，从而把宝贵煤炭资源安全采出。为此提出以下三点建议：

（1）认真分析总结矿区有史以来发生地应力突然释放工作面所处环境、监测水平和事故教训。

（2）搜集国内外防治"冲击地压"的先进技术、手段、装备等，为我所用。

（3）与国内科研院校合作，立项攻克"冲击地压"难关，为矿区可持续发展提供强有力支持。

七、某矿"2001.3.19"8293采面顶板事故

2001年3月19日18时39分，某矿业公司采煤一区8293落垛采煤工作面发生地应力突然释放，导致大量煤体溃出，致使6人被煤粉埋压或冲击损伤死亡。

（一）工作面简况（见图8-8）

事故工作面位于八水平西翼12石门9煤层，可采走向138m，倾斜长16m，煤层倾角65°；上风道标高427.3m，下运道标高-541.8m。该煤层属复杂结构的厚煤层。顶板较不稳定，伪顶为厚0.5m褐色花斑点状泥岩，炭质成分；直接顶为厚2m黑色砂质泥岩，老顶为厚2.5m黑灰色粉砂岩。直接底为厚1m黑色泥岩；老底为黑色砂岩。

该区域地质构造较复杂，在上风道外口以西107m处实见09断层，落差6.4~8.0m，倾角72°；11m处实见240断层，落差6.0~15.0m，倾角68°。受这两个断层影响将煤层

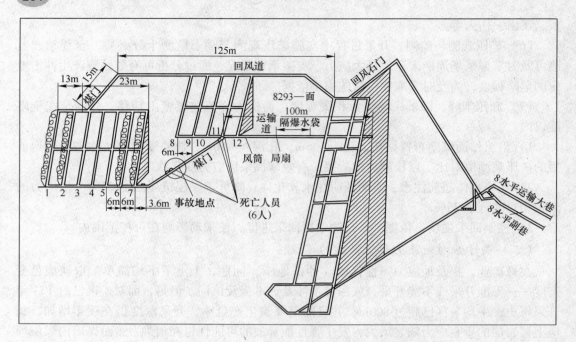

图 8 - 8　某矿"2001.3.19"8293 采面冒顶事故现场示意图

断开，工作面分为南北两盘布置，北盘走向 120m，南盘走向 40m；煤层平均厚度：北盘 5m、南盘 13.3m。

工作面采用落垛采煤法，运输道和风道均采用 7012 金属拱形支护。垛眼及横管均沿煤层底板布置，垛眼斜长不大于 6m，间距 6m，采用矩形木支护，规格 1.2m×1.2m。南盘自西向东依次布置 1~7 号眼；北盘自西向东依次布置 8~12 号眼。回采顺序为先南盘后北盘。

（二）事故经过及抢救过程简述

事故当日两点班，副区长在班前会布置了当班全区的工作及安全注意事项。安排大班长荣某带领 13 人去 8293 面出煤。随后大班长安排蔡某、王某两人老塘出煤，阎某负责砸大块，另有一人看眼兼洒水灭尘，温某等 5 人负责看运输道 5 部溜子，4 人去大巷放煤，另有一名炮工。班前会后工人分乘井下交接班车约 17 时 50 分达到工作现场，开始各岗位的相应准备工作，事故发生前尚未正式开工出煤。

事故当班通风区副区长韩某与通风员王某到该工作面检查通风工作，当从运输道自里往外至外口时，突然感到从里吹出一阵夹带煤尘的热风，将安全帽掀翻落地，意识到工作面发生了灾变。随即返身去观察，在接近南、北盘煤门时发现煤门北抬棚以里被煤粉堵严，立即向通风调度汇报，与此同时采一区副区长也向矿调度室汇报，8293 面埋住 6 人，立即组织抢救。

事故发生后，公司主要领导相继赶到现场指挥抢救工作。19 时 48 分在煤门北抬棚下东侧和中间位置扒出老塘出煤的王某及第 5 部溜子司机，2 人都已死亡。20 时 30 分在煤门北抬棚下西侧扒出负责砸大块阎某已亡。之后继续沿煤门向南清煤，此间两帮及上顶不断漏煤粉（手感发热），现场采取打撞楔、封顶帮等措施向前清理。至 3 月 20 日 1 时在煤门北口以南第 8 架棚子处开始，出现 3 架棚子歪倒，现场采取架设木梯形支架方法继续前清。3 月 21 日 1 时 30 分，在煤门以里 7m 处扒出班长荣某。随后为保障木梯形支护稳定、可靠，补了 3 架 512 金属拱形支架。15 时 30 分在煤门以里 8m 处西帮扒出炮工，之后又在煤门南抬棚西 1m 处扒出老塘出煤工蔡某。后经法医进行尸检，在死亡 6 人中，2 人系被冲出煤粉埋压窒息死亡；2 人被冲出煤粉致闭合性胸部损伤死亡；1 人颅脑损伤死亡；1 人窒息死亡。

经现场勘察认定：8293 面南盘煤门北起第 9、10、11 支架歪倒严重，其他地点支护及设施未被破坏，故该 3 架棚子上方是冲出约 60t 被挤压成粉状煤的突发事故地。

（三）事故原因

经事故调查组依据现场勘察及综合分析认定：由于地应力变化加剧，引起灾变区域构造应力突然释放，造成灾变区内煤体瞬时冲出致其附近 6 人死亡；该工作面工程设计与施工符合相关规定，属于非责任事故。

（四）事故剖析与防范措施

1. 事故原因剖析

（1）排除了瓦斯、煤尘爆炸。

1）事故后北盘运输道瓦斯浓度 0.11%。

2）事故后北盘运输道未发现 CO。

3）尸检结果及现场勘察未发现烧焦痕迹。

4）现场无爆炸结焦与煤尘过火迹象。

5）现场未发现爆炸点。

（2）排除了煤与瓦斯突出。

1）事故后北盘运输道瓦斯浓度 0.11%，回风流正常时 0.6%，事故过程为 0.2%，4 小时后为 0.7% 人期间最高为 0.9%。

2）事故后涌出的煤本身没有分选性。

3）煤门南抬棚及 6、7 号眼范围无煤，只有抬棚北端下沉了 1m。

4）未发现其他煤与瓦斯突出的预兆。

（3）排除了爆破或火工品爆炸引发因素。

1）尸检结果表明，现场遇难人无被炸伤痕迹。

2）事故时没有产生爆炸声。

（4）排除了煤门支架顶空因素。根据现场勘察与调查取证，煤门掘进进度正常，掘进支护材料消耗正常，整个煤门工程质量良好，未曾进行过套修。

（5）排除了由于老塘顶板垮落的冲击力和原始构造应力造成的因素。

1）现场勘察结果表明，南盘运输道 6、7 号眼抬棚完好，其他支架无明显变化，并且两眼之间的巷道内所吊挂的风筒在事故后依然保持完好状态，说明事故并非因老塘岩层垮落冲击造成。

2）造成 09 断层活化的原因，首先排除了采场应力和本区原始应力影响。其理由：一是 09 断层在 8293 面南盘 6、7 号眼老塘暴露面积经估算约 168m²；二是该石门已经处在采场形成的免压圈内，采动附加应力不足以使构造应力突然释放。

（6）在排除了上述 5 种可能发生事故的因素外，认定该起事故因 09 断层受其他外力作用被激活，导致灾变区域应力集中，构造应力突然释放造成的。

经过对该区域近期地质构造应力活动调查分析，以及依据赵各庄、林西和马家沟地震观测站的观测结果，表明该区域近期地壳应力有较大变化。

1）地应力变化。赵各庄地震台地应力 3 个元件在 3 月 12 日至 22 日地应力变化加剧，尤其是 3 月 20 日前后。

2）地倾斜。赵各庄地震台测得，自 3 月初开始地应力变化加剧，且以 SN 方向为主，在 3 月 18 日以后，SN、EW 方向均出现地应力增加趋势。

3）水文情况变化。林西、马家沟地震台测定：自 3 月 16 日至 21 日水位发生较大变化，达正常值两倍。

以上 3 个地震台都测得在 16～22 日间，地应力变化能量聚集程度加剧。此种地应力变化现象以往并未造成类似事故发生。对这类自然性变化因素，目前国内外的技术条件和水平只能监测出构造应力活动与能量积聚状态，尚不能对它们进行量化，更不能判断能量积聚至何种程度才会出现构造应力突然释放。因此本次事故以当时技术水平衡量尚处于不可预测阶段。由于地应力变化加剧激活了 09 断层构造应力突然释放，所以认为这种不可预测的构造应力突然释放是造成本次重大伤亡事故的原因。

2. 防范措施

公司积极与有关科研机构合作，进一步探索地应力的预测手段与运动规律，防止类似事故再发生。

八、某矿"2001.6.25"1081 掘进工作面地应力突然释放事故

2001 年 6 月 25 日两点班，某矿 1081 中运工作面发生地应力突然释放，死亡 1 人。

（一）工作面简况

某矿 1081 中运位于 10 水平西翼，为掘进工作面，采用炮掘施工。

（二）事故经过

2001 年 6 月 25 日两点班，某矿掘三区班前会上，王某和崔某两位班长安排组长邱某带领 8 人去 1081 中运 105m 处加密棚子；组长张某带 6 人去该工作面迎头附近棚子中间加补 4 架棚锚杆，然后插背棚子。班前会后施工人员下井，约 16 时到达工作地点，之后班长崔某检查了 105m 处顶板安全情况，认为无问题，同时看到有 6m 范围需加密棚子。之后班长布置刘某、潘某、邱某、袁某 4 人分两帮挖柱窝，其余人员去运料。然后各自按分配开始工作。在工作面迎头挖完柱窝，每帮各打了一个深 0.7m 炮眼，每眼装 1 卷药，放炮后验炮及检查顶板均无问题，棚好第一架棚子。约 19 时 40 分，继续挖第二架柱窝，打眼，放炮，验炮，检查顶板安全支护，两帮挖柱窝。约 20 时 45 分，崔某在给位于上帮挖窝的潘某看锚网时，突然顶板一声巨响，顶板下沉把崔某震倒在地，现场一片灰暗，什么也看不见。崔某连滚带爬往外撤约 10m 至第四部溜子处遇到看溜工，听他说"我这儿的棚子吭吭响，棚子怎么矮了"。崔回答"外边可能堵严了，快撤人！"说完崔又回到出事地点，见该处已经蹲严（顶板下沉，或伴有底板凸起）了，但在上帮锚网处见有一三角形空间，即开始掏煤寻找出路。

与此同时，正在迎头工作的王某等 4 人在第三空锚杆处，只听顶板"咔嚓"一声巨响，顶板下沉，迎头附近棚子整体下沉，导风筒无风，什么也看不见了。王某急忙带着撤人，前 35m 还可低着腰走，但越往外走断面高度越矮（开始高 1.7m 左右，后来至 100～105m 范围最矮处约高 0.7m），在 115m 处王某等 7 人（另有 3 个看溜工）与崔某会合，共同在锚网下扒煤寻找出路。

与此同时，在事发地点的潘某在挖柱窝，只听一声巨响，什么也看不见了，撒腿边往外跑，边沿路招呼看溜工（第三部溜子）"快跑！"当跑到第二部溜子机头处碰见袁某，袁问"刚才一声响，里边怎么回事？"潘说"可能里边蹲严了，什么也看不见，也没有灯亮，你赶紧去正眼招呼人"。袁某转身去正眼招呼人。潘招呼二、三部溜子看溜工返回出事地点后，发现里边已经蹲严了，还发现里边沉下来的顶板下有灯亮，立即开始扒人，随后正眼班长张某也带了十几个人赶到现场，分上、下帮两拨扒人，在扒人过程中先在上帮捅进一个铁管通风，并往前擂煤，在后路打了 4 棵点柱，至 21 时 10 分，在靠上帮三角空间处扒出一个通道，里边的班长王某等 8 人依次爬出来，经清点人数，只差当时在下帮挖柱窝的刘某，大家继续找人。21 时 20 分顶板二次来压，被迫将人外撤至第三部溜子机头以外 15m 处。待顶板稳定后继续进入扒人，发现刚才能爬出人的高 0.7m 小洞又被蹲严了，所打 4 棵临时点柱也下沉了 0.3～0.4m，附近的棚子也明显又一次下沉。班长张某依然继续组织扒人，待将溜子机身拆下，下帮底煤 0.7～0.8m 深时（此时矿领导及救护队也赶到了），发现刘某身体在溜子下帮，脑袋扁着被顶板压在溜槽上，速将溜槽落空，用千斤顶吊起将刘某救出，此时 22 时 30 分发现刘某已亡。

（三）事故原因

（1）直接原因。事故时在该巷道 105m 处，发生周边大量岩层弹性能急剧释放，造成 3 次大面积顶板来压，致使巷道围岩闭合，而正在作业人员中躲闪不及者被挤压。

（2）主要原因。该工作面在加补棚子过程中巷道多次出现底鼓，并经 3 次较大卧底（总量约 1.7m），造成两帮护墙支撑能力被破坏。

（四）防范措施

（1）邀请国内专家参与某矿岩层观测，找出一个具有代表性的岩层应力数据，以指导今后矿井的锚杆支护安全管理工作。

（2）加强锚杆支护的监测和管理，特别是 10 西区域施工的采掘巷道；同时对锚网支护巷道出现片帮、底鼓等现象，要及时采取有效针对性措施，确保安全生产。

（3）组织工程技术人员对大采深、高应力区巷道进行技术探索、研究与实验，以实现支护安全可靠。

第二节 其他冲击地压事故案例分析

一、义马煤业集团股份有限公司千秋煤矿"11·3"重大冲击地压事故

2011 年 11 月 3 日 19 时 18 分，义马煤业集团股份有限公司（以下简称"义煤集团"）千秋煤矿发生重大冲击地压事故，造成 10 人死亡、64 人受伤，直接经济损失 2748.48 万元。

（一）矿井概况

千秋煤矿是义马煤业集团股份有限公司（上市公司名称：河南大有能源股份有限公司）骨干矿井之一，位于河南省义马市南 1~2km，始建于 1956 年，1958 年简易投产，矿井设计生产能力 60 万吨/年，1960 年达到设计能力，经过多次技术改造，2007 年核定矿井生产能力为 210 万吨/年。矿井"六证"齐全有效。现主要开采侏罗系 2-1、2-3 煤，属长焰煤种。2010 年矿井瓦斯等级鉴定为低瓦斯，煤尘具有爆炸危险性，属于易自燃发火煤层。目前开采水平为二水平。该矿为冲击地压严重矿井。

矿井采用立井、斜井、上下山混合式开拓方式，通风方式为混合抽出式。安装有 KJ95N 型安全监控系统、KJ282 型人员定位系统，还建有瓦斯抽放系统、冲击地压预测预报系统、压风系统、供水防尘系统、防灭火系统等。

（二）开采技术条件

该矿井田含煤地层为侏罗系义马组，主要可采煤层为 2-1 煤、2-3 煤。两层煤合成一层称为 2 煤。2-1 煤在井田内大部分可采，煤层倾角 3°~13°，全层厚 0.14~7.40m，平均厚度 3.6m。煤层结构较为复杂，含夹矸 1~4 层，稳定夹矸两层，其中一层矸厚 0.4m，为细粒砂岩，对回采有较大影响。2-3 煤层厚度 0.20~7.73m，平均厚 4.21m，两层煤合并后厚 3.89~11.10m。

2-1 煤、2 煤顶板为泥岩，厚度 4.4~42.2m，平均厚度 24m。岩性致密、均一、裂隙不发育，由东向西逐渐加厚，属一级顶板。2-3 煤顶板岩性以中砂岩为主，局部为粉砂岩或泥岩，厚 0~27m，属中等稳定二级顶板。2 煤、2-3 煤底板岩性复杂，由砾岩、砂岩、粉砂岩、泥岩及含砾相土岩组成，厚度为 0.3~32.81m。当煤层底板为砾岩、砂岩时，巷道底板比较稳定，无底臌现象，若底板为含砾黏土岩泥岩、煤矸互叠时岩性遇水易膨胀，随开拓、回采推进矿井压力增大，底臌问题较为严重。距 2 煤层顶板 210m 处存在巨厚（550m）坚硬砾岩层，21221 工作面下巷穿过 2-1 煤和 2-3 煤合并带，煤层厚度变化大，原岩地应力高。

（三）千秋煤矿开展防冲工作情况

2010 年 1 月 27 日，义煤集团印发《义马煤业集团股份有限公司冲击地压防治管理规定（试行）》，其中规定：开采冲击地压煤层采掘工作面巷道支护必须采用大断面强支护，净断面面积不能小于 24m²，并优先采用 O 形棚全封闭支架支护。2010 年 12 月 13 日，义煤集团印发了《义马煤业集团股份有限公司冲击地压综合防治实施细则》，对开展冲击地压防治工作的具体方法、参数、防护、研究等做了详细规定。

自 2006 年 8 月 2 日至今，千秋煤矿共发生 33 次冲击地压事件。该矿针对本矿受冲击地压威胁的难题，邀请有关科研单位及高校科技人员和该矿工程技术人员一道，开展了冲击地压研究工作，划分了冲击危险区域，利用 ARAMIS、ESG 微震监测系统以及 KBD-5、KBD-7 电磁辐射仪等多手段捕捉冲击地压信息，地面安装国产 KZ-301 矿震监测设备。实施了煤层深孔卸压爆破、超前卸压爆破、煤层深孔注水、大直径卸压钻孔、断底卸压爆破和断顶卸压爆破等措施。在此基础上，坚持"卸、支、护"并重原则，在 21221 下巷，实行了大断面掘进，采用了"锚网+钢带+锚索梁+36U"等复合支护的方式，增强主动支护。在新掘巷道留出 300~500mm 的让压距，在巷道上下帮采用大直径钻孔卸压措施，为高应力释放提供足够空间。在管理措施上，及时清理作业现场闲置设备，必备的设备设施进行捆绑固定；延长躲炮时间（不低于30min）和躲炮半径（不小于300m）；采取多项个体防护措施，为防冲区域作业人员配戴防震服、防震帽；巷道内每隔50m安设一组压风自救装置。

（四）事故发生前21221下巷掘进工作面情况

该矿二水平21采区现有两个回采工作面和两个掘进工作面，即21141、21172综放工作面，21221上巷、21221下巷掘进工作面。事故发生在21221下巷掘进工作面，该巷道位于矿井西部二水平21采区下山西翼，北为21221工作面，南为未开采的实体煤层，西为千秋矿、耿村矿边界煤柱。该工作面距地表垂深800m，设计走向长度1500m，巷道设计净断面24m²，21221下巷划分的冲击危险区域：428m左右为第一冲击危险区域，600～800m段为第二冲击危险区域，开切眼为第三冲击危险区域。根据2010年11月完成的《基于防冲的强冲击特厚煤层开采设计研究》，千秋煤矿经过论证后，21221工作面设计开采切眼长度确定为180m。

21221下巷沿底板掘进，开口采用爆破落煤方法，用耙煤机及溜子装运煤，MZ－15型煤电钻打眼；在正常掘进后，采用综掘，工作面的煤炭经迎头综掘机装至下巷的皮带上，然后再经刮板输送机外运至21区皮带下山。21221下巷于2011年1月开工，事故发生前，从车场口开始已经掘进710m。

2011年8月16日8时32分，21221下巷发生冲击地压，煤炮声很大，出现部分巷道掉少量锚喷皮、灯管脱落、皮带架向下帮偏移、多处托辊脱落、中间单体柱向上帮歪斜、底臌等现象。该矿ARAMIS微震监测设备监测到位置在巷口往里477m，下巷以上15m，层位是巷道底板以下8m；能量为：8.3×10⁷J。之后，该矿进一步制定了断顶爆破、断底爆破、煤层注水等防范措施，尤其是加强21221下巷卸压强度，除了下巷的即时卸压外，在300m以里安排第二轮卸压爆破。

2011年8月31日4时22分，掘一队在21221下巷570m窝头下帮开设疏压硐室放炮诱发煤炮，造成460m至560m巷道底臌0.3～0.2m，500～560m下帮梁腿轻微滑移。该矿ARAMIS微震监测设备监测到位置是巷口往里437m，下巷以下30m，能量为2.0×10⁷J。之后，该矿制定措施：继续施工第二轮卸压爆破，注水钻孔要及时进行注水；降低21221下巷掘进速度，增强锚网索主动支护的强度。

从2011年8月16日开始，该矿在21221下巷采取以上防治措施后，根据监测数据分析，9月、10月和7月、8月相比，21221下巷大能量释放事件频次明显下降，冲击地压危险性依然存在。

2011年1月，该矿编制实施的《21221工作面防治冲击地压专项设计》规定21221下巷作业人员不得超过50人。2011年10月25日，千秋煤矿生产调度会研究决定21221下巷需进行维护作业，会后防冲科核定千秋煤矿21221下巷安排准入76名施工人员。

（五）事故发生经过

2011年11月3日4点班，千秋煤矿当班共入井415人。其中，21221下巷掘进工作面当班为检修班，作业人员72人，有掘一队、掘二队、开二队、防冲队及安检、瓦检等流动人员，主要进行防冲卸压工程、防火工程、巷道加强支护和清理等工作。

掘一队队长何某安排当班19人在21221下巷600m以里作业，任务是支6根大立柱。

掘二队队长李某安排当班 16 人在 21221 下巷 540～560m 段落底、支大立柱。开二队队长李某安排当班 17 人在 21221 下巷 470m 以里支大立柱,当班工作量为 8 根。防冲队当班 12 人,队长葛某安排 11 人在 21221 下巷掘进头施工卸压孔,1 人负责开泵、巡查管路。安检科 2 人、防冲科 2 人在 21221 下巷检查。其他流动岗 4 人(1 名抽放工、2 名瓦检工、1 名放炮员)巡查作业。

事故发生时,有 2 人离开 21221 下巷(掘二队跟班领导刘某清、开二队跟班副队长刘某强在 21221 下巷外口协调运料工作),另有 5 人进入 21221 下巷(在二水平西大巷施工的开三队有 3 人到 21221 下巷借取锚索张拉器,开二队、掘二队送班中餐各 1 人)。事故发生时共有 75 人在 21221 下巷内,当班跟班矿领导丁某正走在东大巷内,准备乘缆车到 21 区各工作面巡查。

事故发生前,21221 下巷作业人员没有发现冲击地压征兆。11 月 3 日 19 时 18 分,21221 下巷冲击地压突然瞬时爆发,形成 3.5×10^8 J 巨大能量释放,导致严重灾害。

2011 年 11 月 3 日 19 时 22 分,开二队跟班副队长刘某在 21221 下巷口注水泵站处向调度室汇报 21221 下巷响了一声煤炮,声音比较大,巷内煤尘大,什么也看不清楚。调度室值班人员立即通知安检员进去查看情况,并通知防冲科派人去现场查看情况。经现场落实,21221 下巷 380m 以里变形严重,人已进不去,风筒部分脱落,安检员立刻向调度室汇报。19 时 45 分左右,矿调度室向义煤集团公司报告,21221 下巷掘进工作面发生冲击地压事故。

（六）事故抢救经过

事故发生后,义煤集团及千秋煤矿迅速启动应急预案,立即开展施救。

抢险救援指挥部调集抢险救援力量,制定了科学的施救方案:一是采取用 21221 下巷原有的注浆管、供水管、压风管向灾区供风,加大被困地点供风量;二是从 21221 下巷 450m 处向里沿原巷道向灾区掘进小断面巷道实施直接营救;三是从 21221 上巷 560m 往里向受灾地点打钻孔,同时从地面利用车载钻机向受灾地点打竖钻,力求实施向灾区供风;四是沿 21221 下巷的巷旁掘进小断面巷道施救等。

义煤集团矿山救护大队出动 6 个中队(16 个小队次,指战员 173 人次),先后完成了灾区侦察、排放瓦斯等工作,确保施救安全。

在救护队员的严密监控下,随着瓦斯含量降低,救援人员开始沿原巷道进行清挖。3 日 19 时 57 分,在 21221 下巷 455m 处,发现 2 名遇难工人;20 时 20 分,15 名工人成功脱险。4 日 3 时 39 分,巷道清理至 480m 处发现 2 名遇难人员,6 时 16 分救护队员将遇难人员运送出井;9 时 50 分,当挖掘到 510m 处时,救援人员钻过小洞发现 7 名被困矿工,10 时 49 分至 13 时 24 分,7 名矿工陆续升井。至 5 日 5 时 56 分,巷道挖掘至 553m 处,与被困地点挖通。5 日 6 时 28 分,经过抢险队员的共同努力打通了生命通道,7 时 10 分,35 名获救矿工陆续升井;8 时 3 分,又有 10 名获救矿工陆续升井。11 时 11 分开始,救护队员进入灾区侦查,分别在 510m 处、535m 处、540m 处、550m 处共发现 4 名遇难人员并陆续运送升井。

事故发生后,被困人员积极进行自救互救。21221 下巷 600m 以里,被困人员在安检科副科长龙某、防冲科副科长郝某的统一带领和安排下,防冲队副队长赵某在前面清理杂物,由轻伤人员背重伤人员向外转移,到达 560m 处时,巷道被堵实。由于瓦斯大,多名工人就用手扒出一个长 20 多米仅够 1 人通过的通道，部分人员继续向外转移至 540m 段。赵某和郝某卸掉 560m 段风管螺丝，安排一名电工敲掉 540m 段风管闸门，加大供风。为了搞好自救工作，龙某、郝某、赵某和掘一队副队长黄某共同商量，安排被困人员每组两人向外清挖，每组清挖 20cm，挖完换组；同时，安排人员用木头敲打管路和道轨向外传递信号。21221 下巷 470m 以里，在开二队班长狄某的组织下，几名伤势较轻的职工扒出 2 名被埋职工，并抬到安全地点；安排其他职工用扳手把压风管上的螺丝拧掉 2 条进行通风自救；几名伤势较轻的职工用手扒通道，扒出 4～5m 后，终于和外面的救援队伍会合，成功获救。

11 月 5 日 23 点 16 分，抢险救援工作结束。经过近 52 个小时的奋力救援，事故当时造成 8 人遇难，67 人成功升井，其中 66 人不同程度受伤。11 月 6 日 10 时 50 分、14 时 35 分，有两名受伤人员先后在医院经抢救无效死亡。

（七）事故直接原因

矿区煤层顶板为巨厚砂砾岩（380～600m），事故发生区域接近落差达 50～500m 的 F16 逆断层，地层局部直立或倒转，构造应力极大，处在强冲击地压危险区域；煤矿开采后，上覆砾岩层诱发下伏 F16 逆断层活化，瞬间诱发了井下能量巨大的冲击地压事故。

（八）事故间接原因

（1）该矿对采深已达 800m、特厚坚硬顶板条件下地应力和采动应力影响增大、诱发冲击地压灾害的不确定性因素认识不足。采取的煤层深孔卸压爆破、超前卸压爆破、煤层深孔注水、大直径卸压钻孔、断底卸压爆破和断顶卸压爆破等措施没能解除冲击地压危险。

（2）该矿 21221 下巷没有优先采用 O 形棚全封闭支架支护。这次冲击地压事故能量强度在 10^8J 级别。虽然开展了大量科学研究工作，采取了防冲措施，但现有巷道支护形式不能抵抗这次冲击地压破坏。

（3）事故当班有 75 人同时在 21221 下巷作业，违反该矿防冲专项设计中"21221 下巷作业人员不得超过 50 人"的规定。

（九）防范措施及建议

（1）千秋煤矿要重新核定生产能力，压减产能规模，保持采掘平衡和合理开采强度，确定适合自己矿井实际情况的预测预报指标体系，实现冲击地压的实时预警。

（2）千秋煤矿西翼采区煤层顶板坚硬、厚度大，并且 F16 断层为一具有活化特征的逆断层，在此条件下厚煤层冲击地压防治具有特殊性。因此，建议暂停千秋煤矿 21 采区西翼下部煤层的开采。对于义煤集团类似条件的采区，均需对防冲措施的有效性进行评价，着力从技术上解决防冲问题。

（3）针对矿区冲击地压与地质构造活化有密切关系这一事实，需进一步加强义马煤田的地质构造探测与研究，加强上覆岩层运动规律的研究，进一步探索义马煤田特殊地质条件、岩层移动与冲击地压的关系，切实加强矿区冲击地压灾害研究。

（4）要加大安全投入，加强职工安全教育培训，切实提高应急处置能力和安全生产保障水平。在冲击地压危险区域，最大限度减少作业人员，严格控制进入冲击危险区域人数。

（5）进一步加强安全监管。随着煤矿开采深度加深，矿井条件的不断变化，事故隐患越来越多，对于一些没有安全保障能力的矿井、采区、采面、掘进头，由专家进行安全评估和分析，落实综合治理措施，坚决做到不安全不生产。

二、朝阳矿业有限公司"11.17"冲击地压事故

2012 年 11 月 17 日 5 时 0 分 15 秒，山东省朝阳矿业有限公司（以下简称朝阳煤矿）3 下层煤 31 采区 3112 材料道综掘工作面发生一起冲击地压事故，造成 6 人死亡，2 人轻伤，事故造成直接经济损失 1040 万元。

（一）矿井概况

朝阳煤矿隶属于山东中泰煤业集团，为枣庄市国有企业，地处滕州市滨湖镇境内，东距滕州市区 26 km；朝阳井田位于山东省滕县煤田北部，该井田大部分为陆地，部分为湖区，井田东西长约 12km、南北宽约 1.5km，面积 17.2482km^2，开采深度由 −550m 至 −1200m。

矿井于 2002 年 6 月 26 日建设，2006 年 2 月 16 日正式投产。矿井设计生产能力 45 万吨/年，设计服务年限 41 年。现核定生产能力 72 万吨/年，矿井剩余服务年限 10.4 年；2011 年度原煤产量 62.6 万吨，矿井 2012 年 1～11 月份煤炭产量为 52.9611 万吨，矿井在册职工 1332 人。

矿井开拓方式采用一对立井单水平上下山开拓，开采水平为 −700m，中央并列抽出式通风。矿井批准开采的煤层有 3 下、12 下和 16 层煤。目前，矿井主采 3 下层煤和 12 下层煤。3 下层煤，平均厚度 5.46m，直接顶板为砂岩，平均厚度 32.6m，老顶为砾岩，平均厚度 12.22m，砾岩往上为侏罗系红色粉砂岩，平均厚度 82.6m；3 下层煤直接底板为砂泥岩，平均厚度 2.6m，局部有泥岩伪底，平均厚度 1.1m。12 下层煤，平均厚度 1.23m，煤层顶板以粉砂岩、细粒砂岩为主，上距 3 下层煤平均 170m，底板为八层灰岩，平均厚度 2.98m。

2012 年矿井核定可同时组织生产采掘工作面个数为：1 个采煤工作面、5 个掘进工作面。发生事故前，矿井实际布置 1 个综放工作面和 4 个掘进工作面。3 下煤层划分 2 个采区，分别是 31 采区和 32 采区，31 采区布置 2 个掘进工作面（其中 1 个为 3112 材料道综掘工作面，另 1 个为 3111 皮带巷通道修复）；32 采区布置 1 个采煤工作面（3205 综采放顶煤工作面）和 1 个掘进工作面（3206 材料道炮掘工作面）；12 下层煤正在开拓准备，安排 122 集中轨道巷 1 个炮掘工作面。

矿井采用三级排水，分别为 −700m 中央泵房、−880m 泵房和 32 采区泵房。采区涌水经 32 采区泵房至 −880m 泵房至 −700m 中央泵房，由 −700m 中央泵房排至地面。

矿井供电系统为双回路电源，进线电压为 35kV，两路主供电源分别来自两个区域变电所，井下设有中央变电所、31 采区变电所和 32 采区变电所。

矿井建立了完善的防尘管路系统；防灭火建立了黄泥灌浆系统、惰气防灭火系统、束管监测系统。安装完善了监测监控、人员定位、压风自救、供水施救、通讯联络、紧急避险等安全避险六大系统。

2009 年 4 月，经相关资质单位鉴定，矿井 3 下层煤具有中等冲击倾向性，局部地段煤层为中等偏强冲击倾向性；12 下层煤无冲击倾向性；2009 年 5 月，朝阳煤矿委托资质

单位对朝阳煤矿 3110、3112、3108、3104 等孤岛工作面冲击地压危险性进行评价并提出防治措施，并提交了《朝阳煤矿 3201、3110、3112、3108、3104 工作面冲击地压危险性评价及防治研究报告》。2009 年 8 月，又经资质单位对 3 下层煤顶、底板进行冲击倾向性鉴定，鉴定结果为顶板具有弱冲击倾向性，底板无冲击倾向性。2009 年 9 月 17 日朝阳煤矿编制了《3 下煤层开采防冲设计》，2009 年 9 月 20 日由山东中泰煤业集团（中泰煤字［2009］17 号）批复。2010 年由朝阳煤矿编制了《三一采区工作面设计变更说明书》，2010 年 3 月 12 日，山东中泰煤业集团有限公司以中泰煤字［2010］5 号文件对该变更设计进行了批复。2012 年 6 月 20 日朝阳煤矿对 3 下煤层开采防冲设计进行了修订，2012 年 6 月 22 日由中泰集团（中泰煤字［2012］15 号）批复；2012 年 8 月 15 日，朝阳煤矿编制了《3112 材料道防冲设计（防治方案)》及《3112 材料道掘进期间防冲卸压措施》，该设计由朝阳煤矿总工程师组织有关人员审批签字。

（二）事故地点概况

（1）3112 采煤工作面概况。3112 工作面为第 2 个剩余条带孤岛采煤工作面（第 1 个条带孤岛条带煤柱采煤工作面为 3110 工作面，于 2011 年 3 月份开始回采，2012 年 5 月份回采结束），设计走向长度（煤巷段）551m、倾斜长度 70m 至 120m，深度从 −846m 至 −875m，地表标高 +35m，埋深 881～910m；该孤岛采煤工作面西部为 3113 工作面采空区，3113 工作面再往外为 3201 采煤工作面采空区，3113 与 3201 工作面之间留有 40m 的断层煤柱；东部为 3111、3110、3109 工作面采空区，采空区累计宽度 270m；南部为北徐楼煤矿的边界，3112 工作面北部为西翼大巷煤柱。

（2）3112 掘进材料道概况。事故发生前，该矿按照上级阶段性安全生产的要求停止作业，事故发生在刚恢复掘进的 3112 材料道。3112 工作面材料道（煤巷段）于 2012 年 7 月 29 日开始施工，沿 3 下层煤底板掘进，发生事故时煤巷段已掘进 460m；3112 材料道位于地面西焦村、湖东大堤以西，宏大港、化工港以东，3112 材料道迎头距北徐楼煤矿 3 下 01 工作面采空区 270m。

（3）地质概况。3112 工作面附近有 6 条正断层，其中 F2（∠70°H = 0～60m）断层落差较大，其余 5 条断层落差较小，落差 1～3m，3112 工作面材料道处于向斜构造的翼部。

（4）3112 采煤工作面煤层及顶底板岩性情况。3 下层煤平均厚度 6.73m，煤层倾角平均 10°，硬度系数 2.5，直接顶板为砂岩，平均厚度 32.6m，老顶为砾岩，平均厚度 12.22m，砾岩往上为侏罗系红色粉砂岩，平均厚度 82.6m；3 下煤层直接底板为砂泥岩，平均厚度 2.6m，局部有泥岩伪底，厚度 1.1m。

（5）掘进工作面断面及支护方式。3112 材料道沿 3113 采空区送巷，与采空区留设 5m 煤柱，采用综掘工艺；3112 材料道设计为矩形断面，前期掘进断面净高 3.7m、净宽 4.0m、净断面 14.8m²，掘进长度为 240m；后期净高 3.7m、净宽 4.6m、净断面 17.02m²，掘进长度为 220m；临时支护使用 4 根前探梁，每根长 3.5m、直径 3 寸的钢管；永久支护采用锚网索梯联合支护，锚杆为直径 20mm、长度 2000mm 的左旋等强螺纹钢，顶部锚杆设计间距为 700mm，排距为 800mm，锚固长度不少于 700mm，锚固力不少于 100kN，顶板使用双排迈步让压锚索支护，锚索直径为 18.9mm 的钢绞线，长度锚入顶板硬岩不低于 1500mm，间距 1400mm、排距 1600mm，锚索采用三花布置，锚固力不少于 200kN。锚网长度 3600mm、宽度 1000mm，锚网采用直径 6.5mm 钢筋加工，网格呈正方形，规格 128mm×128mm，钢筋梯长度 3600mm，锚杆托盘为正方形，规格 140mm×140mm，采用 10mm 钢板压制成弧形，顶部还铺一层宽为 2.5m 的高压双抗塑料网。帮部采用锚网梯支护（左帮增加锚索），锚杆设计间距为 800mm，排距为 800mm，在距底板 2.0~2.5m 施工单排让压锚索，间距 1.6m，锚索长度 6.5m。

（6）3112 材料道掘进工作面采取的防冲措施。3112 材料道对掘进工作面冲击危险采取钻屑法预报和检测，采用钻孔卸压的方法防止冲击地压，工作面迎头实施超前大直径钻孔卸压，施工钻孔 2 个，钻孔直径 110mm，孔深 16~20m，掘进期间保持迎头卸压钻孔单孔不小于 8m、双孔不小于 6m 的卸压保护带。在巷道实体煤左帮施工孔径 110mm 的卸压孔，孔深 15m。3112 材料道实体煤左帮施工卸压钻孔平均间距 2.37m，95% 的卸压钻孔深度为 15m，个别钻孔深度达不到要求，距离 3112 材料道掘进工作面最近的帮部卸压钻孔距离为 11.5m。

（7）按照安全生产要求，矿井停产检修。3112 材料道停止掘进 9 天，11 月 15 日夜班 3112 材料道恢复生产。恢复生产前，即 11 月 14 日夜班，由防冲工区在实体煤帮侧共施工了 8 个检测钻孔，在迎头施工了 1 个检测钻孔，钻孔距离底板 1.5m，检测孔深度 10m，未发现有冲击危险。

2012 年 11 月 16 日早班，为恢复生产后打卸压钻孔第一个班次，也是事故前最后一个施工卸压钻孔班次，当班共补打了 3 个帮部卸压孔（距离迎头分别为 43.5m、47.5m、49.5m），孔深均为 15m，进行重复卸压。迎头施工超前 2 个钻孔深度 20m。恢复生产后至发生事故时共生产 4 个班次，掘进进尺 5.6m，迎头 2 个超前卸压钻孔剩余 14.4m，距离 3112 材料道掘进工作面最近的帮部卸压钻孔为 11.5m。

（三）事故发生经过

11 月 16 日 21 时，朝阳煤矿掘进二区技术员刘某主持召开班前会，安排 3112 材料道正常掘进施工，要求抓好质量和安全，及时进行敲帮问顶，使用好前探梁，做好现场的互保联保、"三不伤害"，做好手指口述。

3112 材料道掘进工作面夜班共出勤 7 人，分别是李某军（班长）、陈某新、赵某军、田某振、丁某河、赵某涛、李某刚。22 时 20 分到达施工地点，先期做好联网、转运锚杆、锚索等准备工作，准备工作结束后进入正常掘进工作。事故发生前迎头已施工完成两片网的作业任务，迎头顶板的锚杆、锚索及帮部的上半部支护已经完成；正进行最后的浮煤清理，出煤后进行迎头两帮下半部的支护；当时，现场的分工是：综掘机司机李某军、赵某军，一人操作，一人监护，丁某河在综掘机运行期负责警戒和看护电缆，田某振、陈某新及安全检查员房某永在综掘机后人行道侧休息，李某刚负责开启 3113 材料道联络巷第一部刮板输送机溜子，赵某涛把支护锚杆运完后又到距离迎头 120m 处开启第二道喷雾帘，然后就地休息。11 月 17 日凌晨 5 时 0 分 15 秒，3112 材料道掘进工作面发生了冲击地压事故。

（四）事故抢险经过

事故发生后，掘进二区跟班区长王某文在 3113 开门点（材料道联络巷）以上 100m 的位置听到"砰"的一声巨响，进入 3112 材料道后，发现煤尘很大、风带全部破裂，能见度很低；立即在 3112 材料道一部胶带输送机头向调度室汇报"来了一个大煤炮"，又向本区负责的 3111 通道修复和 3112 材料道掘进两处施工地点打电话要风筒，均无人接电话。5 时 16 分，调度员朱某勇接到井下跟班区长王某文事故汇报后，立即通知矿总工程师邓某明、矿长宋某宏等在矿领导、矿兼职救护队，并安排井下带班的副总工程师范某阳和附近区 3107 材料道联络巷搬运人员、掘进二区皮带修复的人员赶往现场，启动矿井应急预案，立即组织进行救援工作。6 时 07 分，通知了滕州市人民医院 120 急救中心。6 时 20 分，通知了枣矿集团矿山救护大队、驻矿安监站。8 时 20 分，邓某明向鲁南煤监分局值班人员进行了报告。

生产副矿长梁某俊和防治水副总工程师范某阳、救援人员陆续赶到事故现场，先期遇到了受伤的掘进二区掘进工赵某涛和皮带工区皮带司机郭某民，并迅速将其抬到地面。梁某俊感觉事态严重，再次向矿调度室汇报事故现场情况。朝阳煤矿抽调了 300 多人的精干力量，组成三个抢险救援突击队和一个预备队，实行三班轮流、连续作业的方式。枣庄市政府迅速成立了抢险救援指挥部，紧急调集省内防治冲击地压方面的专家，枣矿、淄矿集团矿山救护大队共派出 5 个救护小队，迅速投入抢险救援工作中。

接到事故报告后，山东煤矿安全监察局、山东省煤炭工业局、枣庄市委、市政府、市中区政府、鲁南煤监分局、枣庄市安监局、枣庄市煤炭局、山东中泰煤业集团等单位的领导及有关人员陆续到达朝阳煤矿，查看井下事故现场，指挥指导救援工作。

救援的初始阶段，采用小断面掘进修复的办法，沿事故巷道左帮底板煤壁仅存的狭小空间进行清理推进，采用单体支柱配合木板、木垛等进行临时支护，前进 10m 左右，发现巷道冒落变形越来越严重，支护困难，有效空间越来越狭窄，为保证救援人员的安全，加快救援速度，指挥部决定采用人工沿煤层顶板左帮小断面施工导硐，边施工导硐、边在后路打钻探查下方空间，然后在遇险人员可能所在的位置向下施工探洞，进入事故巷道搜救被困人员。

在事故抢险救援指挥部的正确决策和指挥下，经过 12 个昼夜的连续作业，累计施工导硐 107m，施工探洞 7 处。截止到 11 月 28 日 12 时 40 分，6 名被困人员全部被搜救出来，经法医鉴定均系因气浪冲击致创伤性休克死亡。

（五）直接原因

矿井开拓布局不合理，3112 采煤工作面形成孤岛工作面，3112 材料道埋深为 881～910m，并处于三面采空及断层切割范围内的掘进顺槽，煤层和顶板具有冲击倾向性，且顶板及高位顶板具有坚硬厚层砂砾岩，具备产生冲击地压的力源条件；该区域因停止作业产生的顶板压力释放失衡，形成叠加的高应力集中区；冲击地压监测预报及防治不到位，导致发生冲击地压事故。

（六）间接原因

（1）朝阳煤矿对 3112 材料道掘进工作面发生冲击地压的危险性重视不够，对矿井小煤柱送巷存在高应力区及孤岛条件下的冲击危险性分析严重不足，冲击地压检测方法不可靠。

（2）3112 工作面设计形状为梯形，工作面外长里短，应力越往里越集中，不符合防冲要求；《3112 材料道防冲设计（防治方案）》不完善，设计中未明确施工帮部卸压孔到迎头最小距离；矿井未编制 31 采区、32 采区专门防冲设计，矿井安全技术基础工作不到位。

（3）3112 材料道前期巷道净断面为 $14.8m^2$，顶部锚杆间排距为 $700mm \times 800mm$，双排错步锚索间距为 $1.4m$，后期断面已扩大为 $17.02m^2$，顶部锚杆间排距依然为 $700mm \times 800mm$，双排错步锚索间距为 $1.4m$，支护参数没有相应改变；作业规程中的支护规定低于采区设计的支护强度。

（4）3112 材料道掘进工作面停产 9 天，复工后，防冲办未制定具体的 3112 材料道停工复产防冲检测及解危措施，冲击地压危险性检测及解危措施不力。

（5）朝阳煤矿防冲机构不完善，人员配备不足。防冲工区的分管领导不明确，没有设立专职的防冲副总，卸压解危人员不能根据工作需要配备。防冲责任制落实不到位，矿井没有根据岗位责任制的要求开展防冲培训工作、责任考核工作、投入保障工作，防冲办公会议制度落实不严格，与相邻矿井的联系没有专门联系记录。

（6）朝阳煤矿安全培训管理工作不到位，3112 材料道综掘机司机无证上岗。

（七）防范措施

（1）提高干部职工的防冲意识，特别是提高煤矿主要负责人对冲击地压的认识，切实从思想上高度重视冲击地压防治工作；进一步健全防冲机构和防冲保障体系，充实安全技术管理人员和施工队伍。矿井必须设置专门防冲机构，配备专职防冲副总工程师，配齐防冲专职施工队伍。

（2）矿井要优化开拓布局，完善采区防冲设计，避免形成高应力采煤工作面。对在目前冲击地压防治技术条件下孤岛工作面无法实现安全开采的，严禁再安排采掘活动。

（3）矿井要完善冲击地压预测预报制度。要及时对微震监测、应力实时在线监测以及钻屑法检测等相关数据信息进行综合分析，编制防冲预测综合分析日报，做到日分析日通报，经总工程师签字，并及时告知防冲施工和生产作业相关单位。矿井要建立短信发布平台，向矿分管负责人及部门责任人实时发送冲击地压预警和预报信息。

（4）矿井要完善冲击危险采掘工作面解危措施。除了钻孔卸压外，完善爆破卸压、注水卸压等切实可行的卸压措施，确保解危到位。在巷道掘进过程中，迎头超前卸压钻孔最小剩余长度和帮部卸压钻孔深度必须重新评估论证，确保在卸压保护带内安全施工。巷道支护方式应进一步优化，锚杆直径的选取及锚杆（索）布置的间排距、密度应综合考虑，适当加大锚杆（索）直径，支护参数选择要科学、合理、可靠，并应进行专家评估，确保支护方式满足安全需要。

（5）朝阳煤矿对 3 下层煤及顶底板委托有资质部门重新进行冲击倾向性鉴定；对采掘工作面进行防冲评估，坚持"一面一评估、一头一评估"。矿井必须完善覆盖全矿井的微震监测系统，采掘工作面要装备应力在线监测系统。凡经预测、评价有冲击危险的采掘工作面，必须编制防冲专项设计，报上级管理单位组织专家论证审批。

（6）朝阳煤矿要加强冲击地压培训工作。建立和完善全员防冲培训、岗位人员防冲培训和管理人员培训的全方位防冲教育和培训保障体系，提高全矿井防治冲击地压业务素质；矿井要加强与科研院所合作，加大对条带和孤岛工作面及地质构造复杂区域的冲击地压防治研究工作，确保采掘工作面防控措施研究到位。

（7）要进一步完善安全管理机构，配齐安全管理专业人员，要加大对朝阳煤矿防冲方面安全投入，切实履行好安全管理职责；枣庄市市中区煤矿监管部门要加大朝阳煤矿监管力度，督促其落实好有关防冲各项规定，进一步提升防冲管理水平，确保实现安全生产。

三、东滩煤矿"2005.1.3" 43$_上$05 工作面切眼导硐冲击地压事故

（一）工作面概况

43$_上$05 工作面为四面采空的"孤岛"工作面，倾斜宽 187.3m，走向长度 490.4m。切眼北邻 143$_上$02 工作面采空区 60m，西邻 43$_上$06 工作面采空区，东临 43$_上$04 工作面采空区，南部距切眼 180m 处为 43$_上$05-1 工作面采空区，500.4m 处为 43$_上$05-2 工作面采空区。东滩矿 43$_上$05 工作面布置及周边采空区分布情况如图 8-9 所示。

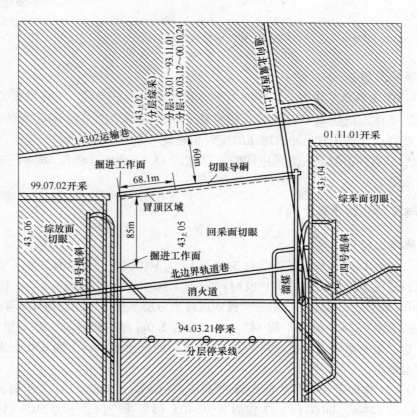

图 8-9 东滩矿 43$_上$05 工作面布置图

（二）事故经过

43$_上$05 切眼导硐施工至距停头位置 2m 左右发生冲击地压，迎头后 28~68m 范围内巷道发生 3 处冒顶。切眼两帮移近 0.9~3.8m，工作面一侧煤帮抛出 0.4~2.3m；顶底板移近 1.35~3.0m，三处断面几乎全部堵塞，堵塞长度 18.1m。事故损坏风筒 193m，折断单体液压支柱 55 棵，倒柱 115 棵，拉断锚杆 366 根、锚索 39 根。事故造成 1 人死亡，4 人受伤。图 8-10 为事故现场示意图。

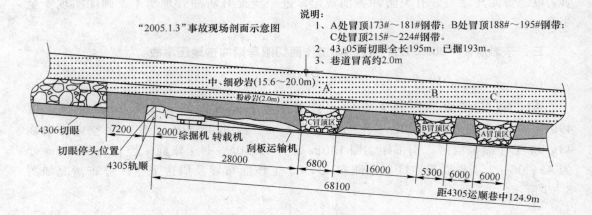

图 8-10　事故现场示意图

（三）事故原因

（1）43上05 为孤岛工作面，工作面上下方和后方均为采空区，工作面前方为一、二分层采空区。工作面周边采空面积大，切眼处于四采区与十四采区 60m 宽的煤柱区域，应力集中程度高，具备了发生冲击地压的应力和能量条件。

（2）煤层具有冲击倾向，老顶中细砂岩厚度达 15.6 ~ 20m，埋深 586m，在应力集中区具有冲击危险。

四、华丰矿冲击地压事故

（一）地质条件

2001 年下半年以来，华丰矿连续在 3406（1），3407（1）工作面发生了 2 次重大冲击地压事故，造成了严重的人员伤亡及财产损失。3406（1），3407（1）工作面分别为华丰矿 -750m 水平三采区第二、第三阶段四层煤上分层工作面。四层煤厚 6.4m，分 3 层开采，上分层采高 2.2m，倾角平均 34°。直接顶为 2.0m 厚的粉砂岩，基本顶为 70 余米厚的砂岩，粉、中、粗砂岩互层；其上为 40 余米厚的红土层，再上为 650 余米厚的坚硬巨厚砾岩层至地表。

3406（1）工作面上、下平巷标高为 -537m，-635m，3407（1）工作面上下平巷标高为 -623m，-724m，3406（1）工作面上为 3405（1）采空区，下为 3407（1）工作面，东为 2407 采空区，西为井田边界；3407（1）工作面下为未采区，东为 2408（1）采空区，西为井田边界，如图 8-11 所示。

工作面采用走向长壁垮落法开采，采用 DZ 2.5/100 型单体液压支柱配 1m 铰接顶梁支护，特殊支护为切顶排单排抬棚，最大控顶距为 4.0m，最小控顶距为 3.0m，见四回一。工作面放炮落煤，自溜运输，工作面运输巷采用 SFJ-800 型输送带配接工作面转载机运输。

（二）事故经过

（1）3406（1）工作面"7·5"冲击地压事故经过。2001 年 7 月 5 日 4 点 05 分，在 3406（1）工作面下出口发生一次 ML1.7 级冲击地压，当时工作面正在回柱。冲击影响范

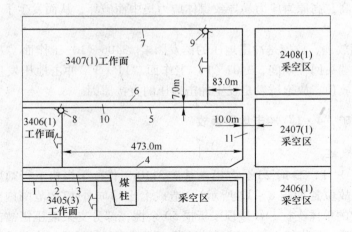

图8-11　事故现场示意图

1—3405（3）下平巷；2—3405（2）下平巷；3—3405（1）下平巷；4—3406（1）上平巷；5—3406（1）下平巷；6—3407（1）上平巷；7—3407（1）下平巷；8—"7·5"冲击位置；9—"11·3"冲击位置；10—阶段隔离煤柱；11—采区隔离煤柱

围为工作面下头60m及下平巷超前60m，严重影响区为工作面下头40m及下平巷超前40m。工作面底臌1.0~1.5m，支柱底端向采空区侧推移0.3~0.7m，造成工作面断、弯支柱多棵，支架结构严重变形；下平巷40m范围内断面收缩50%~70%，巷道底臌1.0~1.5m，运输设备向下帮位移0.5~0.8m，严重影响工作面的安全生产。造成3人重伤，9人轻伤。

（2）3407（1）工作面"11·3"冲击地压经过。华丰矿3406（1）工作面"7·5"冲击地压发生后，为协调开采、放慢工作面推进速度，2001年8月投产了3407（1）工作面，至11月3日3407（1）工作面推进80m。11月3日夜班23时22分工作面下端放头炮后发生了一起严重冲击地压事故。冲击地压产生严重影响，范围为工作面下部50m、下平巷超前50m。工作面下部50m内的支柱底端向采空区侧推移0.5~0.8m，底臌0.4~0.8m，下部10m内的正规支柱和特殊支护几乎全部推倒，断柱53棵；工作面下平巷底臌达0.8~1.2m，端面收缩率达50%~90%，超前20m巷道被全部摧毁。下平巷运输设备发生严重变形、位移。造成1人死亡，多人受伤。

（三）事故内因

（1）煤层具有冲击倾向性。冲击地压的发生与煤岩体物理力学性质有直接关系。华丰矿四层煤及其直接顶冲击倾向鉴定结果是强烈和中等，3407（1）工作面煤层的强烈冲击倾向性和直接顶的中等冲击倾向性为两次冲击事故的发生提供了必要条件。

（2）采掘活动过于集中为冲击地压创造条件。3406（1），3407（1）工作面所在的三采区是主要生产采区，共有3406（1）、3407（1）、3405（3）三个回采工作面、2个掘进工作面同时生产，平均日产原煤2000余吨，开采强度较大，采区内煤层应力得不到及时平衡，易形成应力集中。

（3）采深大，应力高是发生冲击地压的必要条件。两次冲击地压事故位置标高分别为-645m，-750m，垂深为775m，880m，自重应力已超过四煤层的抗压强度；同时华丰矿水平应力也较高，高原岩应力易导致煤体应力集中而破坏，从而发生了 2 次破坏性冲击地压事故。

（4）工作面放顶、放炮是冲击地压的诱发因素。3406（1）工作面"7·5"冲击地压发生在工作面下端头回柱期间，3407（1）工作面"11·3"冲击地压发生在工作面放炮后，因此工作面放顶、放炮诱发是发生冲击地压的直接原因。

五、山东某矿"4·1"冲击地压事故

（一）事故概述

2011 年 4 月 1 日，23 时 23 分，山东某矿 3110 工作面采煤机下行割煤时机尾发生冲击地压事故（事故位置如图 8 – 12 所示），造成上出口向外 17m 范围内巷道底臌 1.7 ~ 1.8m，超前支护的单体支柱、铰接顶梁折损 50 余棵，部分支架液压锁被击穿，个别支架护帮板销子被切断，采煤机右摇臂销子被冲断，后部刮板输送机尾电机连接螺栓全部被切断，煤壁片帮严重，有煤块抛出，支架歪斜，并造成 1 死 5 伤的严重后果。

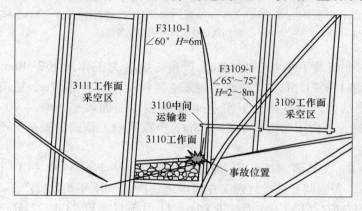

图 8 – 12　"4·1"冲击地压事故位置

（二）主要原因

从图 8 – 12 中可以看出，3110 工作面为一"刀把"式工作面，工作面西侧为 3111 采空区，东侧为 3109 采空区，东侧有断层 F3110 – 1 和断层 F3109 – 1 在此交汇，采动应力与构造应力集中造成此次冲击地压事故的发生。

六、山东某矿"11·30"冲击地压事故

（一）事故概述

2004 年 11 月 30 日，15 时 38 分，山东某矿 6303 工作面辅助巷道掘进过程中发生冲击地压事故（位置如图 8 – 13 所示），掘进头后方 30m 巷道受到不同程度破坏，巷道上帮突出 0.5 ~ 2.5m，顶板下沉 0.2 ~ 0.5m，另外造成电站后部 6 个平板车被掀翻。

（二）主要原因

从图 8 – 13 中可以看出，"11·30"冲击地压事故位置位于一向斜轴部，该区域存在残余构造应力。另外，该区域还分布有 SF28 断层和 SF33 断层，SF28 断层落差为 3m，

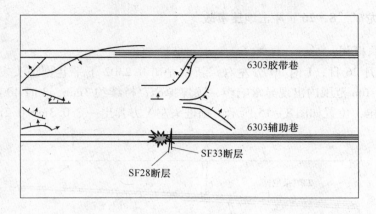

图8－13　"11·30"冲击地压事故位置

SF33断层落差为0.8m，断层造成煤岩体产状发生变化。可见，褶皱、断层形成支承压力与掘进形成的支承压力叠加是此时冲击地压事故发生的主要原因。

七、新巨龙矿"7·29"冲击地压事故

（一）事故概述

新巨龙矿井北回进风巷掘进工作面位于一采区东部，由北回风大巷开门贯通1301下平巷，巷道断面为矩形，净宽5m，净高3.8m，设计长度为132.87m，沿煤层顶板掘进，采用锚带网加锚索支护方式。2011年7月29日，该巷道掘进至68m处时，掘进头发生能量较大的煤炮，掘进头煤体有掉矸现象，具体位置如图8－14所示。

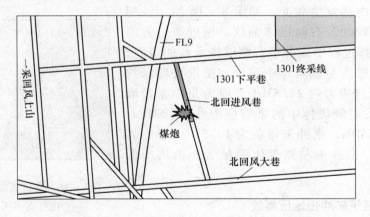

图8－14　新巨龙矿井北回进风巷平面图

（二）主要原因

从图8－14中可以看出，北回进风巷左侧分布有FL9正断层，落差为5m，煤炮发生时掘进头到该断层的距离约50m。经分析，发生煤炮的主要原因是FL9断层形成的支承压力与掘进形成支承压力在掘进头前方叠加。对掘进头及两帮煤体进行大直径钻孔卸压后，直至北回进风巷与1301下平巷贯通，未再发生煤炮。

八、新巨龙矿"8·26"冲击地压事故

(一)事故概述

2011年8月26日，1时30分左右，新巨龙矿井2302下平巷掘进头发生一个煤炮，掘进头后方5~6m范围内出现异常响声，顶煤掉砟，持续约3min，3时40分左右，掘进头发生冲击地压，位置如图8-15所示，掘进头左上方弹出一个0.3m×0.2m×0.3m的煤块。

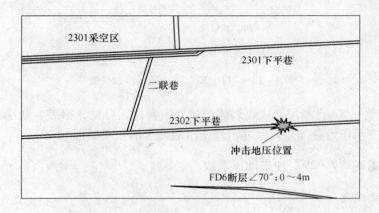

图8-15   2302工作面冲击地压位置

(二)主要原因

经现场勘查，2301下平巷掘进头煤体硬度存在差异，即煤层内部发生相变，如图8-16所示，掘进头左侧煤体较硬，右侧煤体偏软。掘进头后方原岩应力向前转移过程中，由于右侧煤体承载能力差，造成应力在掘进头左侧煤体中集中。掘进头埋深约900m，此处原岩应力约22.5MPa，应力集中系数取1.4，而掘进头右侧煤体中的垂直应力约31.5MPa，煤体强度为18MPa，则冲击指数为1.75，大于临界值1.5，因此，掘进头左侧煤体满足了冲击地压的应力条件。

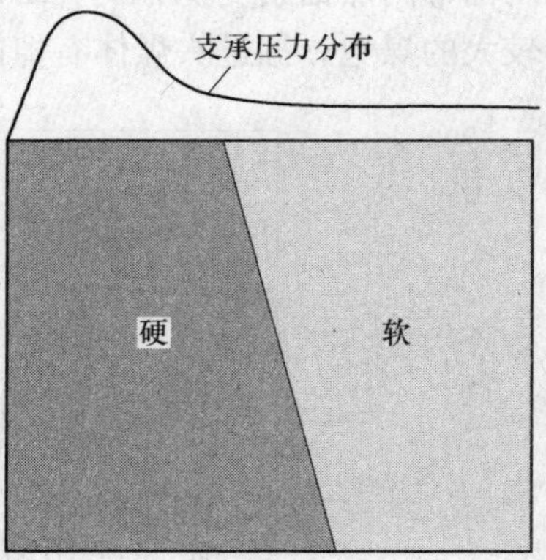

图8-16   掘进面端头煤体硬度
变化及支承压力分布

九、北京城子矿冲击地压事故

(一)事故概述

北京矿务局城子矿的-250m和-340m水平在20世纪六七十年代曾发生多起不同程度的冲击地压。例如：1971年9月10日，八层-250m水平西巷回收煤柱时，巷道上帮煤被挤出，棚折断倒塌，巷道空间被堵塞，摧毁巷道35m，造成1死2伤；1974年10月25日，八层-340m水平西巷，在回收上帮煤柱时，巷道上帮煤被挤出，输送机被扭翻鼓起，支架倒塌，摧毁巷道约75m，死亡29人，重伤5人，轻伤1人。

（二）主要原因

煤柱属四周已采空的孤立条带形煤柱，煤质坚硬，脆性大，属强烈冲击倾向煤层。顶底板都是坚硬难垮的砂岩，采后顶板形成大面积悬空，强大的压力作用在煤柱上，对煤柱形成夹制作用，使之形成高度应力集中。当压力超过煤柱的承载能力时，发生冲击地压。

十、大同忻州窑"3·23"冲击地压事故

（一）事故概述

1999年3月23日，大同煤矿集团公司忻州窑矿11号～12号煤层西二盘区8913低位放顶煤工作面，自切眼推进425m时发生了一起冲击地压事故，造成工作面中部的30架支架毁坏，致使工作面长时间停产。

（二）主要原因

8913综采工作面采用4巷布置，沿煤层顶底板各布置2条，中间巷用以超前放顶和煤体预松动爆破。4条巷道长度平均为1032m，中间 I 巷距工作面胶带巷35m、中间 II 巷距工作面回风巷35m、工作面倾向长度150m。工作面东部为实煤，南部为8915工作面（正在掘进），西部为901集中回风胶带及轨道巷，北部隔20m煤柱为8911工作面（已采空）。

超前采场对顶板进行预爆破时，平行于工作面煤壁方向切断采场上方顶板，导致采场上方顶板自身悬臂支撑作用的减弱甚至消失，使原来的悬臂梁变为断裂后的裂隙体梁或简支梁。随着采场的不断前移，顶板必然下沉，作用于工作面支架的压力随之增大，加大了支架的载荷。当支柱被压坏后，顶板就将迅速下沉并断裂，导致顶板断裂型冲击地压的发生。

十一、徐州旗山矿冲击地压事故

（一）事故概述

1995年4月12日，徐州矿务局旗山煤矿正在施工的2122综采工作面切眼附近在放炮后发生了一起冲击地压事故。事故发生时，伴随一声巨响，围岩震动，粉尘弥漫，巷道及支架严重变形，设备被抛动移位，风袋脱落，掉电停风，顶板下沉，底臌严重，人员均在瞬间被震昏。

（二）主要原因

2122工作面上为2120采空区，下部为未采区，东侧为新9号逆断层。新9号逆断层落差0～25m、延展长度较大，向深部逐渐尖灭，在2122运输道附近落差为3～5m。2122切眼距不牢河向斜轴约700～1000m。切眼下口附近受构造应力和断层的影响积聚了大量的能量并形成应力集中，受到放炮和采掘活动的影响，能量迅速释放，导致断层错动型冲击地压的发生。

十二、鹤岗富力矿"6·15"冲击地压事故

（一）事故概述

鹤岗矿务局富力煤矿 −240m 五层于1998年6月15日发生了一起冲击地压事故。震

源深度 410m，震级 ML2.5，此次冲击使巷道底板突然破裂，伴随碎裂岩体、煤体飞速抛出，产生强烈的气流冲击，造成 2 人死亡，铁轨扭曲，设备破坏严重。巷道破坏长度 20 余米，堵塞巷道约 300m。

（二）主要原因

此次冲击地压事故发生在距离地表 410m 处，位于三面采空区的半孤岛形地带。而且顶板是几十米厚的坚硬砂岩，由于顶板压力施加到孤岛上，使得煤柱的应力集中，是发生冲击地压主要原因。

十三、阜新五龙矿冲击地压事故

（一）事故概述

阜新矿务集团公司五龙煤矿于 2003 年 3 月 28 日发生一起冲击地压事故。冲击位置在 331 面外胶带道，中心位于上层停采线（煤柱）投影外 32m 处。震级 ML＞2.3。导致巷道严重变形，破坏长度达 100m、片帮底臌严重。造成 1 人死亡，4 人受伤。

（二）主要原因

事故地点位于上层煤层（221 面）煤柱边缘下，垂距 90m、形成重叠垂直应力。再上层（105m）还有 2 个煤柱。3 条煤柱共同对本开采层造成应力影响。

十四、徐州三河尖矿冲击地压事故

（一）事故概述

徐州矿务局三河尖煤矿西二采区 7204－3 工作面于 1998 年 8 月 30 日和 1998 年 10 月 11 日各发生了一起冲击地压事故，造成不同程度的损失。

（二）主要原因

该矿西二采区有大小 5 条断层，包围或贯穿工作面，当工作面前方存在大的断层时，由于断层的阻隔，煤体内积蓄的弹性能不能传递过去，因而在断层附近积聚，形成一个大的能量气囊，弹性能在这个气囊中处于一种动态的平衡，当受到某一外力作用时，这一平衡遭到破坏，能量就从薄弱的环节瞬间突出。该面下部为一煤层变薄带，靠工作面侧煤层较厚，往下逐渐变薄直到消失，形成一喇叭状，喇叭口指向工作面，变薄带受到顶底板的挤压，属于薄弱环节，很容易导致冲击地压的发生。

十五、陶庄煤矿冲击地压事故

（一）事故概述

枣庄矿务局陶庄煤矿于 1986 年回收 420 煤柱，当工作面推进到与 270 下山煤柱交汇区时，发生了 7 次冲击地压事故：当工作面进入交汇区域期间，顶板位移量急剧增大，矿山微震频率迅速增加，中间运输巷和下材料道发生了 6 次冲击地压；在胶带机道距工作面 45m 处发生了 1 次 1.6 级的冲击地压；当工作面推出交汇区域期间，矿山微震频率仍较高，但未发生冲击地压事故。

（二）主要原因

270 下山煤柱产生 1 个应力集中区，在回收 420 煤柱时，也形成了 1 个应力集中区。

在工作面推进的过程中，当两工作面进入交汇区域，2 个应力集中区重叠，形成 1 个更高的应力集中区。可见，两工作面相距较远时，这 2 个应力集中区不重叠，不会产生互相影响；但是，当两个工作面相距很近时，这 2 个应力集中区重叠，形成新的应力增高区，应力增高系数很大，导致冲击地压的发生，如图 8-17 所示。

十六、华丰煤矿冲击地压事故

（一）事故概述

新汶矿务局华丰煤矿于 1995 年 1 月 5 日在 1408 工作面发生了一起冲击地压事故，造成 1 人重伤，摧垮巷道 50m、断柱 7 根，设备被推移或推翻。

（二）主要原因

华丰煤矿表土层下是大约厚 500m 的砾岩层，砾岩的完整性系数为 0.92，抗拉强度 2.74MPa，采后不易冒落下沉。随采空区面积的增大，巨厚砾岩形成板状悬空岩梁，砾岩层原来的应力状态发生改变。当板状砾岩层悬露面积达到一定程度后，开始发生周期性断裂下沉，如图 8-18 所示，砾岩层对下部岩体的突然加载，导致冲击地压的发生。

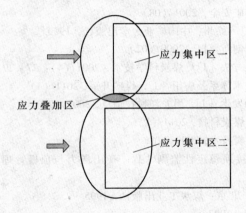

图 8-17　两个工作面相距较近时
　　　　　应力集中示意图

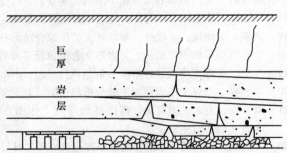

图 8-18　巨厚岩层引起的冲击地压示意图

参 考 文 献

［1］钱鸣高，刘听成．矿山压力及控制［M］．修订本．北京：煤炭工业出版社，1990．

［2］钱鸣高，缪协兴，许家林，等．岩层控制的关键层理论［M］．徐州：中国矿业大学出版社，2000．

［3］钱鸣高，石平五，许家林．矿山压力与岩层控制［M］．徐州：中国矿业大学出版社，2010．

［4］牛超，施龙青，肖乐乐，等．2001～2013年煤矿生产事故分类研究［J］．煤矿安全，2015（03）．

［5］段绪华，凌标灿，金智新．煤矿顶板事故防治新技术［M］．徐州：中国矿业大学出版社，2008．

［6］窦林名，等．采场顶板控制及监测技术（第三版）［M］．徐州：中国矿业大学出版社，2009．

［7］煤矿安全规程专家解读编委会，编．煤矿安全规程专家解读（2016版）［M］．北京：中国法制出版社，2016．

［8］国家安全生产监督管理总局，编．煤矿安全规程（2016版）［M］．徐州：中国矿业大学出版社，2016．

［9］蔡美峰，何满潮，刘东燕．岩石力学与工程［M］．北京：科学出版社，2002．

［10］陈炎光，钱鸣高．中国煤矿采场围岩控制［M］．徐州：中国矿业大学出版社，1994．

［11］窦林名，何学秋．采矿地球物理学［M］．北京：中国科学文化出版社，2002．

［12］窦林名，何学秋．冲击矿压治理与技术［M］．徐州：中国矿业大学出版社，2001．

［13］高宇，高正国．巷道顶板事故防治的探讨［J］．煤矿安全，2001（08）．

［14］侯朝炯，郭励生，勾攀峰，等．煤巷锚杆支护［M］．徐州：中国矿业大学出版社，1999．

［15］胡永春．如何预防巷道顶板事故的发生［J］．科技创新导报．2009（02）．

［16］鞠文君，刘东才．锚杆支护巷道顶板离层界限确定方法［J］．煤炭科学技术，2001（4）：27－29．

［17］蓝航，毛德兵，潘俊锋，等．冲击矿压综合防治技术体系及应用［J］．煤矿开采，2011（3）．

［18］李东涛．采取积极措施，努力防止巷道顶板事故的发生［J］．黑龙江科技信息，2007（20）．

［19］李平．采煤工作面顶板事故分析与预防［J］．山东煤炭科技，2014（1）．

［20］刘丛喜．采煤工作面顶板事故分析与预防［J］．煤炭技术，2009（7）．

［21］刘长友，金太，王京龙．高产高效综放工作面直接顶稳定性监测［J］．矿山压力与顶板管理，2003（1）：51－53．

［22］马念杰，侯朝炯．采准巷道矿压理论及应用［M］．北京：煤炭工业出版社，1995．

［23］煤炭工业部．冲击地压煤层安全开采暂行规定［S］．1987．

［24］煤炭工业部科技教育司，煤炭工业部软岩巷道支护专家组，煤矿软岩工程技术研究推广中心．中国煤矿软岩巷道支护理论与实践［M］．徐州：中国矿业大学出版社，1996．

［25］闵长江，卜凡启，周延振，等．煤矿冲击矿压及防治［M］．徐州：中国矿业大学出版社，1998．

［26］潘一山，李忠华，章梦涛．我国冲击地压分布、类型、机理及防治研究［J］．岩石力学与工程学报，2003（11）．

［27］赵本均．冲击地压及防治［M］．北京：煤炭工业出版社，1995．

［28］赵同彬，郭伟耀，谭云亮，等．煤厚变异区开采冲击地压发生的力学机制［J］．煤炭学报，2016（07）．

［29］郑苓．回采工作面常见顶板事故分析［J］．煤炭技术，2005（1）．

［30］周坤鹏．冲击矿压发生的机理分析［J］．煤炭技术，2008（5）．

［31］李希勇，张修峰．典型深部重大冲击地压事故原因分析及防治对策［J］．煤炭科学技术，2003，31（2）：15－17．

［32］王存文，姜福兴，刘金海．构造对冲击地压的控制作用及案例分析［J］．煤炭学报，2012，37（增刊2）：263－267．

［33］石强，潘一山，李英杰．我国冲击矿压典型案例及分析［J］．煤矿开采，2005，10（2）：13－15．

[34] 曲延伦. 兖州矿区冲击地压事故分析及防治措施 [J]. 中国煤炭, 2006, 32 (10): 35 - 37.

[35] 张书敬, 姚建国, 鞠文君. 千秋煤矿冲击地压与微震活动关系 [J]. 煤炭学报, 2012, 37 (增刊 1): 7 - 10.

[36] 李松营, 姜红兵, 张许乐, 等. 义马煤田冲击地压原因分析与防治对策 [J]. 煤炭科学技术, 2014, 42 (4): 35 - 38.

[37] 陈国祥, 郭兵兵, 窦林名. 褶皱区工作面开采布置与冲击地压的关系探讨 [J]. 煤炭科学技术, 2010, 38 (10): 27 - 30.

[38] 贺虎, 窦林名, 巩思园, 等. 高构造应力区矿震规律研究 [J]. 中国矿业大学学报, 2011, 40 (1): 7 - 13.

[39] 王玉刚. 褶皱附近冲击矿压规律及其控制研究 [D]. 徐州: 中国矿业大学, 2008.

[40] 姜福兴, 苗小虎, 王存文, 等. 构造控制型冲击地压的微地震监测预警研究与实践 [J]. 煤炭学报, 2010, 35 (6): 900 - 903.

[41] 姜耀东, 赵毅鑫, 何满潮, 等. 冲击地压机制的细观实验研究 [J]. 岩石力学与工程学报, 2007, 26 (5): 901 - 907.

[42] 李希勇. 岩层断裂法防治冲击地压的应用实践 [J]. 煤炭科学技术, 2008, 36 (6): 55 - 57.

[43] 夏永学, 蓝航, 魏向志. 基于微震和地音监测的冲击危险性综合评价技术研究 [J]. 煤炭学报, 2011, 36 (增刊 1): 358 - 364.

[44] 潘俊锋, 宁宇, 杜涛涛, 等. 区域大范围防范冲击地压的理论与体系 [J]. 煤炭学报, 2012, 37 (11): 1803 - 1809.

[45] 牟宗龙, 窦林名, 李慧民, 等. 顶板岩层特性对煤体冲击影响的数值模拟 [J]. 采矿与安全工程学报, 2009, 26 (1): 25 - 30.

[46] 李新元, 马念杰, 钟亚平, 等. 坚硬顶板断裂过程中弹性能量积聚与释放的分布规律 [J]. 岩石力学与工程学报, 2007, 26 (1): 2786 - 2793.

[47] 曹安业, 窦林名. 采场顶板破断型震源机制及其分析 [J]. 岩石力学与工程学报, 2008, 27 (2): 3833 - 3839.

[48] 齐庆新, 陈尚本, 王怀新, 等. 冲击地压、岩爆、矿震的关系及其数值模拟研究 [J]. 岩石力学与工程学报, 2003, 22 (11): 1852 - 1858.

[49] 齐庆新, 窦林名. 冲击地压理论与技术 [M]. 徐州: 中国矿业大学出版社, 2008.

[50] 蓝航, 齐庆新, 潘俊锋, 等. 我国煤矿冲击地压特点及防治技术分析 [J]. 煤炭科学技术, 2011, 39 (1): 11 - 15.

[51] 潘一山, 耿琳, 李忠华. 煤层冲击倾向性与危险性评价指标研究 [J]. 煤炭学报, 2010, 35 (12): 1975 - 1978.

[52] 牟宗龙, 窦林名, 张广文, 等. 坚硬顶板型冲击矿压灾害防治研究 [J]. 中国矿业大学学报, 2006, 35 (6): 738 - 741.

冶金工业出版社部分图书推荐

书　名	作　者	定价（元）
中国冶金百科全书·安全环保卷	本书编委会	120.00
采矿手册（第6卷）矿山通风与安全	本书编委会	109.00
我国金属矿山安全与环境科技发展前瞻研究	古德生	45.00
煤矿巷道支护智能设计系统与工程应用	杨仁树	79.00
矿山安全工程（国规教材）	陈宝智	30.00
系统安全评价与预测（本科教材）	陈宝智	20.00
安全系统工程（本科教材）	谢振华	26.00
安全评价（本科教材）	刘双跃	36.00
事故调查与分析技术（本科教材）	刘双跃	34.00
安全学原理（本科教材）	金龙哲	27.00
防火与防爆工程（本科教材）	解立峰	38.00
燃烧与爆炸学（本科教材）	张英华	30.00
土木工程安全管理教程（本科教材）	李慧民	33.00
土木工程安全检测与鉴定（本科教材）	李慧民	31.00
土木工程安全生产与事故案例分析（本科教材）	李慧民	30.00
职业健康与安全工程（本科教材）	张顺堂	36.00
网络信息安全技术基础与应用（本科教材）	庞淑英	21.00
安全工程实践教学综合实验指导书（本科教材）	张敬东	38.00
火灾爆炸理论与预防控制技术（本科教材）	王信群	26.00
化工安全（本科教材）	邵　辉	35.00
煤矿安全技术与风险预控管理（高职高专教材）	邱　阳	45.00
煤矿钻探工艺与安全（高职高专教材）	姚向荣	43.00
露天矿山边坡和排土场灾害预警及控制技术	谢振华	38.00
安全管理基本理论与技术	常占利	46.00
矿山企业安全管理	刘志伟	25.00
煤矿安全技术与管理	郭国政	29.00
建筑施工企业安全评价操作实务	张　超	56.00
煤炭行业职业危害分析与控制技术	李　斌	45.00
新世纪企业安全执法创新模式与支撑理论	赵千里	55.00
现代矿山企业安全控制创新理论与支撑体系	赵千里	75.00
重大危险源辨识与控制	吴宗之	35.00
危险评价方法及其应用	吴宗之	47.00
重大事故应急救援系统及预案导论	吴宗之	38.00
起重机司机安全操作技术	张应立	70.00
爆破安全技术知识问答	顾毅成	29.00
爆破安全技术	王玉杰	25.00